2019年河北省社科基金项目"习近平生态文明思想
在河北的践行路径与推广价值研究"（HB19MK018）最终成果

新时代生态文明思想
在河北省的实践与启示

张　云　赵一强　柴艳萍◎著

经济日报出版社

图书在版编目（ＣＩＰ）数据

新时代生态文明思想在河北省的实践与启示 / 张云，
赵一强，柴艳萍著 . -- 北京：经济日报出版社，2021.4
ISBN 978-7-5196-0790-6

Ⅰ . ①新… Ⅱ . ①张… ②赵… ③柴… Ⅲ . ①生态环
境建设－研究－河北Ⅳ . ① X321.222

中国版本图书馆 CIP 数据核字 (2021) 第 060350 号

新时代生态文明思想在河北省的实践与启示

作　　者	张　云　赵一强　柴艳萍
责任编辑	黄芳芳
助理编辑	杨静嫒
责任校对	匡卫平
出版发行	经济日报出版社
地　　址	北京市西城区白纸坊东街 2 号 A 座综合楼 710(邮政编码 :100054)
电　　话	010-63567684 （总编室）
	010-63584556 （财经编辑部）
	010-63567687 （企业与企业家史编辑部）
	010-63567683（经济与管理学术编辑部）
	010-63538621 63567692 （发行部）
网　　址	www.edpbook.com.cn
E - mail	edpbook@126.com
经　　销	全国新华书店
印　　刷	北京建宏印刷有限公司
开　　本	787×1092 毫米　1/16
印　　张	17.5
字　　数	324 千字
版　　次	2021 年 5 月第 1 版
印　　次	2021 年 5 月第 1 次印刷
书　　号	ISBN 978-7-5196-0790-6
定　　价	52.00 元

前　言

　　促进人与自然和谐共生是新时代中国特色社会主义基本方略之一。自然是生命之母，人与自然是生命共同体。建设人与自然和谐共生的现代化是加强生态文明建设的时代要求和本质特征，是实现中华民族永续发展的千年大计和根本保障。生态环境没有替代品，更没有选择的余地。必须全方位、多角度、立体化推进生态文明建设，统筹山水林田湖草一体化保护和修复，让人民群众在绿水青山中共享自然之美、生命之美、生活之美，走出一条生产发展、生活富裕、生态良好的文明发展之路。

　　21世纪以来，生态文明成为中国特色社会主义发展的主旋律。2012年，党的十八大报告创造性地提出"五位一体"总体布局，明确了生态文明在"五位一体"中的突出地位；2017年，党的十九大报告将"美丽"纳入我国现代化建设目标中。在2018年5月召开的全国生态环境保护大会上，习近平生态文明思想这一标志性、创新性、战略性的重大理论成果正式确立，并成为习近平总书记四个分门别类具体性思想的重要组成部分。习近平生态文明思想内涵丰富、博大精深，深刻阐明了人与自然的关系、发展与保护的关系、环境与民生的关系、自然生态各要素之间的关系等，系统回答了"为什么建设生态文明、建设什么样的生态文明、怎样建设生态文明"等重大理论和实践问题，把我们党对生态文明建设规律的认识提升到一个新高度。

　　生态文明建设是关系中华民族永续发展的根本大计，习近平总书记对此始终高度重视，并亲自部署、亲自推动。新时代中国特色社会主义生态文明思想立足于如何变革当前中国不可持续的发展方式，强调走一条以人与自然和谐共生为旨归的绿色发展道路，从而实现人民群众对美好生活的追求。从"五位一体"总体布局中的"生态文明建设"，到新发展理念中的"绿色"生态价值观、两山论，再到"人与自然是生命共同体"和"美丽中国"生态目标的确立、生态红线等一系列先进理念，始终围绕"以人民为中心"的政治情怀，坚持推进"四个全面"的战略布局，为中国乃至世界勾勒了一幅渗透着"人类命运共同体"的生态画卷。新时代中国特色社会主义生态文明思想为新时代生态文明和美丽中国建设提供了意识形态引领、重要指引和根本遵循，是全社会达成理念共识、形成共建行动的思想标杆。

研究新时代中国特色社会主义生态文明思想的理论意义

第一，有助于解释新时代中国特色社会主义思想演进的规律，进而把握人类社会的发展规律。习近平生态文明思想是新时代中国共产党人在执政实践中对生态问题综合应对的直接解读，同毛泽东、邓小平等前几任国家领导人的环境治理思想既一脉相承，又与时俱进，反映了中国特色社会主义思想从简单到复杂、从单一元素影响到多元因素并行的发展规律和前进方向。研究习近平生态文明思想，既能为准确把握我国生态现状、建设生态文明打好文化基础，又能深入了解人类社会发展规律，对"美丽中国"乃至人类命运共同体的实现提供理论助力。

第二，有助于正确把握党的执政规律，进而丰富和完善马克思主义中国化的理论与实践。新时代中国特色社会主义生态文明思想始终围绕"以人民为中心"的政治情怀，将保障和维护人民的利益作为出发点和归宿。沿着"文化—生态文化—生态文明"的演进方向，深入发掘生态文明思想的文化继承及发展的重要路径，有助于明晰新时代中国特色社会主义生态文明的发展规律和演进过程，从而深化马克思主义中国化的基本理论。

研究新时代中国特色社会主义生态文明思想的实践意义

新时代中国特色社会主义生态文明思想不仅是破解我国发展中生态资源约束难题的必然选择，而且为全人类的科学发展提供了中国思路和中国方案。

首先，从国内来看，新时代中国特色社会主义生态文明思想为构建中华民族的生态家园提供了理论指导，是建设美丽中国、走向生态文明新时代的思想基础，并对实现中华民族伟大复兴中国梦意义重大。没有良好的生态环境，就没有人民的幸福生活，没有美丽中国，就没有幸福中国。[①]习近平生态文明思想推动了各地生态文明建设，有助于实现"五位一体"总体布局，促进国家治理体系和治理能力现代化，助力实现"美丽中国"的新时代伟大工程。

其次，从国际来看，新时代中国特色社会主义生态文明思想有利于增强我国在国际社会中的话语权。发展绿色经济既是大国竞争的新焦点，也是谋求大国地位的新起点。过去十几年，通过中国特色的生态文明理论和实际行动，中国在生态环境保护领域取得了显著成果，回击了所谓的"中国生态环境威胁论""谁来拯救被雾霾笼罩的中国人"等言论，展现出中国在全球环境保护与绿色转型发展中的样板作用。新时代中国特色社会主义生态文明思想是一种"重合作，搭平台，增互信，促共识，求实效"的新思维。在这种思维下，全球应对气候变化多边进程进一步推进，生态环境保护的国际合作逐步深化，建设美丽中国、美丽世界的宏伟蓝图正徐徐展开。在这一进程中，中国不但是一个负责任的参与者，而且日益成为全球环境问题国际准则制定的主导者。

现有研究的不足

国内外学术界在新时代中国特色社会主义生态文明思想研究方面已经取得了丰富的学术成果，为进一步深入探讨奠定了扎实的理论基础。但是，站在新时代的历史方位全面审视，目前的研究还略显单薄，存在几方面的不足，需要引起学术界的重视。

第一，研究深度不足。目前的研究大多围绕习近平相关著作、报告、讲话、批示和指示进行导读性宏观论证，偏重于文本解读和再阐释，偏重于现实政策的归纳概括，描述性和解释性研究多，缺少历史视野和历史深度，缺少全球视野和国际比较。部分学者尝试结合马克思主义相关理论进行分析，但问题意识稍显不足，对习近平生态文明思想的开创性和前瞻性把握不足，对习近平总书记的许多重要论断的

---

① 夏爱君，杨松. 习近平生态文明思想及价值[J]. 党史文苑，2017（8）

解释还没有达到应有的深度和学术高度。

第二，从研究的内容上看，缺乏一种体系性的认知。习近平生态文明思想已经形成较为完备的科学体系，涉及政治、经济、文化、社会、历史等方方面面。但目前的研究呈碎片化，大多是从某一时期、某一时间节点或某一角度去研究，缺乏对这一思想的发展轨迹和内在逻辑的把握和系统性建构，研究视野尚需拓展。

第三，在研究的问题域上，对新时代中国特色社会主义生态文明思想的贯彻落实情况有待梳理、总结。新时代生态文明思想是在深入实际、深入基层、深入群众的调查研究中不断丰富和发展的。相对而言，学术界对习近平担任党和国家领导人期间的（党的十八大以来）生态文明思想研究较多，而对他主政地方时的生态文明思想研究较少。21世纪以来，各地涌现出一批生态文明建设范例，比如浙江安吉开创了"既要绿水青山，也要金山银山"的先例，青海、新疆在推动环境与经济协调发展方面做出了突破性的探索。对此，相关研究有所增多。但我国各地情况各异，针对现实中丰富多彩的生态文明建设实践，尚需进一步从理论与实践相结合的高度进行总结和提炼。

第四，在研究方法上，学者们多从各自的专业角度出发，不同学科、领域缺少必要的交叉和融合。建设生态文明是一场涉及价值观念、思维方式、生产方式和生活方式的革命性变革，需要从多学科视野出发进行理论整合，注重多种研究方法的运用。

本书的创新之处

本书针对现有研究中的不足之处，力图从历史角度和国际视野将新时代生态文明思想纳入中国特色社会主义发展的历史轨迹中进行考察，注重加强学理分析及逻辑分析，同时，以人与自然和谐共生的河北实践探索为样本，加强理论与实践相结合的分析。

一是解析新时代中国特色社会主义生态文明思想理论体系的逻辑架构。新时代中国特色社会主义生态文明思想分布于习近平同志的多篇论著、报告、讲话、指示和批示中，具有清晰、完整的思想脉络，是生态价值观、认识论、实践论和方法论的总集成，是指导生态文明建设实践的总方针、总依据和总要求。作为一个思想体系，它具有相对完整的理论与实践维度内在一致的学理性论证与制度政策落实规范，不同于一般意义上的学术论点，而是政治取向、话语逻辑与实践的高度统一。本书从生态文明认识论、方法论和价值观三个层面的相互作用厘清新时代生态文明思想的内在逻辑理路，加深对新时代中国"建设什么样的生态文明""怎样进行生态文明建设""为什么要进行生态文明建设"的时代课题的理解。

二是站在治国理政的高度，系统把握新时代中国特色社会主义生态文明建设基本方略。挖掘这一思想的重大理论和现实意义，特别是论证其是如何有利于实现我国从生态自觉到生态自信、从生态理论到生态行为的跃进，进而从"两个大局"的战略高度实现建设美丽中国的目标指向。新时代背景下，我国以生态文明建设为目标导向，正在经历着一场最大规模、最为深刻的变革。本书基于这一视域，努力从党的治国理政实践和宏观战略中把握新时代生态文明思想的现实逻辑，客观评价实践中取得的成效，避免流于一般性的政治说教。

三是本书把新时代中国特色社会主义生态文明思想与社会实践结合起来，避免"重理论、轻实践"问题，以增强研究的实效性。习近平生态文明思想最显著的特质就是理论与实践的有机统一性。从认识到实践是认识过程的第二次能动性飞跃。只有让"绿色"理念渗入工作和生活的各个环节，将理念化为具体的"绿色"行动，才能体现出理论的实践引领价值。生态文明建设战略的实施在各地区、各领域、各群体之间存在不平衡，既涌现出塞罕坝造绿等先进典型，也发生了秦岭削山造城、腾格里沙漠遭受污染等严重破坏生态环境的事件。显然，新时代生态文明思想的现实性和有效性不在于抽象的理解，而在于实践的确证。近年来，河北省在落实新时代中国特色社会主义生态文明思想方面开展了诸多有规划、有成效、可推广的探索，生态环境面貌发生了巨大变化，并为其他地区创造了若干经验与启示，其创新性实践极具研究价值。田翠琴等在《河北省环境保护与生态建设（1978～2018）》一书中系统梳理了改革开放四十年来，河北省环境保护的历史进程、特色、成效与经验，李从欣等在《河北省生态文明建设与经济转型升级研究》一书中也做了一些总结。本书的独特性在于，将河北省生态文明建设的实践置于新时代中国特色社会主义生态文明思想的践履视域之下，聚焦于河北省在全国，乃至在全世界具有典型性和示范性的做法，进行专门、深入的分析，例如，对塞罕坝精神进行了重新诠释，对河北省大力治理雾霾、张家口可再生能源示范区建设、化解过剩产能及矿山修复、雄安新区的生态建设等思路和做法进行客观的描述，将其看作是当代中国生态文明建设的缩影。这一视域的分析有助于加快将新时代中国特色社会主义生态文明生态文明思想运用到实践中的步伐。

四是拓展研究视野，创新研究方法，推进新时代中国特色社会主义生态文明思想的研究深度和厚度。这一思想不是孤立的生态理论，而是有着深厚的思想渊源。除了概念分析法、文本解读法，本书注意运用以下研究方法：一是比较研究法，通过对古今中外生态思想的比较研究来凸显新时代中国特色社会主义生态文明思想的理论特色和理论优势；二是实证研究法，新时代生态文明思想具有很强的实践性，因此，本书没有停留在理论层面，而是花较大篇幅对河北省建设生态文明的实践进行了勾勒和分析；三是多学科协同研究法，新时代中国特色社会主义生态文明思想涉及经济学、社会学、政治学、管理学等多学科、多领域和不同层面，对这一综合性论题的研究不能拘泥于某一特定的视角和框架，而是要以辩证唯物主义和历史唯物主义为指导，注意运用历史与逻辑相统一的方法，以及主观性与客观性、世界性与民族性相统一的整体性视野。

目　录

第一章

**新时代中国特色社会主义
生态文明思想总论**

习近平总书记高度重视生态文明建设，无论是在中央还是在地方工作期间，都对生态文明建设发表过许多重要论述，这些论述成为他的治国理政思想的重要内容。党的十八大以来，特别是十九大以来，以习近平同志为核心的党中央把生态文明建设纳入中国特色社会主义"五位一体"总体布局和"四个全面"战略布局，始终将生态文明建设放在治国理政的重点战略地位，部署频次之密，推进力度之大，取得成效之多，前所未有。围绕"当代中国为什么要大力建设社会主义生态文明、建设什么样的生态文明、如何建设社会主义生态文明"，习近平总书记做了很多重要论述，其中包含着一系列新思想、新观点、新论断，形成了系统完整的习近平生态文明思想。这一思想彰显了中国共产党人对人类文明发展规律的深刻认识，体现了引领中华民族永续发展的执政理念，丰富和发展了中国特色社会主义理论，为实现中华民族伟大复兴的中国梦规划了生态蓝图，是马克思主义中国化的最新成果，是建设美丽中国、走向生态文明新时代的科学指南。

第一节　新时代中国特色社会主义生态文明
思想的历史路标

历史路标揭示的是历史、现实与未来连接的内在逻辑。[①]要找到经济社会发展的规律，必须从经济思想在"历史上走过的道路"中找出"历史路标"，从"历史路标"的视角理解发展理念。[②]

一、新中国成立以来我国绿色发展理念的演进脉络

新时代中国特色社会主义生态文明思想是中国共产党长期生态环境建设实践的理论升华，经历了由浅入深的过程。从最初就生态论生态的思考，到对人与生态关系的思考，认识到当前的生态问题是经济社会发展到一定阶段的产物。

中华人民共和国成立后，我国开始了工业化进程。毛泽东提出："天上的空气，地上的森林，地下的宝藏，都是建设社会主义所需要的重要因素。"[③]在经济发展十分困难的情况下，毛泽东力推节约，反对浪费，还提出绿化祖国、农林牧副渔综合平衡、突出发展林业、重视水利建设、大力开发新的资源、能源等主张。[④]1959年，毛泽东在与秘鲁议员团会谈时指出："如果对自然界没有认识，或

① 顾海良. 马克思经济思想的"历史路标"——读马克思《1861-1863年经济学手稿》[J]. 中国高校社会科学，2013（5）：9-23.
② 周绍东. "五大发展理念"的时代品质和实践要求——马克思主义政治经济学视角的研究[J]. 经济纵横，2017（3）：21-27.
③ 毛泽东文集：第7卷[M]. 北京：人民出版社，1999：34.
④ 陈颖，韦霞，王明初. 毛泽东生态文明思想及其当代意义[J]. 马克思主义研究，2015（6）：41-50.

者认识不清楚，就会碰钉子，自然界就会处罚我们，会抵抗。"①1961年，邓小平在视察黑龙江时谈到依法保护森林问题，举例讲："陈老总从日内瓦回来，说瑞士像个花园，几百年来都有一个法律，砍一棵树要种活三棵，否则犯法。我们也应当立个法。"②1973年，中国代表团参加联合国环境大会，了解到国际环保群众运动日益蓬勃高涨，更加认识到环境问题的严重性，彻底摒弃了"社会主义不可能产生污染"的观念，召开了第一次全国环境保护会议。

改革开放以来，我国处理经济发展和环境保护矛盾的理念历经了环境污染末端治理、可持续发展、科学发展观、生态文明和绿色发展等几个螺旋上升阶段。1983年第二次全国环境保护会议上，国务院副总理李鹏指出，环境保护是中国现代化建设中的一项战略任务，是一项基本国策。这是关于将环境保护作为基本国策的表述。会上还提出了"三同步"（"经济建设、城乡建设和环境建设同步规划、同步实施、同步发展"）和"三统一"（实现经济效益、社会效益和环境效益的统一）的环境与发展战略方针。1988年，环保工作从城乡建设部分离出来，成立独立的国家环境保护局，环境保护有了专门的综合管理职能部门。1990年《国务院关于进一步加强环境保护工作的决定》再次提出："保护和改善生产环境与生态环境、防治污染和其他公害，是我国的一项基本国策。"在邓小平的推动下，我国在改革开放的头15年里就建立了较为系统的生态环境保护法制体系，构建了环境保护的"八项制度"。但是，面对"一穷二白"的贫穷落后局面，环境保护始终居于政治和经济建设的末位。

1992年，联合国环境与发展大会的召开使得"可持续发展"理念在国际上取得广泛共识。中国的环境政策也向着可持续发展迈进，政策的核心信念进一步改变。1994年3月，中国政府率先编制完成国家级的21世纪议程，明确提出"走可持续发展之路是中国在未来和下世纪发展的自身需要和必然选择"。《中国21世纪议程》的核心是发展，但要求在保持资源和环境永续利用的前提下促进经济和社会的

---

① 毛泽东文集：第8卷[M]. 北京：人民出版社，1999：72.
② 曹应旺. 邓小平的江河情怀(下)[J]. 中国水利，1997（7）.

发展。1997年，中共十五大报告将可持续发展理念确立为国家战略，指出"我国是人口众多、资源相对不足的国家，在现代化建设中必须实施可持续发展战略。"政策上，提出资源回收综合利用和常规污染物排放总量控制，反映出资源节约和环境保护开始逐步由末端向全生产过程延伸。

进入21世纪以来，工业化进程引发的环境问题更加凸显。以2005年松花江水污染事件为标志，几十年快速发展积累下来的环境问题开始进入高强度频发阶段。雾霾等环境污染对人民群众的生产、生活造成严重影响，公众的环境意识普遍增强，对环境质量的不满情绪和对政府加大环保力度的要求强烈。21世纪前10年，我国首次提出建设生态文明，节能减排成为约束性指标，环境与经济协调发展的理念开始"落地生根"，理念与行动间的鸿沟逐渐缩小。

二、十六大以来中国共产党对生态文明的认识演进

自党的十六大以来，党中央不断深化对统筹人与自然和谐发展的认识，提出了生态文明建设理论，相关认识与实践不断深化。学者黄承梁①以党的十七大为生态文明建设理论由孕育到提出阶段的划分标志，但经笔者考证，我党生态文明建设理论的提出要早于十七大的召开，因此，对生态文明理论的三个发展阶段重新划分时间点如下：

1.2002—2004年，生态文明建设理论的准备和孕育阶段。2002年11月，党的十六大报告把建设生态良好的文明社会列为全面建设小康社会的四大目标之一，强调生态环境、自然资源和经济社会发展的矛盾日益突出，提出要走一条科技含量高、经济效益好、资源消耗低、环境污染少、人力资源优势得到充分发挥的新路子，指出"必须把可持续发展放在十分突出的地位，坚持计划生育、保护环境和保护资源的基本国策"。2003年，在党的十六届三中全会上，以胡锦涛同志为总书记的党中央明确提出了坚持以人为本，树立全面、协调、可持续的"科学发展观"，

---

① 黄承梁. 不断深化生态文明建设的认识与实践[N]. 人民日报，2012-05-22.

而"统筹人与自然和谐发展"是科学发展观"五个统筹"的重要组成部分。2004年，十六届四中全会完整提出了构建社会主义和谐社会的理念，其中，人与自然和谐相处是社会主义和谐社会的基本特征之一。

2.2005—2012年，生态文明建设理论的提出和初步形成阶段。在2005年召开的人口资源环境工作座谈会上，我党正式提出"生态文明"概念。胡锦涛同志提出，当前环境工作的重点之一是"完善促进生态建设的法律和政策体系，制定全国生态保护规划，在全社会大力进行生态文明教育"。[①]2005年年底出台的《国务院关于落实科学发展观加强环境保护的决定》提出经济社会发展必须与环境保护相协调，要求"倡导生态文明，强化环境法治，完善监管体制，建立长效机制"[②]。2006年，党的十六届五中全会首次把建设资源节约型和环境友好型社会确立为国民经济和社会发展中长期规划中的一项战略任务。

2007年10月，党的十七大首次把"建设生态文明"写入党代会报告，把生态文明确立为除了物质文明、精神文明、政治文明，我国发展的第四个支柱，并将"到2020年成为生态环境良好的国家"作为全面建设小康社会的重要目标之一。十七届四中全会从战略高度对生态文明建设进行了定位，强调生态文明建设与经济建设、政治建设、文化建设和社会建设同为实现全面建设小康社会奋斗目标的战略任务，同为中国特色社会主义建设事业的有机组成部分。十七届五中全会强调加快资源节约型和环境友好型社会建设，提高生态文明水平，积极应对全球气候变化，大力发展循环经济。

3.2012—2017年，生态文明建设理论的系统化、完整化和理论化阶段。2012年11月，党的十八大报告是党的生态文明宣言，首次系统化、完整化、理论化地提出了生态文明的战略任务。其亮点有：一是首次将生态文明建设纳入中国特色社会主义"五位一体"总体布局之中，凸显了生态文明建设的战略地位。指出"要把生态文明建设放在突出地位，融入经济建设、政治建设、文化建设、社会建设

---

① 中共中央文献研究室. 十六大以来重要文献选编：中[M]. 北京：中央文献出版社，2006：823.
② 中共中央文献研究室. 十六大以来重要文献选编：下[M]. 北京：中央文献出版社，2008：86.

各方面和全过程，推动形成人与自然和谐发展的现代化建设新格局"，并对建设生态文明做出了全面部署。二是提出了"生态文明新时代"的概念，"努力走向社会主义生态文明新时代"，将生态文明提升到人类社会发展的一个特定时代的高度。三是首次把"美丽中国"作为生态文明建设的宏伟目标，提出"努力建设美丽中国，实现中华民族永续发展"；四是第一次将绿色发展、循环发展、低碳发展三大理念并列提出，绿色发展的理念得到显著的提升；五是指明了建设生态文明的现实路径，就是"转(转变经济发展方式)"、"调(优化国土空间开发格局)"、"节(全面促进资源节约)"、"保(加大自然生态系统和环境保护力度)"、"建(加强生态文明制度建设)"。

2015年十八届五中全会提出，生态环境，特别是大气、水、土壤污染严重，已经成为全面建成小康社会的突出短板。十八届五中全会将生态文明建设首度写入国家五年规划，提出"五大发展理念"，将绿色发展作为"十三五"乃至更长时期经济社会发展的一个重要理念。习近平总书记于2016年底做出重要指示，强调"生态文明建设是'五位一体'总体布局和'四个全面'战略布局的重要内容"。[①]

党的十九大报告充分肯定了中国生态文明建设取得的巨大成就，并从产业结构调整、生产与生活方式的转变、制度完善、生态治理国际合作等方面阐述了新时代中国生态文明的发展方向和实现路径，标志着我国进入了生态文明建设的新时代。其亮点在于：一是首次将"美丽"纳入国家现代化目标之中，与"富强、民主、文明、和谐"的建设目标并列，明确到21世纪中叶"把我国建成富强民主文明和谐美丽的社会主义现代化强国"的目标，并制定了明晰的时间表。这是对我国社会主义现代化建设提出的更全面要求。二是提出建设"人与自然和谐共生的现代化"，标志着社会主义生态文明建设与社会主义现代化建设的一体化新进程。三是首次将"树立和践行绿水青山就是金山银山的理念"写入党代会报告，且与"坚持节约资源和保护环境的基本国策"一并作为新时代坚持和发展中国特色社会主义的基本方略之一；四是把"污染防治攻坚战"列为决胜全面建成小康社会的三大攻坚战之

---

① 树立"绿水青山就是金山银山"的强烈意识 努力走向社会主义生态文明新时代[N]. 新华社, 2016-12-02.

一。2018年3月通过的《中华人民共和国宪法修正案》将生态文明建设写入宪法，使其成为党和国家最根本的思想遵循和行动指南。修改后的《中国共产党党章》增加了"中国共产党领导中国人民建设社会主义生态文明""增强绿水青山就是金山银山的意识"等内容，从而实现了党的主张、国家意志、人民意愿的高度统一。

4.2018年至今，习近平生态文明思想的深入论证与综合研究阶段。2018年5月，习近平总书记在全国生态环境保护大会上发表重要讲话，全面总结十八大以来生态文明建设取得的重大成就，确立了新时代推进生态文明建设的六个重要原则和具体部署①，发出了建设美丽中国的进军号令。会议标志着"习近平生态文明思想"的确立。这是继习近平新时代中国特色社会主义经济思想、习近平强军思想、习近平网络强国战略思想之后，在全国性工作会议上全面阐述、明确宣示的又一重要思想。

2018年6月，中共中央、国务院印发《关于全面加强生态环境保护坚决打好污染防治攻坚战的意见》，明确了打好污染防治攻坚战的时间表、路线图、任务书。2019年3月，习近平总书记在参加内蒙古代表团审议时，围绕生态文明建设提出了"四个一"的重要表述。即在"五位一体"总体布局中，生态文明建设是其中一位；在新时代坚持和发展中国特色社会主义十四条基本方略中，坚持人与自然和谐共生是其中一条基本方略；在新发展理念中，绿色是其中一大理念；在三大攻坚战中，污染防治是其中一大攻坚战。其后，习近平总书记深入生态保护一线，提出了一系列新理念、新思想、新战略，其思想与时俱进，日益丰富、拓展和深化。下面以时间线索加以梳理。

2019年7月，在内蒙赤峰喀喇沁旗马鞍山林场，习近平总书记强调筑牢祖国北方重要的生态安全屏障，努力打造青山常在、绿水长流、空气清新的美丽中国。8月，习近平总书记听取祁连山生态环境修复和保护情况汇报，指出要积极发展生态环保、可持续的产业，保护好宝贵的草场资源，让祁连山绿水青山常在，永远造

---

① 人与自然和谐共生的基本方针、"绿水青山就是金山银山"的发展理念、"良好生态环境是最普惠的民生福祉"的宗旨精神、"山水林田湖草是生命共同体"的系统思想、"用最严格制度最严密法治保护生态环境"的坚定决心、"共谋全球生态文明建设"的大国担当。

福草原各族群众。2019年9月在郑州主持黄河流域生态保护和高质量发展座谈会、2020年1月在昆明滇池生态湿地考察时，习近平总书记强调要坚持山水林田湖草综合治理、系统治理、源头治理，推动经济高质量发展。2020年4月，习近平总书记在陕西考察时强调，秦岭违建是一个大教训，切勿重蹈覆辙，切实做守护秦岭生态的卫士。

党的十九届五中全会提出2035年基本实现社会主义现代化远景目标，其中之一是广泛形成绿色生产生活方式，碳排放达峰后稳中有降，生态环境根本好转，美丽中国建设目标基本实现。为此，"十四五"时期将"生态文明建设实现新进步"纳入经济社会发展的六大目标，强调"推动绿色发展，促进人与自然和谐共生""建设人与自然和谐共生的现代化"，并对生态文明建设做出了新部署：一是统筹推进"五位一体"总体布局，全面加快生态文明建设；二是把新发展理念贯穿到发展全过程和各领域，实现更高质量、更可持续、更为安全的发展；三是全面推动绿色发展，促进经济社会发展全面绿色转型；四是全面加强资源、环境、生态系统保护，完善生态文明领域统筹协调机制，构建生态文明体系，实现生态文明建设关键领域全覆盖。这体现了以习近平同志为核心的党中央在生态文明建设上的战略定力和长远谋划，也为"十四五"时期生态文明建设提供了重要遵循。

2020年11月，习近平总书记在江苏进行十九届五中全会后的首次国内考察，并主持召开全面推动长江经济带发展座谈会。他强调要把保护生态环境摆在更加突出的位置，加强生态环境系统保护修复，努力建设人与自然和谐共生的绿色发展示范带；强调生态环境投入不是无谓投入、无效投入，而是关系经济社会高质量发展、可持续发展的基础性、战略性投入。2021年1月，习近平总书记在北京、河北考察，并主持召开北京2022年冬奥会和冬残奥会筹办工作汇报会，强调要突出绿色办奥理念，把发展体育事业同促进生态文明建设结合起来，让体育设施同自然景观和谐相融，确保人们既能尽享冰雪运动的无穷魅力，又能尽览大自然的生态之美。

综上，通过党的十八大以来的治国理政实践，新时代中国特色社会主义生态文明思想经历了从萌芽到发展的嬗变，党的十九大以来，习近平生态文明思想趋于成熟。

习近平生态文明思想指明了新时代社会主义生态文明建设的方向、目标、原则和路径，其核心要义集中体现在"八观"[1]："生态兴则文明兴、生态衰则文明衰"的深邃历史观、"人与自然和谐共生"的科学自然观、"绿水青山就是金山银山"的绿色发展观、"良好生态环境是最普惠的民生福祉"的基本民生观、"山水林田湖草是生命共同体"的整体系统观、"用最严格制度保护生态环境"的严密法治观、"全社会共同建设美丽中国"的全民行动观、"共谋全球生态文明建设之路"的共赢全球观。从本体论、认识论和方法论角度，可以将新时代生态文明思想理解为对三个基础性问题的回答：当代中国为什么要大力推进生态文明建设，究竟应建设什么样的生态文明，如何建设这样的生态文明。

三、习近平同志主政正定期间的生态文明思想孕育与实践

在生态问题演变为生态危机的背景下，许多马克思主义者的生态意识被唤醒，习近平同志是其中的重要代表。习近平同志是我国最早提出"城市生态建设""建设生态省"理论并深入开展实践的地方领导人，是我国把生态建设与文明发展统一起来进行哲理分析的第一位省级领导人，是我国最早把"生态文化建设"进行理论界定的第一位省委书记。在成为党和国家领导人之后，习近平同志把生态文明建设上升为执政党和国家发展的战略。

依据历史与逻辑相统一原则，结合习近平同志不同时期的工作经历进行梳理，可以将习近平生态文明思想大致分为萌芽期、初步形成期、发展成型期和深化拓展期。这一思想萌芽于习近平同志在陕北农村的7年知青生涯，实践与理论结合起步于在正定县到福州市担任领导期间，发展成型于主政福建、浙江、上海期间，理论丰富与深化于担任党和国家领导人之后，形成了一个"试验—生态—生态环境—生态文化—生态文明"的话语演进递升进程。[2]

---

① 李干杰. 以习近平生态文明思想为指导坚决打好污染防治攻坚战[J]. 行政管理改革，2018.
② 阮朝辉. 习近平生态文明建设思想发展的历程[J]. 前沿，2015（2）.

河北省正定县是习近平同志从政起步的地方，被习近平同志称为"第二故乡"。1982年3月，习近平同志主动请缨"下沉"基层，到正定县工作，直至1985年5月。在正定工作的三年，习近平同志以人民为中心的情怀、生态文明思想与实践相结合的工作思路为正定留下了宝贵的物质财富和精神财富，为正定30多年的快速发展打下了坚实基础。在正定人民的心目中，他是永不卸任的县委书记。[①]中共石家庄市委、正定县委将习近平同志在正定工作期间的文稿整理、编辑成《知之深爱之切》一书，中央党校采访实录编辑室通过实地采访，编写了《习近平在正定》一书，《学习时报》等报刊也有相关报道。本书主要以这些资料为素材，从中挖掘习近平在正定县工作期间的生态文明思想。

1.通过"半城郊型"经济战略改写正定"高产穷县"的历史

在县委书记任上，习近平同志做了很多开创性的工作。过去，县委都是搞年度计划，没有从长远发展的高度制定过发展战略。习近平同志担任县委书记后，很快主持制订了《正定县经济、技术、社会发展总体规划（以下简称《规划》），为正定的可持续发展描绘了蓝图。他相继制定了发展"半城郊型"经济、工业兴县、旅游兴城、繁荣振兴正定等思路明确的战略，迅速上马一批项目。这些发展路子瞄准了长远，不但为正定的产业发展打下了良好基础，而且至今仍在对正定的发展起着指导作用。

改革开放初期，中国农村的经济发展模式正处于变革和争议期。石家庄地区是我国粮食高产区，而正定县特别突出，是河北省第一个粮食亩产"过黄河""跨长江"的县，也是有名的"高产穷县"。在"以粮为纲"的思想禁锢下，农村多种经营发展不起来，群众生活贫困。习近平同志作为一位年轻的县委书记，果断提出"我们正定宁可不要'全国高产县'这个桂冠，也要让群众过上好日子"。他根据正定紧邻省会石家庄、供应链短、运输快、农业资源丰富的区位优势，提出探索发展"半城郊型"经济的新路子。习近平同志认为，正定虽然在行政区划上不属于

城市郊区，在"国家计划、方针政策、领导体制等方面不具有城郊的优势"，但交通、剩余劳动力、文化基础具备发展"城郊型"经济的有利条件，可以"靠山吃山、靠水吃水、靠城吃城"。1984年，县政府制定出台《从实际出发，积极探索有正定特色的"半城郊型"经济发展道路方案》，对发展种植业、养殖业、工业、商业、服务业提出了具体的建议和要求。在习近平同志主导下，正定县发展了一批种植、养殖和试验相结合的农业基地，依托省会石家庄大力发展多种经营和工副业生产，百姓的腰包很快鼓了起来，传统农业县的长处也没有丢，一举卸下了"高产穷县"的历史包袱。

"半城郊型"经济打破了正定县与石家庄市"城乡分离"的封闭状态，使正定干部和群众摆脱了"小农业"的思想局限，踏上了经济起飞之路。从生态文明的视域来看，"半城郊型"经济的实质是充分利用本地资源实现效益最大化，这是对20世纪80年代中共中央提出的"三同步"（经济建设、城乡建设和环境建设同步规划、同步实施、同步发展）和"三统一"（实现经济效益、社会效益和环境效益的统一）方针的创造性落实。

此外，正定文化发达，地理位置优越。习近平同志根据正定历史文化资源优势，提出大力发展旅游业的思路，推动修缮了大佛寺，恢复临济寺，筹资建设了荣国府和常山公园，力邀《红楼梦》剧组到正定拍摄，这些项目成为正定旅游业发展的奠基性工程。在此基础上，正定又建成了好多旅游景点，封神演义宫、西游记宫、军事俱乐部、旅游机场，等等。这些项目有很多是在习近平同志离开以后才正式建成，但策划、筹建和推动都是他做的。习近平同志和县委班子开创的"中国正定旅游模式"为正定日后发展为旅游大县、文化名县打下了良好基础，对正定的历史文化传承做出了历史性贡献。

2.对人与自然平衡关系的论述

在正定工作期间，习近平同志对合理利用自然资源、保持良好的生态环境和严格控制人口增长等问题进行了深入的思考。他指出："人类不能只是开发资源，而首先要考虑保护和培植资源。不能只是向自然界索取，而是要给自然界以'返还'。""人口不断增长，而地球不再增大，人均占有的自然资源就愈来愈少。人类生活水平越高，生产、生活过程的有害产物就越多，对生态平衡的破坏就越厉害。"《规划》强调"保护环境，消除污染，治理开发利用资源，保持生态平衡，是现代化建设的重要任务，也是人民生产、生活的迫切要求。"习近平同志特别强调："宁肯不要钱，也不要污染，严格防止污染搬家、污染下乡。"显然，这是对传统发展理念的大胆突破，可以看作是"两山论"的萌芽和雏形。

习近平同志指出："农业经济已不仅是农业生产本身，而是由农业经济系统、农业技术系统与农业生态系统组合而成的复合系统，是人类的技术经济活动与生物系统和环境系统联结而成的网络结构。人类从水土流失、肥力下降、土壤沙化、环境污染、海洋毒化、气候变坏、灾害频繁的严重后果中，越来越认识到生态问题的重要，农业经济早已超出自为一体的范围，只有在生态系统协调的基础上，才有可能获得稳定而迅速的发展。"①可见，习近平同志关于"农业是一个复合系统"的认识是其后来提出"山水林田湖生命共同体"论断的雏形和思想来源。

习近平同志结合当地实际，提出"大农业"思想。《规划》提出："把我县建设成为一个具有多种生产门类，能满足多种目标要求，物质循环和能量转化效率高，生态和经济都呈良性循环，商品经济占主导地位，开放式的农业生态—经济系统。"②"1986年至1990年实现经济起飞，初步形成农、林、牧三业相辅相成，协调发展的生态农业体系"，"1991年至2000年进入小康，在全县进一步完善优化生态系统，合理的经济系统，适应需要的能源系统，灵活的信息系统，先进的劳力系统和强大的科技系统"等战略目标。这是对绿色、生态、可持续发展的科学论述，具有超前的发展眼光。《规划》把发展林业作为建设生态农业、保持生态平衡的一项重点，提出要落实林业政策，明确林木权属，坚持谁种谁有，合造共有，维护林木权属不受侵犯，林果承包合同要坚持15年以上，一般一个生长周期不变。这是对当时中央提出的农业联产承包责任制的创造性落实。

---

① 习近平. 知之深爱之切[M]. 石家庄：河北人民出版社，2015：186.
② 中央农村工作领导小组办公室，河北省委省政府农村工作办公室. 习近平总书记"三农"思想在正定的形成与实践[N]. 人民日报，2018-01-18.

《规划》明确提出正定县在20世纪末以前环保工作的基本目标：制止对自然环境的破坏，防止新污染发生，治理现有污染源。具体办法包括：合理开发自然资源，禁止生态平衡破坏；慎重安排水源开采，缓和水位下降；积极开展植树造林，增加城区绿化面积，禁止乱伐树木；严防新污染发生，新上工业项目如果污染严重且无治理措施，坚决不上。《规划》就节约用水，保护地下水资源提出具体措施，包括：广泛宣传科学灌溉，采取适时、适量灌水；统筹安排分层取水；大搞防渗，提高水利用系数；扩大旱作种植，研究和推广先进灌溉技术；节约地下水源，向喷灌、滴灌及其先进灌水技术发展等。关于能源，提出要积极开展能源研究，重点是抓好节能技术和新能源推广，具体措施包括：加快沼气资源的宣传推广；适当发展太阳灶，充分利用太阳能；改造高耗能设备，推广节能设备，发展节能新产品，降低能耗，提高效益；在全县普及推广节柴（煤）灶等。

3.建设美丽乡村的初步实践

为改善农村脏乱差的面貌，习近平同志组织成立了"五讲四美三热爱"办公室，在县城修建了37个垃圾池、11个公共厕所，为71个村安装自来水，改善了人民群众的生产生活环境。20世纪80年代初，城乡普遍用蜂窝煤取暖和做饭，污染大，而且费事。习近平同志为了改变这种状况，向石家庄市要了一批煤气罐的"户口"，方便了老百姓的生活。这些大事小事都是为群众着想，解决与老百姓密切相关的问题。

习近平同志刚到正定时，有一段时间主抓改造"连茅圈"，把农村的厕所和猪圈分开，改善农村卫生状况。县里主张大刀阔斧地改造，快刀斩乱麻，迅速完成任务。但习近平同志认为，到农民家里强制性改造会引起反感，会有反复，这件事要办好，首先得让大家在思想观念上接受。所以，他首先在两个村搞试点，成功后再进行宣传，慢慢铺开。在石家庄地区开汇报会时，地委领导催正定加紧搞。但习近平同志对其他干部讲："那种'运动式'的弄法，肯定劳民伤财，推广越大，损失越大，群众也不会满意的。咱们国家在这方面吃的亏还少吗？"正定后来按照习近平同志主张的方式，通过试点稳步推进，各村"连茅圈"改得都很好，反复也很小。而那些"一刀切"改造的县后来都有较大的反复，老百姓的意见也很大。

20世纪80年代的滹沱河一度风沙漫天，习近平同志担任正定县委书记时，就萌生过治理滹沱河，防汛、修坝的想法，但没有来得及实施。习近平同志到福建工作后，组织正定的基层干部到福州挂职锻炼和学习。一位西兆通镇的干部回到正定后，沿着滹沱河岸治理了几千亩沙地，开垦了几百亩果园，把过去疏于管理、感染病害的果树全部更新。治理滹沱河不仅有效地锁住了风沙，而且优化了滹沱河的生态环境，农民也有了丰厚的经济收入，西兆通镇成为正定经济发展最好的乡镇。2008年，时任中央政治局常委、中央书记处书记的习近平同志到正定塔元庄考察，听取了县里治理滹沱河的计划，非常满意，要求提高治理标准，科学改造河道，形成完善的防洪系统，还要节省土地，改造两岸的环境，绿化好，建成公园，让百姓有休闲娱乐的地方①。2013年，习近平总书记再次来塔元庄考察，提出了塔元庄"在全国提前进入小康"的殷切希望。他考察旧村改造的情况，看到有几处旧房没有拆，村干部解释是农民不愿拆。习近平总书记指示："一定要留点旧房，即使留不下房子，也要留下照片，这是历史，农民要留下乡愁。"

可见，尊重群众意愿，改善城乡居民生活环境，让广大人民群众望得见山、看得见水、留得住乡愁，这些要求在习近平生态文明思想中是一以贯之的。

---

① 中共中央党校采访实录编辑室. 习近平在正定[M]. 北京：中央党校出版社，2019：337.

第二节　为什么要建设社会主义生态文明

传统的工业文明观持"发展天然合理论"，把注意力聚焦在"如何实现经济发展"，忽视了"为什么发展""如何实现好的发展"等前提性和根本性问题，忽视了"发展的科学性和合理性""发展的终极意义"，是一种片面、短视的文明观。中共中央、国务院《关于加快推进生态文明建设的意见》指出，生态文明建设事关实现"两个一百年"奋斗目标，事关中华民族永续发展，是建设美丽中国的必然要求，对于满足人民群众对良好生态环境的新期待、形成人与自然和谐发展新格局，具有十分重要的意义。这段话全面地回答了"为什么要建设社会主义生态文明"。

一、生态文明建设是中华民族永续发展的千年大计

党的十八大以来，习近平总书记把生态文明上升到人类文明形态的高度，上升到中华民族伟大复兴和永续发展的高度，提出"生态兴则文明兴，生态衰则文明衰"的论断，强调"建设生态文明是中华民族永续发展的根本大计"。这体现出习近平总书记对生态文明建设的根本性、历史性、民族性和全局性的认识。

"生态兴则文明兴，生态衰则文明衰"是习近平生态文明思想体系的核心。[①]早在2003年，时任浙江省委书记的习近平就在《求是》发表署名文章《生态兴则文明兴——推进生态建设打造"绿色浙江"》。他总结人类文明史上古埃及、古印度、古巴比伦等文明古国的文明荣衰与生态兴衰的历史启示，用"生态兴则文明兴，生

---

① 刘鹏. 习近平生态文明思想研究[J]. 南京工业大学学报(社会科学版)，2015（3）.

态衰则文明衰"的精练话语概括人类文明演变规律，提出生态文明是人类文明发展最终趋势的结论。良好的生态环境是经济可持续发展的基础。人类的第一个历史活动是生产劳动，劳动和自然界一同构成一切财富的源泉。过度消耗自然资源、破坏生态环境必然会遭到大自然的报复，到那时，人类的生产、生活将难以为继，已经获得的财富也会失去。几百年来，现代化和工业化为人类社会带来丰富物质成果的同时，使人类与自然界之间的关系空前紧张。由于人类不负责任的行为，人与自然的关系已经走到唇亡齿寒的边缘，自然的承受力已接近临界。在生态环境日渐恶化的背景下，加强环境治理，让地球家园充满生机活力，为自身及子孙后代赢得宝贵的生存空间，是全人类共同的价值追求。当前，各国纷纷把保护生态环境作为一项不可或缺的施政纲领。中国共产党摒弃"人类中心主义"的片面、错误观念，努力形成人与自然和谐发展的现代化建设新格局，为人类文明的走向提供了超越性的视野。

习近平生态文明思想蕴含着深厚的民族情怀。他反复强调，走向生态文明新时代，建设美丽中国，是实现中华民族伟大复兴中国梦的重要内容，是中华民族千秋万代永续发展的必由之路。党的十九大的召开标志着中国特色社会主义进入新时代，是我国发展新的历史方位。新时代是实现中华民族伟大复兴中国梦的时代。实现中华民族伟大复兴离不开发展，发展必须是可持续发展，必须是贯彻创新、协调、绿色、开放、共享的发展。

改革开放40年来，中国工业化、城镇化加快发展，成为世界第二大经济体。然而，由于人均资源匮乏，生态环境脆弱，自20世纪90年代中后期起，资源环境与经济发展之间的矛盾迅速激化，发达国家在过去100多年的工业化进程中逐步产生的生态环境问题在我国集中出现，我国资源环境承载力已经达到或接近上限。党的十八大强调，发展中不平衡、不协调、不可持续问题依然突出。十八大之后，习近平总书记第一次赴外地考察时就发出警示："走老路，去消耗资源，去污染环境，难以为继！"

2018年5月召开的全国生态环境保护大会对生态环境形势做出"稳中向好"的判断。习近平总书记在大会上指出，十八大以来的生态文明建设发生了历史性、转折性、全局性变化。他用"关键期""攻坚期""窗口期"对生态文明建设的时代坐标做出了科学判断：生态文明建设正处于压力叠加、负重前行的关键期，已进入提供更多优质生态产品以满足人民日益增长的优美生态环境需要的攻坚期，也到了有条件、有能力解决生态环境突出问题的窗口期。习近平总书记关于生态文明建设处于"三期叠加"的重大战略判断阐释了生态环境保护时不我待、不进则退的任务艰巨性，点明了我国有条件、有能力建设生态文明的客观基础性。在我们还未被生态之槛完全绊住发展脚步之时，习近平总书记提出超越传统工业文明的新文明境界，让重塑人与自然的关系成为可能，让突破经济社会发展瓶颈成为可能，让中国现代化发展取得战略主动、赢得转型时间成为可能，从而让中华民族永续发展成为可能。

"十三五"时期是我国全面建成小康社会的决胜阶段。在习近平生态文明思想的科学指引下，我国"十三五"规划纲要确定的9项约束性指标，有8项在2019年底提前完成①，为"十四五"时期生态文明建设取得新进步奠定了坚实基础。"十四五"时期，我国生态文明建设和经济社会发展开启了新征程。十九届五中全会对生态文明建设提出了新目标：确保到2035年广泛形成绿色生产生活方式，碳排放达峰后稳中有降，生态环境质量实现根本好转，美丽中国建设目标基本实现；到本世纪中叶，物质文明、政治文明、精神文明、社会文明、生态文明全面提升，绿色发展方式和生活方式全面形成，人与自然和谐共生，生态环境领域国家治理体系和治理能力现代化全面实现，建成美丽中国。习近平总书记在关于《中共中央关于制定国民经济和社会发展第十四个五年规划和二〇三五年远景目标的建议》的说明中提出："到本世纪中叶把我国建成富强民主文明和谐美丽的社会主义现代化强国。"美丽被提升到与富强、民主、文明、和谐同等的高度，顺应了从站起来、富起来到强起来、美起来的历史发展趋势，丰富了社会主义现代化强国的内涵。②

当前，越来越多的人类活动不断触及自然生态的边界，生态安全是国家安全体

---

① 孙金龙. 我国生态文明建设发生历史性转折性全局性变化[N]. 人民日报，2020-11.
② 赵建军. 建设人与自然和谐共生的现代化[N]. 解放军报，2020-12-25.

系的重要基石。确保自然生态安全，才能使自然生态系统持续满足人类生产、生活需求，防止生态环境退化对人类发展构成威胁，保持人与自然的和谐共生。同时，生态环境已成为一个国家和地区综合竞争力的重要组成部分。自觉建设生态文明既是保护和发展生产力的客观需要，也是我国增强综合实力和国际竞争力的必由之路。在应对气候变化和绿色、低碳经济这一新的"竞技舞台"上，发达国家力图凭借自己的技术和市场优势占据主动，甚至以减排、生态保护为借口限制别国发展。减缓气候变化和生态环境保护已成为一种新的普世价值观和国际政治话题，进入各国外交、贸易、安全政策之中。只有在以气候问题为代表的绿色战略中积极应对，积极参与全球绿色治理，才能在国际事务中取得经济、技术、道义和文化上的全面优势。面对新一轮绿色经济发展的先机，谁掌握了主动，谁就掌握了未来。只有实现人与自然和谐共生的现代化，才能实现整体性的现代化，中国才能在新一轮大国"绿色竞争"中抢占制高点，夺得全球"绿色治理"的话语权和主导权，才能以一个经济富强、政治民主、文化繁荣、社会和谐、生态美丽的社会主义现代化强国的形象屹立于世界东方，推动人类社会进入生态文明时代。

二、良好生态环境是最普惠的民生福祉

早在主持浙江工作期间，习近平同志就认识到，生态省建设是"功在当代的民心工程、利在千秋的德政工程"。2013年，习近平总书记在海南考察时指出："良好生态环境是最公平的公共产品，是最普惠的民生福祉。"[1] "建设生态文明是关系人民福祉、关系民族未来的大计。"[2]

2014年3月在参加贵州代表团审议时，习近平总书记指出"小康全面不全面，生态环境质量是关键"。"生态环境质量总体改善"是十八届五中全会提出的全面建成小康社会目标要求的重要内容。习近平总书记强调："人民群众对清新空气、

---

① 中共中央文献研究室. 习近平关于社会主义生态文明建设论述摘编[Z]. 北京：中央文献出版社，2017：4.
② 在哈萨克斯坦纳扎尔巴耶夫大学演讲时的答问[N]. 人民日报，2013-09-08.

清澈水质、清洁环境等生态产品的需求越来越迫切，生态环境越来越珍贵。我们必须顺应人民群众对良好生态环境的期待，推动形成绿色低碳循环发展新方式，并从中创造新的增长点。"①党的十九大报告指出"中国特色社会主义进入新时代，我国社会主要矛盾已经转化为人民日益增长的美好生活需要和不平衡不充分的发展之间的矛盾"，明确提出"我们要建设的现代化是人与自然和谐共生的现代化，既要创造更多物质财富和精神财富以满足人民日益增长的美好生活需要，也要提供更多优质生态产品以满足人民日益增长的优美生态环境需要"。②2018年5月，习近平总书记在全国生态环境保护大会上进一步总结："环境就是民生，青山就是美丽，蓝天也是幸福。发展经济是为了民生，保护生态环境同样也是为了民生。""良好生态环境是最普惠的民生福祉，坚持生态惠民、生态利民、生态为民，重点解决损害群众健康的突出环境问题，不断满足人民日益增长的优美生态环境需要。"

习近平总书记用人民群众的整体利益来表述其理论的价值取向，提出了"坚持以人民为中心"的生态思想。以人民为中心，就是要坚持人民的主体地位，顺应新时代人民群众对安全、环境的新需要，把最广大人民的生态利益放在首位，始终做到发展为了人民、发展依靠人民、发展成果由人民共享，维护人民根本利益，增进民生福祉，让人民群众成为生态文明建设的最终评判者、最强支持者、最大受益者。具体而言，包括三个含义：

1.生态文明建设为了人民

其一，习近平总书记指明了生态文明建设的根本任务和建设宗旨，即"为人民群众创造良好生产生活环境"，"不断满足人民群众日益增长的优美生态环境需要"。十九大报告中十余次出现"美好生活"概念，今后社会发展要"把人民对美好生活的向往作为奋斗目标"。这是国家在社会主义现代化进程中对人民的新承诺。人民对美好生活的需要是多维度的，随着物质需求和精神需求的满足，人民对

① 陈二厚，董峻，王宇，刘羊旸. 习近平总书记关心生态文明建设纪实[N]. 人民日报，2015-03-10.
② 党的十九大报告辅导读本[Z]. 北京：人民出版社，2017：49-50.

优质生态产品的需求越来越迫切，良好的生态环境越来越成为生存和发展的基本需要。"生态惠民、生态利民、生态为民"的生态义利观强调关注人民的生态诉求，把解决突出生态环境问题作为民生优先领域，通过生产方式和生活方式的全面绿色转型，为广大群众提供更多优质生态产品，让老百姓吃得放心、住得安心，增进民生福祉。这一民生关怀成为新时代发展的重要特征、显著标志和重要价值诉求。

其二，现代化的本质是人的现代化，是人实现全面发展的过程。人在保护环境的行动中既是参与者，更是受益者，始终居于环境保护行动的核心地位。绿色发展要求从"物"到"人"，回归人的本质，使人不再处于占生产统治地位的资本的压迫和束缚之下。生态环境是与每个人息息相关的公共资源。为人民提供美好的生态环境和优质的生态产品是最大的公共服务，也是实现人的全面发展的重要物质基础。因此，人与自然和谐共生关乎人的全面发展。

2.生态文明建设成果由人民共享

这包含着三重含义：

其一，保护生态环境就是保障人的环境权。[①]《联合国人类环境宣言》指出："人类享有在一种确保有尊严和舒适的环境中，获得自由、平等和充足的生活条件的基本权利，而且承担着为当代人和后代子孙保护和改善环境的神圣职责。"社会主义国家的自然资源、生态空间等相关权益属于人民，人民享有平等的使用天然生态产品的权利。我国宪法修正案将"生态文明"载入宪法，保证人民的生态利益不受损，保障人民的生存权、发展权和环境权，成为建设富强民主文明和谐美丽的社会主义现代化强国的应有之义。

其二，清新的空气、干净的水体、绿色的林草同衣食住行一样是生活必需品，也是最大的公共资源。建设人与自然和谐共生的现代化，人人都是受益者，也是行动者。反之，生态环境遭到破坏，其结果往往是少数人获益而多数人的利益受损，影响了社会公平。从这个意义上说，人与自然和谐共生关乎全体人民共同富裕和社

---

① 潘怀平. 树立人与自然和谐共生的环境观[N]. 光明日报, 2018-04-16.

会公平，要以共享为出发点和落脚点，使发展成果惠及所有群体。从代际维度看，如果牺牲下一代赖以生存的自然环境来换取当代人的利益，代际公平将受到严重损害。新时代生态文明思想以人的全面自由发展为最终目标，把当今和未来的大多数人共享绿色福利作为追求的目标，是真正的马克思主义意义上的"共享"发展观。

其三，注重生态产品价值收益的公平分配。生态产品所获经济收益要更多地用于生态功能区的经济发展和民生改善，优先发展有利于促进当地就业的生态项目，综合运用产品、市场、金融等手段，为贫困人群创造更多发展机会。

3.生态文明要共建共治

唯物史观又称群众史观，强调人民群众是历史的真正创造者，决定社会历史发展的前进方向。建设生态文明最终要依靠广大人民群众，推动公众参与，凝聚最强合力。要改变14亿中国人的生产方式、生活方式、消费方式，将人民群众凝聚成新时代生态文明建设的磅礴之势。党员干部要树立正确的群众观，问政于民、问计于民、问需于民，这样不但能克服以往存在的"干部干、群众看"的力量缺失和治理之误，而且更容易赢得人民群众的拥护和赞扬。

新时代社会主义生态文明思想将良好的生态环境视为全体人民的共同福祉，认为生态是幸福生活的重要内容。这继承和发展了马克思主义"实现最广大人民利益"、以人为本的思想，超越了将民生囿于物质范畴的传统思维，是在新的历史条件下对我们党民生思想的完善、丰富和发展，开拓了我国民生建设新领域。①以人民为中心的价值观体现了最真实的人民性，与西方绿色思潮讨论的人类中心主义或生态中心主义有着截然不同的内涵。"浅绿"思潮倡导的人类中心主义借口维护人类的整体利益和长远利益，实质上却是维护资产阶级的利益。"深绿"思潮主张的生态中心主义要求所有人必须无差别地承担生态危机的后果和生态治理的责任，其本质是维护资本主义世界中既得利益者的利益，严重违背环境正义的原则。"深

---

① 张永红. 习近平生态民生思想探析[J]. 马克思主义研究，2017（3）.

绿"和"浅绿"思潮都力图在现有资本主义制度和资本所支配的国际政治经济秩序中，通过单纯的生态价值观的变革来解决生态危机，是价值立场上的西方中心论。"红绿"思潮则把破除资本主义制度和资本所支配的全球权力关系看作解决生态危机的前提，在此基础上辅之以生态价值观的变革。从这一维度看，新时代社会主义生态文明思想是与"红绿"思潮的立场相一致的。

简而言之，生态文明建设将开辟人民福祉的新境界，从而为全面建成小康社会提供环境保障。

三、生态文明建设是中国共产党的政治担当

习近平总书记在2018年全国生态环境保护大会上强调："生态环境是关系党的使命宗旨的重大政治问题，也是关系民生的重大社会问题。""全党上下要把生态文明建设作为一项重要政治任务。"把生态文明建设提升到关系党的使命、宗旨的政治高度，作为我们党贯彻全心全意为人民服务宗旨的政治责任，表明中国共产党的执政理念和执政方式已经进入新的理论和实践境界。

早在2013年4月，习近平总书记在十八届中央政治局常委会会议上谈到："我们不能把加强生态文明建设、加强生态环境保护、提倡绿色低碳生活方式等仅仅作为经济问题。这里面有很大的政治。"为何从政治的高度来推进新时代生态文明建设？习近平总书记以国内生产总值再翻一番的阶段性发展目标及其实现做了说明。他指出："如果仍是粗放发展，即使实现了国内生产总值翻一番的目标，那污染又会是一种什么情况？届时，资源环境恐怕完全承载不了。经济上去了，老百姓的幸福感大打折扣，甚至强烈的不满情绪上来了，那是什么形势？"[1]

什么是政治？习近平总书记在十八届中央纪委六次全会上的重要讲话中做了明确定义："问题是时代的声音，人心是最大的政治。"过去很长一段时间，我国在国民经济迅速发展的同时，出现了严重的环境污染和生态破坏。以2007年厦门PX项

① 习近平关于社会主义生态文明建设论述摘编[G]．北京：中央文献出版社，2017．

目事件为标志，公众对可能造成污染的建设项目出现激烈的反对行为，严峻的环境污染、生态退化问题已经成了政府和群众的心头大患，成为一个威胁人民群众生活质量与身心健康、影响公众对社会主义现代化及其愿景信心的严肃政治问题。实质性应对这一问题与挑战，切实保护、修复好生态环境，既是人心所向，也关系着执政之基是否扎实、稳定。

因此，新时代社会主义生态文明思想强调，加强党对生态文明建设的领导和政治责任，切实把生态文明建设融入政治建设中，体现到党的治国理政实践中。把生态文明建设作为重要政治任务，不容任何意义上的政治敷衍或退缩。2014年3月，习近平总书记在中央财经领导小组第五次会议上指出："我国生态环境矛盾有一个历史积累过程，不是一天变坏的，但不能在我们手里变得越来越坏，共产党人应该有这样的胸怀和意志。"①他在全国生态环境保护大会上指出："打好污染防治攻坚战时间紧、任务重、难度大，是一场大仗、硬仗、苦仗，必须加强党的领导。各地区各部门要增强'四个意识'，坚决维护党中央权威和集中统一领导，坚决担负起生态文明建设的政治责任。"②这反映出一种基于深沉使命感的政治担当和自觉自省。生态文明建设是中国共产党执政理念现代化的逻辑发展，是中国共产党执政目的（为谁执政）的内在要求，是中国共产党执政手段（怎样执政）的运行结果，是中国共产党永葆生机（长期执政）的重要保证。

四、以"共谋全球生态文明建设"彰显大国担当

国际环发进程起步于1972年联合国人类环境会议，并以1992年、2002年和2012年三次首脑峰会为标志，不断推进和发展，逐步形成了旨在推动国际社会环境合作的全球环境治理体系。随着我国经济实力和综合国力进入世界前列，我国在国际环发进程和全球环境治理体系中的地位和作用出现了历史性、转折性的变化，

---

① 在中央财经领导小组第五次会议上的讲话[N]. 人民日报，2014-03-15.
② 习近平在全国生态环境保护大会上强调：坚决打好污染防治攻坚战 推动生态文明建设迈上新台阶[N].光明日报，2018-05-20.

实现了从积极参与进程走向主动引领进程、从与国际接轨走向开创新机制、从遵守规则走向维护和制定规则、从"引进来"走向"走出去"的重大调整。中国不断拓展"绿色伙伴关系",在绿色基础设施、绿色金融、绿色技术等方面加强国际合作,利用疫情后的经济复苏共同加速全球绿色转型。

2013年7月,习近平总书记在致生态文明贵阳国际论坛年会的贺信中指出:"保护生态环境,应对气候变化,维护能源资源安全,是全球面临的共同挑战。中国将继续承担应尽的国际义务,同世界各国深入开展生态文明领域的交流合作,推动成果分享,携手共建生态良好的地球美好家园。"①他指出,"宇宙只有一个地球,人类共有一个家园。地球是人类唯一赖以生存的家园,珍爱和呵护地球是人类的唯一选择"②,在处理无法进行区隔的全球自然环境问题时,"必须从全球视野加快推进生态文明建设"③,"统筹国内国际两个大局,以全球视野加快推进生态文明建设,树立负责任大国形象"④。在党的十九大报告中,习近平总书记发出了中国要做"全球生态文明建设的重要参与者、贡献者、引领者"的感召,提出"积极参与全球环境治理,落实减排承诺""为全球生态安全作出贡献"。在全国生态环境保护大会上,习近平总书记强调共谋全球生态文明建设,深度参与全球环境治理,形成世界环境保护和可持续发展的解决方案,引导应对气候变化的国际合作。习近平总书记在2019北京世界园艺博览会开幕式上指出,"建设美丽家园是人类的共同梦想。面对生态环境挑战,人类是一荣俱荣、一损俱损的命运共同体,没有哪个国家能独善其身","共建'一带一路'就是要建设一条开放发展之路,同时也必须是一条绿色发展之路"。

2015年9月,习近平总书记在第七十届联合国大会一般性辩论时,提出了打造人类命运共同体的五方面要求,其中之一便是"要构筑尊崇自然、绿色发展的生态体系"。他指出:"建设生态文明关乎人类未来。国际社会应该携手同行,共谋全球

---

① 习近平谈治国理政[M]. 北京:外文出版社,2014:212.
② 习近平. 共同构筑人类命运共同体[N]. 人民日报,2017-01-20.
③ 习近平总书记系列重要讲话读本[Z]. 北京:学习出版社,人民出版社,2016:135.
④ 习近平. 中共中央国务院关于加快推进生态文明建设的意见[Z]. 北京:人民出版社,2015:27.

生态文明建设之路……在这方面，中国责无旁贷，将继续作出自己的贡献。"①2017年1月，习近平总书记在联合国日内瓦总部的演讲中对人类命运共同体理念做了进一步阐释，"坚持绿色低碳，建设一个清洁美丽的世界"构成人类命运共同体基本体系的内容之一。

2015年11月，习近平总书记出席气候变化巴黎大会开幕式，发表题为《携手构建合作共赢、公平合理的气候变化治理机制》的重要讲话，强调应对气候变化的全球努力是一面镜子，给我们推动人类命运共同体建设带来宝贵启示，强调中国一直是全球应对气候变化事业的积极参与者。在联合国发展峰会上，习近平总书记还倡议通过全球能源互联网的构建，以清洁和绿色的方式满足全球电力需求。这一推动全球能源转型的中国方案得到了国际社会的广泛认同和积极响应。截至2019年年底，我国单位GDP二氧化碳排放量较2005年降低48.1%，提前完成了到2020年下降40%-45%的目标。习近平总书记在第七十五届联合国大会上郑重承诺："中国将提高国家自主贡献力度，采取更加有力的政策和措施，二氧化碳排放力争于2030年前达到峰值，努力争取2060年前实现碳中和。"这充分彰显了我国积极应对全球气候变化、走绿色低碳发展道路的坚定决心，体现了中国构建人类命运共同体的责任担当，向世界传递了信心与希望，有力地对冲了逆全球化影响。

简而言之，共谋全球生态文明建设之路的全球共赢观是人类命运共同体思想的具体体现，彰显了新时代生态文明思想的开放、包容属性，体现了中国作为文明型社会主义大国推动全球生态治理的责任，展示了中华民族为全人类生态文明建设做出更大贡献的坚定决心。

---

① 习近平关于社会主义生态文明建设论述摘编[G]. 北京：中央文献出版社，2017：137.

第三节　建设什么样的社会主义生态文明

一、"绿水青山就是金山银山"的绿色经济观

习近平早在主政地方时期，就多次论述"绿水青山"和"金山银山"两个基本范畴的关系。这些论述体系完善、主线明确，被概括为"两山论"。"两山论"是习近平生态文明思想中最深入人心的一个基本论断，简洁而深刻地阐明了经济发展与生态保护之间的辩证关系。"绿水青山就是金山银山"作为我国统筹生态环境保护和经济社会发展的金句，在传播生态文明理念方面发挥了有效的作用。

21世纪初，浙江省作为先行地区，率先遭遇"发展还是保护"的挑战。余村是一个地处浙江省安吉县天荒坪镇的小山村。2005年8月15日，时任浙江省委书记的习近平同志在安吉县余村考察时，得知村里痛下决心关停采石场和水泥厂，靠发展生态旅游让农民致富的情况后，给予高度评价，首次明确提出"绿水青山就是金山银山"的科学论断。他说："我们过去讲既要绿水青山，也要金山银山，实际上绿水青山就是金山银山，本身，它有含金量。"9天之后，习近平同志以"哲欣"的笔名在《浙江日报》发表评论《绿水青山也是金山银山》。这篇"两山论"的破题文章写道："我省'七山一水两分田'，许多地方'绿水逶迤去，青山相向开'，拥有良好的生态优势。如果能够把这些生态环境优势转化为生态农业、生态工业、生态旅游等生态经济的优势，那么绿水青山也就变成了金山银山。"文末总结了历史规律："绿水青山可带来金山银山，但金山银山买不到绿水青山。""绿水青山可带来金山银山"这一判断是对余村经验的认同，"金山银山买不到绿水青山"则是对余村经验的扩展思考和实质超越，是对工业文明带来的巨大环境危机进行反思后得

出的科学结论。①15年后，这个"不卖石头卖风景"的村庄以"环境美、产业兴、百姓富"的崭新面貌出现在世人面前。

2006年3月在中国人民大学的一次演讲中，习近平同志深入剖析了绿水青山与金山银山的关系。他说："在实践中对绿水青山和金山银山这'两座山'之间关系的认识经历了三个阶段：第一个阶段是用绿水青山去换金山银山，不考虑或者很少考虑环境的承载能力，一味索取资源。第二个阶段是既要金山银山，但是也要保住绿水青山，这时候经济发展和资源匮乏、环境恶化之间的矛盾开始凸显出来，人们意识到环境是我们生存发展的根本，要留得青山在，才能有柴烧。第三个阶段是认识到绿水青山可以源源不断地带来金山银山，绿水青山本身就是金山银山。我们种的常青树就是摇钱树，生态优势变成经济优势，形成了浑然一体、和谐统一的关系，这一阶段是一种更高的境界。"

党的十八大以来，习近平总书记反复强调"两座山"，反复强调"生态就是资源、生态就是生产力"。2013年9月，习近平总书记在哈萨克斯坦纳扎尔巴耶夫大学回答学生提问时指出："建设生态文明是关系人民福祉，关系民族未来的大计……我们既要绿水青山，也要金山银山。宁要绿水青山，不要金山银山，而且绿水青山就是金山银山。"这三句话从不同角度诠释了经济发展与环境保护之间的辩证统一关系。"既要绿水青山，也要金山银山"，将绿水青山放在金山银山前面，两者孰轻孰重，一目了然。"宁要绿水青山，不要金山银山"，表明一旦经济发展与生态保护发生冲突、矛盾，必须把保护生态环境放在首位。2014年3月，习近平总书记在参加十二届全国人大二次会议贵州代表团审议时强调："'鱼逐水草而居，鸟择良木而栖。'如果其他各方面条件都具备，谁不愿意到绿水青山的地方来投资、来发展、来工作、来生活、来旅游？从这个意义上说，绿水青山既是自然财富，又是社会财富、经济财富。""坚持绿水青山就是金山银山"被正式写入中央文件《关于加快推进生态文明建设的意见》，在党的十九大报告中进一步阐发，成为新时代中国特色社会主义生态文明建设的基本方略，并写入了《中国共产党章程

---

① 徐祥民. "两山"理论探源[J]. 中州学刊，2019（5）.

（修正案）》。"两山论"成为开创和引领社会主义生态文明新时代的指导思想。

"绿水青山"是一种形象化的表达，喻指优质、健康的生态环境及其附属产品和服务，代表自然财富，习近平在《之江新语》中称之为"生态环境优势"①。"金山银山"是与收入水平相关的民生福祉，除了狭义的经济财富，广义上还体现为非货币化价值——民生幸福。"两山论"从三个方面揭示了发展与保护的辩证关系。其一，"既要绿水青山，也要金山银山"，说明中国仍然是世界上最大的发展中国家，经济发展仍是第一要务。在发展与环境保护的双重挑战面前，必须追求二者的双赢。其二，"宁要绿水青山，不要金山银山"，说明发展与环境保护之间的客观矛盾无法回避，二者发生冲突的情况下，哪怕暂时放缓发展速度，也不能破坏生态环境。更何况，在生态环境上我们欠账太多，现在亡羊补牢，矫枉亦需过正。其三，"绿水青山就是金山银山"，说明发展与环境保护不是非此即彼的绝对对立关系，要找到一条由此及彼的途径把它们统一起来。这一途径就是推动形成绿色发展方式和生活方式。

给予绿水青山相对于金山银山的优先性，具有很大的实践价值。其一，可以为保护绿水青山，叫停获取金山银山的活动，但不可以为获取金山银山，叫停或阻碍保护绿水青山的活动。其二，特定的个人、单位、区域不能以可否换来金山银山作为是否对绿水青山进行保护的依据。

二、深厚的生态文化

生态文明建设不仅是技术、资金、政策、法规、体制、管理问题，更是"人"的问题。任何文明归根结底是人的文明。人是环境行为的主体，生态文明的前提是人对"与自然和谐共生"的价值追求。习近平总书记认为，"要化解人与自然、人与人、人与社会的各种矛盾，必须依靠文化的熏陶、教化、激励作用"。

习近平同志在主政浙江时期，以哲欣为笔名撰文论证了生态文化建设的重要

---

① 王勇. "两山"理论内涵的经济学思考[J]. 环境与可持续发展，2019，44（6）：52-55.

性，提出了"让生态文化在全社会扎根"的论断。他说："推进生态省建设，既是经济增长方式的转变，更是思想观念的一场深刻变革。从这个意义上说，加强生态文化建设，在全社会确立起追求人与自然和谐相处的生态价值观，是生态省建设得以顺利推进的重要前提。生态文化的核心应该是一种行为准则、一种价值理念。我们衡量生态文化是否在全社会植根，就是要看这种行为准则和价值理念是否自觉体现在社会生产、生活的方方面面。"①面对现实生活中违法排污、滥砍乱伐等人与自然关系"失和"的现状，习近平同志一针见血地指出，"究其深层原因是我们还缺乏深厚的生态文化"。为解决这一问题，他提出"进一步加强生态文化建设，使生态文化成为全社会的共同价值理念"的号召。

从主体角度，生态文化主要由政府的生态发展观念和人民群众的生态意识构成。②

新时代社会主义生态文明思想鲜明地体现在政府的生态发展观念的建立上，就是要加大政绩考核中的生态效益比重，引导政府官员树立生态优先的政绩发展观。2006年5月在浙江省第七次环境保护大会上，习近平同志强调"经济增长是政绩，保护环境也是政绩"，要求彻底转变观念，"避免单纯以国内生产总值增长率论英雄"。2013年5月，习近平总书记在十八届中央政治局第六次集体学习时的讲话中指出："要完善经济社会发展考核评价体系，把资源消耗、环境损害、生态效益等体现生态文明建设状况的指标纳入经济社会发展评价体系，使之成为推进生态文明建设的重要导向和约束。"同时，"对那些不顾生态环境盲目决策、造成严重后果的人，必须追究其责任，而且应该终身追究"。2017年5月在中共中央政治局第四十一次集体学习时，习近平总书记再次表示，生态环境保护能否落到实处，关键在领导干部。要落实领导干部生态文明建设责任制，实行自然资源资产离任审计，"对造成生态环境损害负有责任的领导干部，必须严肃追责。"面对一些地方出现的生态环境破坏重大事件（秦岭山麓生态屏障违规建别墅、千岛湖饮水保护区违规填

① 哲欣. 让生态文化在全社会扎根[N]. 浙江日报，2004-05-08.
② 唐鸣，杨美勤. 习近平生态文明制度建设思想：逻辑蕴含、内在特质与实践向度[J]. 当代世界与社会主义，2017（4）.

湖、青海木里煤田超采破坏植被……），习近平总书记多次批示要严查，一抓到底。

生态文化的建立，更要注重人民群众生态意识的培育和提升。习近平同志主政浙江时指出："建设生态省，打造绿色浙江，必须建立在广大群众普遍认同和自觉自为的基础之上。"①"生态文明建设同每个人息息相关，每个人都应该做践行者、推动者。要加强生态文明宣传教育，强化公民环境意识，推动形成节约适度、绿色低碳、文明健康的生活方式和消费模式，形成全社会共同参与的良好风尚。"②公民要自觉养成保护生态环境的良好习惯，同时要积极参与对环境保护政策的制定、实施、监督、评判等工作，从而弥补市场失灵和政府失灵。

通过政府的行为示范和大力宣传引导，促进人民群众生态意识从自发向自为转变。生态启蒙和生态教育需要把握三个原则：一是要注重量的积累。习近平总书记在参加首都义务植树活动时强调，绿化祖国，改善生态，人人有责。要"从见缝插绿、建设每一块绿地做起，从爱惜每滴水、节约每粒粮食做起，身体力行推动资源节约型、环境友好型社会建设，推动人与自然和谐发展"。③二是要注重长期努力。习近平总书记指出："人们对环境保护和生态建设的认识，也有一个由表及里、由浅入深、由自然自发到自觉自为的过程。"④在把握生态文化核心基础上，可以先从精神生态文化建设做起，在全社会宣传、普及生态价值观和生态伦理观。三是注重实践教育。习近平总书记多次强调："要坚持全国动员、全民动手植树造林，努力把建设美丽中国化为人民自觉行动。"⑤2013年1月，习近平总书记针对"舌尖上的浪费"现象做出重要批示，要求大力弘扬中华民族勤俭节约的优秀传统，努力使厉行节约、反对浪费在全社会蔚然成风。在总书记批示精神的指引下，社会各界积极组织"光盘行动"，餐桌上的浪费现象明显减少。

① 习近平. 之江新语[M]. 杭州：浙江人民出版社，2007：13.
② 习近平谈治国理政：第二卷[M]. 北京：外文出版社，2017：396.
③ 习近平在参加首都义务植树活动时强调 坚持全国动员全民动手植树造林 把建设美丽中国化为人民自觉行动[N]. 人民日报，2015-04-04.
④ 习近平. 之江新语[M]. 杭州：浙江人民出版社，2007：13.
⑤ 习近平. 把建设美丽中国化为人民自觉行动[J]. 共产党员，2015（9）：4.

三、以"人与自然和谐共生"为本质要求

人与自然之间的关系问题是生态文明思想的逻辑起点。习近平总书记在深刻把握中国古代"天人合一"自然观的基础上，创造性地提出了生命共同体理论。"山水林田湖草是一个生命共同体"，"人与自然是生命共同体，人类必须尊重自然、顺应自然、保护自然"，"促进人与自然和谐共生"等基本论断，是对人与自然辩证统一关系的最为深刻的认识，是对自然规律的科学把握，是生态观上的革命，为社会主义生态文明奠定了哲学本体论基础。

1.山水林田湖草是一个生命共同体

2013年11月，习近平总书记在党的十八届三中全会上做关于《中共中央关于全面深化改革若干重大问题的决定》说明时，提出"山水林田湖生命共同体"[①]的论断。"我们要认识到，山水林田湖是一个生命共同体，人的命脉在田，田的命脉在水，水的命脉在山，山的命脉在土，土的命脉在树。"他用"命脉"科学地描述了"人-田-水-山-土-林"之间的生态依赖和物质循环关系，用"生命共同体"科学地揭示了人、水、气、土壤、生物等各环境要素之间的普遍联系。在另一次重要会议上，他对生命共同体做出生动阐释，指出"如果破坏了山、砍光了林，也就破坏了水，山就变成了秃山，水就变成了洪水，泥沙俱下，地就变成了没有养分的不毛之地，水土流失、沟壑纵横"[②]。2017年7月在中央全面深化改革领导小组第37次会议上，习近平总书记在谈及建立国家公园体制时说道，"坚持山水林田湖草是一个生命共同体"，增加了一个"草"字，把我国最大的陆地生态系统纳入其中，使生命共同体的内涵更为广泛、完整。"山水林田湖草是一个生命共同体"的论断是从生命维度对人与自然关系的全新认知，揭示了山水林田湖草之间的合理配置和统筹优化对人类健康生存与永续发展的意义，警示我们要还权于自然，提示我们要加强

---

① 习近平关于社会主义生态文明建设论述摘编[G]. 北京：中央文献出版社，2017：47.
② 陈二厚，董峻，王宇，刘羊旸. 为了中华民族永续发展——习近平总书记关心生态文明建设纪实[N]. 新华社，2015-03-19.

以土地为载体的自然资源综合管理。

2.人与自然是生命共同体

党的十九大报告进一步提出"人与自然是生命共同体"的论断，强调要"像对待生命一样对待生态环境""统筹山水林田湖草系统治理"。①"人与自然是生命共同体"思想是习近平生态思想的集中体现。自然界不是被人类利用、改造和征服的对象，而是与人一样有着自己生命和价值的有机体。"人的命脉在田"直观地阐明了人与自然界最真实、最基本、最密切的生态联系。既然人与自然是血肉相连、休戚与共的生命共同体，"对自然的伤害最终会伤及人类自身"，人类就"要像保护眼睛一样保护生态环境，像对待生命一样对待生态环境"，这就超越了"环境是人类的身外之物"的传统观念。

3.尊重自然、顺应自然、保护自然

保护自然是人们耳熟能详的话语，将其与尊重自然、顺应自然整合为一个基本理念，最早出现在党的十八大报告中。随后，"尊重自然、顺应自然、保护自然"的理念被习近平总书记反复重申，并写入党的十九大通过的新党章。尊重自然是人与自然相处时应秉持的首要态度。要改变以往凌驾在自然之上的不当态度，尊重自然界的存在及自我创造，而不是仅仅从人类的自我目的和经济利益出发去对待自然。承认自然具有一定的道德地位，既要做到"己所不欲，勿施于人"，也要做到"己所不欲，勿施于物"。顺应自然是人与自然相处时应遵循的基本原则，要求人类在推进经济社会发展的过程中要按照自然规律办事。"你善待环境，环境是友好的；你污染环境，环境总有一天会翻脸，会毫不留情地报复你。这是自然界的规律，不以人的意志为转移。"②保护自然是人与自然相处时应承担的重要责任。它要求人在向自然索取生存发展之需时，自觉承担起提高地球生物圈的质量和稳定性的

---

① 习近平. 决胜全面建成小康社会 夺取新时代中国特色社会主义伟大胜利——在中国共产党第十九次全国代表大会上的报告[EB/OL].（2017-10-18）[2017-10-23]. http://jhsjk.people.cn/article/29613458?isindex=1.

② 习近平. 努力建设环境友好型社会[M]//之江新语. 杭州：浙江人民出版社，2007.

责任，成为地球的守望者、管理者，保护自然的完整、稳定与有序。

4.人与自然和谐共生的现代化

通过对人与自然关系问题的长期探索和反思，基于新时代我国面临的资源约束趋紧、环境污染严重、生态系统退化的严峻形势，习近平总书记提出了"人与自然和谐共生"的命题。十九大报告把人与自然和谐共生作为新时代的基本方略之一，指出"我们要建设的现代化是人与自然和谐共生的现代化"。2018年5月的全国环境保护大会上，习近平总书记提出了生态文明建设的六大原则，其中"坚持人与自然和谐共生"摆在第一位。

"共生"在生物学上是指两种生物共同生活或共存互利的关系。"人与自然和谐共生"是指人类与自然互惠互利、共生共荣、协同发展。它彻底打破了把人的主体和自然的客体作为对立的两极来思考问题的"主客二分"的思维定式，把人和自然的疏离与对抗关系变成了共存共荣、共同演进的关系。在这一基础上衍生出的发展观必然是有机的绿色发展观。农业文明时期，由于人对自身主体性与能动性的认识不足，能力有限，只能求助于超自然的庇护。近代以来，功利主义、机械化的观念把人和自然分裂开来，自然是作为人攫取利益的对象而存在的，人凌驾于万物之上，误以为文明就是人定胜天，就是要挑战和改造自然。无论是农耕文明对自然的依附，还是工业文明对自然的破坏，都背离了人与自然真实的应然关系。"人与自然和谐共生"是对农耕文明和工业文明的辩证扬弃，是在肯定自然价值的前提下实现人的价值，是人与自然相处的最高境界。生态文明建设归根到底是为了建构或重构人与自然和谐共生的关系。

《中共中央关于制定国民经济和社会发展第十四个五年规划和二〇三五年远景目标的建议》把"着力提升生态系统质量和稳定性"作为人与自然和谐共生的着眼点、着力点和落脚点。生态系统质量指的是生态系统的健康状态，表现为生态系统自我维持与抗干扰能力的大小。生态系统稳定性指的是生态系统所具有的保持或恢复自身结构和功能的能力。地球生物圈是一个具有自组织、自维持、自调控、自优化功能的生命共同体，只要不遭受超出其自身承载力的外来干预，它就能够维持自身的动态平衡，维持万物生存、繁衍的充分必要条件。

当前，由于人类的扩张和过度开发，地球生态系统的质量和稳定性遭到严重破坏，从而危及多种物种的生存，最终将危及人类自身的生存和发展。坚持人与自然和谐共生，就是要维持、恢复、优化各种生态环境要素之间的生命链条关系，在不同中保持和谐的生机与活力，尊重多样性并在多样性中达到共融、共生的生态格局。从实践中看，人与自然和谐共生要求人类的生产、生活必须在自然环境的承载力的范围内进行，经济增长的目标并非越快越好，而是越健康、越和谐，越好。通过自然系统与社会系统的有机耦合，促进整个生态系统有序进化，人与人之间在生态利益分享方面和谐一致。

十九大报告把人与自然和谐共生作为新时代的基本方略之一，指出"我们要建设的现代化是人与自然和谐共生的现代化"。现代化是人类社会由低级不断向高级进步的动态过程，是一个包含经济、政治、文化、社会、生态、国防、外交、党建等诸多方面的综合有机体，随着历史阶段或发展形势的变化而被赋予更多、更丰富的内涵。早在20世纪50年代中期，我国就将"四个现代化（工业现代化、农业现代化、国防现代化、科学技术现代化）"确定为国家发展的总体战略目标，2012年中共十八大提出"新四化"的奋斗目标。2013年习近平总书记在十八届三中全会上将全面深化改革总目标设定为"完善和发展中国特色社会主义制度，推进国家治理体系和治理能力现代化"，这被外媒解读为第五个现代化。"人与自然和谐共生的现代化"是我党继农业、工业、国防、科学技术、国家治理体系和治理能力现代化之后提出的"第六个现代化"，它极大地丰富了中国社会主义现代化的"家族成员"。人与自然和谐共生是现代化的限定性条件，只有基于人与自然和谐共生的现代化才是我们追求的现代化，和谐共生的程度决定了现代化程度的高低。西方国家的现代化是工业化主导的，被诟病为"黑色现代化"。"人与自然和谐共生的现代化"旨在建立一种超越工业文明的"绿色现代化"，这种有别于西方道路的现代化新格局是新时代实现中国梦的关键。

第四节　如何建设中国特色社会主义生态文明

在"如何建设中国特色社会主义生态文明"问题上，新时代生态文明思想强调遵循生态发展规律，探索绿色发展新路，通过系统工程构建生态治理体系，以制度建设确保生态文明。

一、探索生态优先的绿色发展新路

1.绿色发展是新时代生态文明思想的逻辑主线

如习近平总书记所言："生态环境问题归根到底是经济发展方式问题。""推动形成绿色发展方式和生活方式，是发展观的一场深刻革命。"[①]

党的十八大以来，习近平总书记每到生态地位突出的地方考察调研，都强调坚守底线和环境保护不动摇，一旦经济发展与生态保护发生冲突、矛盾，必须毫不犹豫地把保护生态放在首位。2013年5月，习近平总书记在主持中共中央政治局第六次集体学习时，强调"要正确处理好经济发展同生态环境保护的关系，牢固树立保护生态环境就是保护生产力、改善生态环境就是发展生产力的理念，更加自觉地推动绿色发展、循环发展、低碳发展，决不以牺牲环境为代价去换取一时的经济增长，决不走'先污染后治理'的路子"。[②]"坚决摒弃损害甚至破坏生态环境的发展模式，坚决摒弃以牺牲生态环境换取一时一地经济增长的做法。"[③]

十八大报告中指出，要"坚持节约资源和保护环境的基本国策，坚持节约优

[①] 习近平谈治国理政：第二卷[M]. 北京：外文出版社，2017：395.
[②] 习近平谈绿色：保护生态环境就是保护生产力[N]. 人民日报，2016-03-03.
[③] 习近平谈治国理政：第二卷[M]. 北京：外文出版社，2017：392.

先、保护优先、自然恢复为主的方针，着力推进绿色发展、循环发展、低碳发展"。2015年10月在党的十八届五中全会上，习近平总书记创造性地把绿色发展理念提升到国家战略的高度，并将其作为指导未来我国经济与社会发展的五大理念之一。随后制定的"十三五"规划将绿色写入"五大发展理念"。2017年6月，习近平总书记在山西考察时强调："坚持绿色发展是发展观的一场深刻革命。要从转变经济发展方式、环境污染综合治理、自然生态保护修复、资源节约集约利用、完善生态文明制度体系等方面采取超常举措，全方位、全地域、全过程开展生态环境保护。"①

2.绿色发展是新时代生态文明思想的实现路径

传统工业文明的发展观把物质财富的增加作为最直观的发展体现，"先破坏后发展、先污染后治理"成了无法避免的陷阱。工业革命带来生产力巨大飞跃的同时，加剧了环境污染的扩散和严重化，经济增长没有带来人类福利的持续提升，反而导致现代发展的价值危机和伦理危机。面对日益严峻的资源短缺与生态危机，出现了罗马俱乐部"零增长方案"等生态悲观主义论调，认为传统的人类发展模式会将世界推向毁灭的边缘，生态保护与人类发展之间似乎构成了一对不可调和的矛盾。习近平生态文明思想基于宏大的历史视角，指出要努力使生态保护与人类发展形成良性互动、耦合协调的关系，探索将二者有机结合、协调发展的新道路，让良好的生态环境成为人民美好生活的增长点、经济社会持续健康发展的支撑点、展现我国良好形象的发力点。这是对西方工业文明模式下"黑色"发展观的深刻批判和彻底决裂。

在习近平系列讲话和党的文献中，"绿色发展、循环发展、低碳发展"经常并列使用，有时表述为"绿色循环低碳发展""绿色低碳循环发展"或"绿色、循环、低碳发展"。绿色发展、循环发展、低碳发展三个概念是交叉重叠、有机统一的，都是为了改变高耗能、高污染、不可持续的"黑色"发展模式。所谓"绿色"，强

---

① 习近平在山西考察工作时的讲话[N]. 人民日报，2017-06-24.

调发展与保护的协调，侧重以效率、和谐、可持续为目标的发展方式；所谓"低碳"，就是降低经济发展的碳排放强度，强调推进能源生产和消费的革命，其核心是适应和减缓气候变化；所谓"循环"，就是提高资源的综合利用效率，强调以减量化、再利用和资源化为路径的发展方式，建设以循环经济为核心的生态经济体系。广义上的绿色发展包括了低碳发展和循环发展。

生态文明是用较少的自然消耗获得较大的社会福利，实现经济增长与自然消耗的脱钩、生活质量（客观福利或主观福利）与经济增长的脱钩。把生态文明落实到具体的生产建设和社会发展之中，要树立底线思维和红线意识，走出一条低能耗、低污染、经济社会效益好的发展道路，从生态需要中寻找经济发展的增长点，实现经济发展与生态建设的融合与统一。这就是广义的绿色发展。因此，绿色发展是建设生态文明的实践载体。具体而言，绿色发展必须依托科学合理的国土空间格局、产业发展格局、生态安全格局等载体而实现，重点是加快生产方式的绿色变革，实现生产要素投入的集约化、规模化，生产过程的节能化、清洁化，流通过程的便捷化、低碳化，生产结果的废物减量化、资源化、循环化，最终产品的绿色化。绿色发展强调的供给侧结构性改革重在提升绿色产品（包括绿色建筑、绿色能源、绿色食品、绿色交通等）供给，满足绿色消费需求，同时，淘汰高消耗、高污染产能，大力发展绿色产业、环保产业，促进产业结构绿色转型。

"十三五"时期，我国经济之所以运行总体平稳、结构持续优化，脱贫攻坚之所以取得举世瞩目的成就，重要的一条是以习近平同志为核心的党中央奉行"生态优先、绿色发展"方针，大力推动生产方式和生活方式绿色转型，使经济高质量发展呈现出与生态环境高水平保护协同共进的生动局面。《中共中央关于制定国民经济和社会发展第十四个五年规划和二〇三五年远景目标的建议》提出"促进经济社会发展全面绿色转型"，其广度和深度更进了一步。

3.绿色发展是破解当代中国在发展中资源环境严重束缚的现实要求

从工业文明到生态文明的跃迁要求采取具有战略性和自觉性的环境治理行动。中国特别需要走绿色发展道路，有两个基本理由：一是资源环境承载力与经济增长之间日益突出的矛盾。资源环境是保证未来经济可持续发展的手段和工具，生态短板会对物质发展形成掣肘。一旦环境被破坏，修复成本将远远大于预防成本。进而言之，生态问题本质上也是发展问题，生态建设本身就是发展。环境退化了，就不是我们期望的全面协调可持续发展。中国的发展一开始就面临人多地少、自然资源绝对稀缺的约束条件。加快调整经济结构和优化产业布局，减少环境污染和生态破坏，才能实现自然资源的永续利用，为生产力的发展增添后劲。二是提高生活质量。相对于经济增长的速度和规模，我们的生活质量的提高和社会福利的增长是缓慢的，经济增长的成果没有最大限度地转化为人民的福利。十九大报告指出，新时代社会主要矛盾已经转化为人民日益增长的美好生活需要和不平衡不充分的发展之间的矛盾。"不平衡"包括经济建设与环境保护的不平衡，人与自然发展的不平衡；"不充分"包括绿色发展不充分，高质量、高效益发展不充分。因此，发展不仅包括满足人民物质需要的经济发展，也包括满足人民精神需要、生态需要的发展。生产安全可靠的绿色产品，建设优美舒适的人居环境，才能有效提高人民群众的生活质量，才能有效化解发展的不平衡、不充分，为解决新时代社会主要矛盾提供坚强保障。

二、用最严格的制度保护生态环境

习近平总书记并不回避生态环境外部性问题与政府机会主义倾向的挑战，他指出："我国生态环境保护中存在的突出问题大多同体制不健全、制度不严格、法治不严密、执行不到位、惩处不得力有关。""我们在资源开采、储运、生产、消费等各个环节还存在着大量损失浪费现象，其中一个重要的原因就是管理松懈，监督不力。"[1]对此，他指出"只有实行最严格的制度、最严密的法治，才能为生态文明建设提供可靠保障"。[2]在2018年全国生态环境保护大会上，习近平总书记再次指出

---

① 习近平. 之江新语[M]. 杭州：浙江人民出版社，2007：173.
② 习近平关于社会主义生态文明建设论述摘编[G]. 北京：中央文献出版社，2017：99.

"保护生态环境必须依靠制度，依靠法治"，"用最严格的制度、最严密的法治保护生态环境，加快制度创新，强化制度执行，让制度成为刚性的约束和不可触碰的高压线。"

党的十八大正式提出"加强生态文明制度建设"的命题。以习近平同志为核心的党中央对生态文明制度建设进行了顶层设计，在理念上"依靠制度"，创造性地解决了以何种方式有效推进生态文明建设的问题；在标准上"最严格"；在途径上，"不断深化和推进体制改革"，注重发挥法律和制度的刚性约束作用，把生态文明建设纳入制度化、法治化的轨道；在抓手上，"尽快建立'四梁八柱'"，全面建章立制，创造性地提出了全面建成小康社会决胜阶段推进生态文明制度建设的时间表和路线图。[①]

生态文明制度体系建设是坚持和完善中国特色社会主义制度、推进国家治理体系和治理能力现代化的重要组成部分，使新时代生态文明思想在治国理政中实现了从理论到现实、从理想到制度的转变，从根本上、全局上保障了生态文明建设的稳定性和可持续性。

1.十八大以来我国生态文明制度体系的建立和完善过程

梳理十八大以来的重要会议，可以清晰地看到我国对生态文明制度体系的认识在逐步深化。党的十八届三中全会提出加快建立系统完整的生态文明制度体系，十八届四中全会再次强调依法推进生态文明建设。2015年4月，中共中央、国务院印发《关于加快推进生态文明建设的意见》，明确了生态文明建设的制度体系。同年9月出台的《生态文明体制改革总体方案》提出形成产权清晰、多元参与、激励约束并重、系统完整的生态文明制度体系，提升生态环境治理效能。十八届五中全会提出，以资源环境生态红线管控、自然资源资产产权和用途管制等重大制度为突破口，建立系统完整的生态文明制度体系。党的十九大报告再次就"加快推进生态

---

① 肖贵清，武传鹏. 国家治理视域中的生态文明制度建设——论十八大以来习近平生态文明制度建设思想 [J]. 东岳论丛，2017（7）.

文明体制改革"做出系统安排并部署实施。十九届四中全会审议通过的《中共中央关于坚持和完善中国特色社会主义制度、推进国家治理体系和治理能力现代化若干重大问题的决定》，对"坚持和完善生态文明制度体系，促进人与自然和谐共生"做出系统安排，阐明了生态文明制度体系在中国特色社会主义制度和国家治理体系中的重要地位。

十九届五中全会提出，"完善生态文明领域统筹协调机制，构建生态文明体系"。在绿色发展方面，"强化绿色发展的法律和政策保障，发展绿色金融"，"全面实行排污许可制，推进排污权、用能权、用水权、碳排放权市场化交易，完善环境保护、节能减排约束性指标管理，完善中央生态环境保护督察制度"。在提升生态系统质量和稳定性方面，要"构建以国家公园为主体的自然保护地体系"，"强化河湖长制"，"推行林长制"，"完善自然保护地、生态保护红线监管制度，开展生态系统保护成效监测评估"。在全面提高资源利用效率方面，"健全自然资源资产产权制度和法律法规，加强自然资源调查评价监测和确权登记，建立生态产品价值实现机制，完善市场化、多元化生态补偿"，"实施国家节水行动，建立水资源刚性约束制度"，"完善资源价格形成机制"，"加快构建废旧物资循环利用体系"。

2020年3月，中办、国办印发《关于构建现代环境治理体系的指导意见》，提出到2025年，形成导向清晰、决策科学、执行有力、激励有效、多元参与、良性互动的环境治理体系，并分别就健全环境治理的领导责任体系、企业责任体系、全民行动体系、监管体系、市场体系、信用体系、法律法规政策体系七大体系做了部署。到"十四五"末，源头严防、过程严管、后果严惩到损害赔偿、责任追究的全链条环境管理体系健全以后，生态治理体系和治理能力的现代化水平会有大幅提升。

从实践中看，十八大以来，我国生态文明建设的顶层设计与战略部署密集推出，大气、水、土壤领域最严格的资源环境保护制度相继出台，生态文明"四梁八柱"的制度体系基本形成。譬如，健全自然资源资产产权和用途管制制度，建立国土空间开发保护制度、资源有偿使用制度、生态补偿制度，完善生态文明绩效评价考核和生态责任追究制度，生态红线制度、"河（湖）长制""林长制""环保一票否决制"等重大举措全面推行。这一系列制度涵盖了生态环境领域的各个方面。

2.全面加强党对生态文明建设的领导，为全面加强生态环境保护、持续提供生态环境质量提供强大政治保障，是新时代生态文明制度体系的一个鲜明特征

首先，持续开展中央生态环境保护督察。2015年7月，习近平总书记主持召开中央全面深化改革领导小组第十四次会议，指出"要把环境问题突出、重大环境事件频发、环境保护责任落实不力的地方作为先期督察对象，近期要把大气、水、土壤污染防治和推进生态文明建设作为重中之重，重点督察贯彻党中央决策部署、解决突出环境问题、落实环境保护主体责任的情况"。会议审议通过了《环境保护督察方案(试行)》《生态环境监测网络建设方案》。其后的几年，环保督察工作机制成为建设生态文明的重要抓手，成为推动各地区、各部门落实生态环境保护责任的硬招、实招。

其次，进一步压实生态环境保护"党政同责、一岗双责"。跨时期、跨区域、跨领域的生态文明建设仅靠政府是不够的，还要有党统一领导下的党政同责。地方各级党委和政府的主要领导是本行政区域生态环境保护的第一责任人。生态环境保护能否落到实处，关键在领导干部。《关于开展领导干部自然资源资产离任审计的试点方案》《党政领导干部生态环境损害责任追究办法(试行)》发布，实现了各级党委的环保责任"由虚到实"，充分实现各级党委对环保的政治、思想、组织领导。《关于构建现代环境治理体系的意见》明确，在健全环境治理领导责任体系的工作中，要完善中央统筹、省负总责、市县抓落实的工作机制，强调省级党委和政府在本地区环境治理中担负总体责任，制定了中央和国家机关有关部门生态环境保护责任清单，实现了责任主体上移①，有助于统筹进行跨区域的环境治理。

再次，十分注重通过指标考核的方式，加大环境执法监管力度，加强科学政绩

---

① 陈向国. 亮点纷呈 力促健全制度以解决执行难题——解读中办国办《关于构建现代环境治理体系的指导意见》[J]. 节能与环保，2020（4）：8-9.

观建设。十八大报告首次提出，要把资源消耗、环境损害、生态效益纳入经济社会发展评价体系，建立体现生态文明要求的目标体系、考核办法、奖惩机制。科学评估成效，严格规范考核，是打赢污染防治攻坚战的重要保障。2020年7月，中办、国办印发《省（自治区、直辖市）污染防治攻坚战成效考核措施》。在精简和整合生态环境领域有关专项考核的基础上，统筹开展污染防治攻坚战成效考核，这是对生态文明建设目标评价考核制度的进一步完善。考核内容和考核指标重点突出人民群众的生态环境获得感，根据常态化疫情防控要求设置了生态环境保护相关考核内容。完善考核工作的组织实施机制，确保考核权威。将考核结果作为领导干部综合考核评价、奖惩任免的重要依据，考核不合格者将依规、依纪、依法问责、追责。这些规定释放了实施最严格考核问责的信号，将倒逼生态环境保护责任和污染防治攻坚战任务落实。

再次，通过制度性规定对不同主体进行生态责任的分配。习近平总书记强调生态责任的属地管理原则，这是对不同层级政府责任和区域责任的差异化考量。他还强调建立科学的生态补偿制度，使生态受损地区的权益得到合理保障。习近平总书记指出，建立生态补偿制度的目的是"用计划、立法、市场等手段来解决下游地区对上游地区、开发地区对保护地区、受益地区对受损地区的利益补偿"[①]，形成社会良性循环、各方面各得其所的机制和人与自然、人与社会和谐发展的局面。

3.推动企业和公众参与现代环境治理，构建全社会共同参与的环境治理体系，从管理的一元主体到治理的多元主体转变

生态环境需要依靠自上而下的重拳出击，也要"加强顶层设计与鼓励基层探索相结合，持之以恒全面推进生态文明建设"。[②]党的十九届四中全会提出，坚持和完善共建共治共享的社会治理制度。针对我国企业履行治理责任及社会公众参与不足的问题，2020年4月，生态环境部印发《关于实施生态环境违法行为举报奖励制

---

① 习近平. 干在实处，走在前列[M]. 北京：中共中央党校出版社，2014：194.
② 中共中央国务院关于加快推进生态文明建设的意见[Z]. 北京：人民出版社，2015：4.

度的指导意见》，指导各地建立、实施生态环境违法行为举报奖励制度。《关于构建现代环境治理体系的指导意见》指出，以坚持党的集中统一领导为统领，以强化政府主导作用为关键，以深化企业主体作用为根本，以更好动员社会组织和公众共同参与为支撑，实现政府治理和社会调节、企业自治良性互动，强化源头治理，形成合力。这体现出鲜明的多元共治特征。

三、用科学的思维方式和方法论进行生态文明建设

新时代社会主义生态文明思想蕴含着丰富的哲学思维和科学方法论，贯穿着对立统一的矛盾辩证法，是系统思维、底线思维和创新思维的运用，使得发展与保护由"两难"变为"双赢"。

1.系统思维

马克思、恩格斯在他们创立的辩证唯物主义哲学中确立了科学的系统的整体观念。党的十九届五中全会将坚持系统观念明确为"十四五"时期经济社会发展必须遵循的重大原则之一。习近平总书记对此做了说明，指出"系统观念是具有基础性的思想和工作方法"。"全面建成小康社会后，我们将开启全面建设社会主义现代化国家新征程，我国发展环境面临深刻复杂变化，发展不平衡不充分问题仍然突出，经济社会发展中矛盾错综复杂，必须从系统观念出发加以谋划和解决，全面协调推动各领域工作和社会主义现代化建设。"[1]坚持有机论、整体论和系统论，反对机械论、还原论，是习近平生态思维的突出特点。

所谓系统思维，就是善于把握事物的层次结构性和内在关联性，在动态平衡中统筹各方、协调配合地分析问题、解决问题的一种思维方式。系统观念是各门自然科学，特别是生物科学、社会科学和系统科学综合发展的思想成果，是对世界复杂

---

[1] 习近平. 关于《中共中央关于制定国民经济和社会发展第十四个五年规划和二〇三五年远景目标的建议》的说明[N]. 新华社，2020-11-03.

性图景的深刻反映，是马克思主义辩证唯物论的当代发展，是我党新时代的重要思想方法和工作方法。习近平生态文明思想既是符合系统科学的理论总结，更是系统方法的具体应用，是对生态系统管理的实践延伸。

生态问题及其治理离不开整体思维和统筹规划，综合施策。习近平总书记反复强调生态文明建设是一个涉及生产方式、生活方式、管理方式、消费方式等变革的系统工程，应"以系统工程思路抓生态建设"。①2020年11月，习近平总书记在全面推动长江经济带发展座谈会上指出，要从生态系统整体性和流域系统性出发，追根溯源，系统治疗，从源头系统开展生态环境修复和保护。强化山水林田湖草等各种生态要素的协同治理，推动上中下游地区的互动协作，增强各项举措的关联性和耦合性。要在重点突破的同时，加强综合治理系统性和整体性，防止畸重畸轻、单兵突进、顾此失彼。统筹水环境、水生态、水资源、水安全、水文化和岸线等多方面的有机联系，推进长江上中下游、江河湖库、左右岸、干支流协同治理，保持长江生态原真性和完整性。

早在浙江主政时期，习近平同志就曾指出"生态省建设是一项长期战略任务"，"它需要多管齐下，综合治理，长期努力，精心调养"。②他一再强调："要坚持标本兼治和专项治理并重、常态治理和应急减排协调、本地治污和区域协调相互促进，多策并举，多地联动，全社会共同行动。"③"要坚持重点突破，在整体推进的基础上抓主要矛盾和矛盾的主要方面，努力做到全局和局部相配套、治本和治标相结合、渐进和突破相衔接，实现整体推进和重点突破相统一。"④这体现了两点论和重点论相统一的辩证思维。

按照生态系统的整体性、系统性及其内在规律开展生态文明建设，集中体现在五位一体总体布局、生态空间布局、生态环境全方位治理等实践方面。

（1）把生态文明纳入"五位一体"总体布局

① 习近平总书记系列重要讲话读本[Z]. 北京：学习出版社，人民出版社，2016：236.
② 习近平. 之江新语[M]. 杭州：浙江人民出版社，2007：49.
③ 习近平总书记系列重要讲话读本[Z]. 北京：学习出版社，人民出版社，2016：236.
④ 习近平. 共抓大保护 不搞大开发[N]. 人民日报，2018-04-27.

系统是由要素相互作用构成的整体，而整体对要素的相互作用具有制约和支配作用，所谓整体大于部分之和，"不谋全局不足以谋一域"。生态环境问题的实质性解决和生态环境质量的根本性改善远不是单凭经济技术与公共管理政策的革新就能实现的，而是有赖于一种全新的符合生态文明原则的新经济、新社会、新政治与新文化，需要综合性的社会转型或重构过程，文明革新或转型过程。只有跳出环境保护的狭窄视域，把生态文明建设的理念和原则融入社会主义经济建设、政治建设、文化建设和社会建设的各方面和全过程，确保各项建设协同共进，才能推动形成人与自然和谐共生的现代化新格局，在这一视域下的生态文明建设更具有战略性、全局性、根本性和长久性的价值意义。

在中国特色社会主义事业的"五位一体"总体布局中，经济建设、政治建设、文化建设和社会建设共同解决人类社会内部的关系问题，而生态文明解决的是人与自然的关系问题，是"基础的基础"。生态文明建设是其余"四位"良性发展的前提和物质保障，它既融于，又超越于其他四个方面建设之上，成为其他四个方面建设的价值维度和实践旨归。

（2）统筹山水林田湖草，布局生态空间系统

习近平总书记运用系统思维深刻阐明了自然生态系统的整体性特征，指出"生态是统一的自然系统，是相互依存、紧密联系的有机链条"。山水林田湖草各要素相生相伴、相互依存，构成了一个普遍联系的有机整体，即生命共同体。破坏了其中任何一个因子，整个生态系统都可能受到影响，甚至濒临崩溃。因此，"用途管制和生态修复必须遵循自然规律，如果种树的只管种树，治水的只管治水，护田的单纯护田，很容易顾此失彼，最终造成生态的系统性破坏。由一个部门负责领土范围内所有国土空间用途管制职责，对山水林田湖进行统一保护、统一修复是十分必要的"。[1]

一直以来，我国在生态保护和环境治理中由于属地化、条块化管理体制，致使政出多门、各自为政、多头治污、九龙治水现象比较普遍。习近平总书记提出统筹

---

[1] 关于《中共中央关于全面深化改革若干重大问题的决定》的说明[N]. 人民日报，2013-11-16.

山水林田湖草，"由一个部门负责领土范围内所有国土空间用途管制职责"，"统筹上下游、左右岸、地上地下、城市乡村"①，统筹推进"山上山下、地上地下、陆地海洋，以及流域上下游"环境治理工程。跳出以单一生态系统为单元进行治理的传统思路，通过配置相应管理单位（如自然资源部）统筹对多个生态系统的全局管理，为美丽中国建设提供综合措施。为解决生态环境保护职责交叉、权责脱节等问题，2018 年国务院机构改革中，新组建的自然资源部和生态环境部整合了分散在各部委的环保职责，使监管者和所有者分开，将污染治理和生态保护职能整合优化为一个有机系统，有力提升了生态治理的系统性、整体性、协同性。在明确主体治理责任的同时，推动实施中央和国家机关有关部门生态环境保护责任清单，构建齐抓共管、各负其责的大生态环保格局。

近些年我国遵循生态规律进行的"河（湖）长制""林长制"等体制机制的创新，旨在跨过行政门槛，对河流、湿地、森林、草原等自然生态系统实施科学有效的综合治理。国家公园体制试点方案对自然保护区、森林公园、地质公园等保护区域进行整合，使一些重要生态功能区域的自然生态系统受到严格保护。跨区域空气污染联防联控，依据空气流动的特征实施区域协调、联动发展战略，不搞大开发，共抓大保护。森林、草原、湖泊、河流、山岭、湿地等各类自然资源资产的空间布局构成了不同层级的生态系统。按照党的十九大提出的"三统一"（统一行使全民所有自然资源资产所有者职责，统一行使所有国土空间用途管制和生态保护修复职责，统一行使监管城乡各类污染排放和行政执法职责）要求，建立、健全自然资源资产产权制度和用途管制制度，对水流、森林、山岭、草原、荒地、滩涂等自然生态空间进行统一确权登记，真正构建起人与自然和谐共生新格局。

（3）生态治理过程的多领域、多部门的系统谋划

生态文明建设是一项系统工程，各个领域、各项工作、各类要素相互交织，牵一发而动全身。只有强化和运用系统思维，科学谋划、统筹推进，协同配合，才能形成强大合力。党中央、国务院出台的生态文明体制"1+ N"改革方案，其着眼

---

① 习近平关于社会主义生态文明建设论述摘编[G]. 北京：中央文献出版社，2017：56.

点就是在确保生态环境保护的连续性与完整性的前提下，"完善生态文明领域统筹协调机制，构建生态文明体系"。

中共十九届五中全会提出，加快推动绿色低碳发展，持续改善环境质量，提升生态系统质量和稳定性，全面提高资源利用效率，从经济系统、自然环境、生态系统和自然资源四个方面提出了绿色发展的战略举措。要将生态环境作为整体来理解和认识，将气候变化的影响和适应等放在复合统一的系统框架下进行认识和理解，努力实现人与自然的全程耦合，不能以头疼医头、脚疼医脚的简单因果思维进行决策。"建立地上地下、陆海统筹的生态环境治理制度。强化多污染物协同控制和区域协同治理，加强细颗粒物和臭氧协同控制。"协同推进资源节约、环境治理和生态保护，坚持污染减排与生态扩容两手发力，统筹推进污染防治与生态保护。构建符合国情的生态与产业耦合体系，形成以协同进化为核心的"整体—和谐—同化—持续"的耦合系统。

2.底线思维

习近平总书记提出要善于运用"底线思维"，"凡事从坏处准备，努力争取最好的结果，做到有备无患、遇事不慌，牢牢把握主动权"。将底线思维运用到生态环境保护方面，就是将生态安全纳入国家安全范畴。十九届五中全会强调统筹发展与安全，而生态安全是国家安全的重要组成部分。

实践证明，人类赖以生存的生态系统具有"破坏容易恢复难"的特点，要从系统演化的不可逆性充分认识生态建设的重要意义，倍加珍惜和保护生态环境。近年来，我国生态环境保护态势持续向好。但由于生态环境脆弱、生态系统严重退化，生态安全仍面临严峻挑战。因此，要坚持底线思维和总量思维观念，坚持节约优先、保护优先、自然恢复为主的方针，重视生态系统的承载极限，对能源消耗和污染排放逐步实行总量控制。"强化国土空间规划和用途管控，落实生态保护、基本农田、城镇开发等空间管控边界，减少人类活动对自然空间的占用。"有的地方急于上项目搞开发，忽视生态环境的容纳能力，没有考虑社会民生的承受能力，引发污染事故或群体性事件，导致所有努力付诸东流。守不住底线就无法建设美丽中国，更无法建成富强民主文明和谐美丽的社会主义现代化强国。

2013年5月，习近平总书记在主持十八届中央政治局第六次集体学习时，提出"要牢固树立生态红线的观念……不能越雷池一步，否则就应该受到惩罚"，"要精心研究和论证究竟哪些要列入生态红线，如何从制度上保障生态红线"。2017年5月在中共中央政治局第四十一次集体学习时，习近平总书记进一步指出，要"加快构建生态功能保障基线、环境质量安全底线、自然资源利用上线三大红线，全方位、全地域、全过程开展生态环境保护建设"。党的十九大报告明确提出，要"完成生态保护红线、永久基本农田、城镇开发边界三条控制线划定工作"①。做好以资源上线、环境底线和生态红线为内容的生态治理标准的界定，进一步筑牢生态安全屏障，是底线思维的典型运用。

所谓生态保护红线，是指在生态空间范围内具有特殊的重要生态功能、必须强制性严格保护的区域。生态红线"是保障国家生态安全的底线和生命线"，是绿水青山的屏障。党的十八届三中全会将划定生态保护红线作为加快推进生态文明建设的重点任务。2017年1月，中办、国办联合印发实施《关于划定并严守生态保护红线的若干意见》，从源头严防、过程严管、后果严惩三个环节明确了严守红线的一系列政策措施，红线划定后只能增不能减，以确保红线的"刚性"。2020年12月，生态环境部制定印发《生态保护红线监管指标体系（试行）》，同步发布了7项生态保护红线标准。生态保护红线突破了传统生态监管线对湿地、林地、草地等要素单独划定、单独监管的分割式格局，实现了对生态环境系统的统一、多维监管。通过上下结合、层层部署的方式，将多条红线汇总形成全国"一张图"，实现一条红线监管全国的目标，最大限度地保护了生态系统的完整性，实现了生态红线布局的系统性与连续性。

---

① 习近平. 决胜全面建成小康社会 夺取新时代中国特色社会主义伟大胜利——在中国共产党第十九次全国代表大会上的报告（2017-10-18）[M]. 北京：人民出版社，2017：52.

3.创新思维

新时代生态文明思想是创新思维的产物,处处渗透着创新思维。譬如,"生态兴则文明兴、生态衰则文明衰"的新文明观,"两山论"体现出的新资源观、新财富观,"良好的生态环境是最普惠民生福祉"的新民生观,"积极参与全球治理、共建清洁美丽世界"的新全球观,等等。习近平总书记注重通过制度创新的方法探索生态治理新机制,他提出:"要正确处理发展和生态环境保护的关系,在生态文明建设体制机制改革方面先行先试,把提出的行动计划扎扎实实落实到行动上,实现发展和生态环境保护协同推进。"①

---

① 习近平. 看清形势适应趋势发挥优势 善于运用辩证思维谋划发展[N]. 新华社, 2015-06-18.

第五节　新时代中国特色社会主义生态文明　　思想的时代价值

以习近平同志为核心的党中央继承了马克思、恩格斯的生态思想，在中国特色社会主义事业的伟大实践中逐渐形成自身独特的生态文明思想体系。新时代中国特色社会主义生态文明思想从世界观、辩证法、方法论、社会历史观等哲学层面去思考问题，对自然、社会和人，对实践、制度和文化，对历史、现在和未来，对民族、国家和人类等问题进行了本质性思考、元哲学发问、创新性解决，是一套关于自然、社会、经济、制度、文化等问题的全新的话语体系，彰显了生态文明建设的根本性、开创性、长远性。这一思想的内容丰富而深刻，体现了对马克思主义的自觉运用和创新性发展，体现了我们党对执政规律、社会主义建设规律、人类社会发展规律和自然规律的理论自觉和认识深化，提高了生态文明建设在治国理政中的战略地位，为新时代建设生态文明和美丽中国提供了根本遵循和科学指南。

参照学者李艳芳的研究成果[①]，我们从以下几方面来论述新时代中国特色社会主义生态文明思想的时代价值。

一、对马克思主义生态观的继承和发展

习近平生态文明思想的直接源头是马克思主义。在纪念马克思诞辰200周年大会上，习近平总书记连续提出了9个学习马克思，特别强调"学习马克思，就要学

---

① 李艳芳. 习近平生态文明建设思想研究[D]. 大连海事大学，2018.

习和实践马克思主义关于人与自然关系的思想"。习近平总书记不止一次地引用恩格斯"如果说人靠科学和创造性天才征服了自然力，那么自然力也对人进行报复"的重要判断。新时代中国特色社会主义生态文明思想继承和发展了马克思主义关于人与自然关系的思想精华和理论品格，是马克思主义中国化的重大成果。

其一，新时代人与自然和谐共生的命题及相关探索是马克思主义辩证自然观的现实延伸。马克思、恩格斯认为自然界"是人的无机的身体"①，把人作为"自然界的一部分"来把握。马克思指出："所谓人的肉体生活和精神生活同自然界相联系，不外是说自然界同自身相联系，因为人是自然界的一部分。"②恩格斯也指出："我们连同我们的肉、血和头脑都是属于自然界和存在于自然界之中的。"③马克思以人与自然界之间的物质变换过程为出发点来分析，当人与自然之间的物质变换合理时，人与自然生态处于和谐的关系之中；当人与自然之间的物质变换不合理时，人类的劳动会扰乱自然生态系统，会遭到自然界的报复。合理地调节人与自然之间的物质变换是实现绿色发展的基础。工业化的发展破坏了人类经济系统与自然生态系统之间的和谐关系，人类不可避免地受到了自然界的惩罚。人类在从必然王国向自由王国飞跃的过程中，必须控制"历史的客观的异己的力量"④，这种控制的客观表现形式是人与自然和谐共生。习近平总书记关于人与自然是生命共同体、人与自然和谐共生等重要论述，既继承了马克思主义"人与自然终极和解"的基本内核，又是对"天人合一"思想的现代阐释，是对马克思主义自然观中国化的准确表达和最新成果。⑤

其二，"两山论"是马克思主义政治经济学的重大理论创新，它打破了将经济增长与环境保护对立起来的思维惯性，更新了自然资源无价的传统认识，是对原有发展观、价值观和财富观的全面更新。马克思告诉我们，不论财富的

① 马克思恩格斯全集：第一卷[M]. 北京：人民出版社，2009：96.
② 马克思恩格斯全集：第一卷[M]. 北京：人民出版社，2009：161.
③ 马克思恩格斯全集：第九卷[M]. 北京：人民出版社，2009：560.
④ 恩格斯. 社会主义从空想到科学的发展[M]. 北京：人民出版社，2000.
⑤ 皮家胜，邓喜道. 人与自然和谐共生：马克思主义自然观的中国表达[J]. 广东社会科学，2020（4）：66-72.

社会形式如何，使用价值总是构成财富的物质的内容，而"物的有用性使物成为使用价值"。①经典的马克思劳动价值理论聚焦于人与人的关系，没有考虑到自然资源本身的存在价值问题。习近平总书记指出："树立自然价值和自然资本的理念……自然生态是有价值的，保护自然就是增值自然价值和自然资本的过程。""绿水青山就是金山银山"的科学论断揭示出自然生态资源有着自身的经济价值与社会价值，将传统的物质财富观延伸至物质财富和生态财富双视角，"经济财富"的增加未必能完全补偿和替代"自然财富"的损耗。这就拓宽了马克思主义财富理论的基本框架。"两山论"还体现出发展观的变革，指明了实现经济发展和生态保护之间内在统一、相互促进和协调共生的方法。"经济发展不能以破坏生态为代价，生态本身就是经济。保护生态就是发展生产力。"②通过发展与生态环境有关的"内生外联性"产业，生态优势可以变成经济优势，生态价值可以变成经济价值。

其三，新时代生态文明思想阐明了生态环境与生产力之间的正向互动关系，为马克思主义的生产力理论注入了新的时代内涵。马克思认为实践是人与自然联系的纽带，劳动是人类实践的主要方式。同时，马克思、恩格斯在"自然是人的无机身体"这一论断的基础上，认为自然界是经济的有机构成部分，提出了"自然生产力"概念，即自然界是生产力的构成要素。自然界的供养能力与吸纳能力是自然生产力存在及其发挥作用的体现与明证。然而，我国理论界长期以来忽视了马克思的自然生产力思想，把历史唯物主义的生产力一般等同于社会生产力。新时代生态文明思想强调"保护生态环境就是保护生产力，改善生态环境就是发展生产力"，清晰地还原了马克思主义生产力的生态向度，提示人们对自然生产力的保护可以增强生产力的更新性和可持续性。马克思主义的生产力概念是社会生产力和自然生产力的总和。其中，自然生产力是更基本、更富创造性的生产力，因为生态系统为人类提供了须臾不可离的生态产品和服务。要解放生产力、发展生产力和保护生产力，

---

① 马克思恩格斯全集：第五卷[M]. 北京：人民出版社，2009：48-49.
② 习近平"两山"理念改变中国[N]. 新华社，2020-08-04.

既要发挥人的积极性，创造社会生产力，又要尊重自然规律，保护自然生产力，挖掘自然潜能。

其四，继承和发展了马克思主义的生态政治观、生态权益观。马克思认为，生态环境问题不仅是自然生态问题，而且是社会问题，人与自然的冲突反映了人与人的利益之争。马克思主义政治经济学从资本主义生产方式中寻找人与自然关系不协调的根本原因，从论证社会主义生产方式的合理性和优越性的角度寻求人与自然之间的冲突和矛盾的解决，体现出新时代生态文明思想的历史深刻性。习近平总书记强调生态环境是关系党的使命、宗旨的重大政治问题，也是关系民生的重大社会问题，完整而系统地阐释了如何以优质的生态产品满足人民日益增长的优美生态环境需要，体现出马克思主义的人本观念。"优美生态环境需要"的新理念是对马克思"人的需要理论"的丰富和发展。

其五，从工业文明基础上的社会主义过渡到生态文明基础上的社会主义，提升了社会主义文明建设的维度。以马克思主义人与自然辩证关系原理为基本依据，通过变革发展观，推动形成绿色发展方式，实现经济价值、生态价值和人的价值的高度统一。通过"五位一体"总布局建立社会主义文明体系，使得人与自然之间、人与人之间的矛盾得以缓解，乃至解决。集聚人文与自然的双重和谐目标正是马克思所言的"作为完成了的自然主义等于人道主义，而作为完成了的人道主义等于自然主义"[①]的人类最终发展阶段。

总之，马克思、恩格斯创立了科学的自然观，为人类正确认识人与自然的关系、解决人与自然之间的矛盾和冲突奠定了基础。但马克思、恩格斯毕竟生活在机器大工业生产方式开始占据主导地位的时代，他们对生态和自然的阐释大多是在生产范式下进行的。中国特色社会主义生态文明思想以马克思主义为理论源泉，结合中国的现实问题，是对马克思主义自然观和发展观的中国化解读与升华。在马克思主义发展史上，生态与文明之间的直接关系、根本关系从未像这样被强调过。

---

① 马克思恩格斯全集：第三卷[M]. 北京：人民出版社，2009：297.

二、丰富和发展了中国特色社会主义理论体系

新中国成立后，我国历代领导人坚持把马克思主义与中国的社会主义实践相结合，推动马克思主义的中国化。然而，由于历史的局限，也由于主要矛盾和主要任务的限制，我们没有认真理解和领会马克思主义自然观，在处理人与自然关系方面一度沿袭了"人定胜天"的对立思维，在实践中走了一条对生态和自然资源进行"竭泽而渔"式开发利用的道路，加剧了人与自然之间的矛盾和冲突，使经济社会陷入动荡。正如美国当代生态学的领军人物奥康纳所言："社会主义国家和资本主义社会同样迅速地（或者更快地）耗尽了它们的不可再生资源，它们对空气、水源和土地等造成的污染即使不比其对手资本主义多，至少同后者一样。"[1]

面对日益严峻的资源瓶颈和生态问题，全社会对环境保护和生态文明建设的认识不断深化，环境保护事业在艰难中起步、探索，逐步走向完善。邓小平从基本国策的高度，以持续发展的远见，提出要坚持"植树造林绿化祖国"[2]，而且这一事业要"一代一代永远干下去"。"加强环境管理，要从人治走向法治。"[3] "解决农村能源，保护生态环境，等等，都要靠科学"[4]，这是科学技术是第一生产力的观点在我国生态环境领域的应用。江泽民全面推进了可持续发展理念在中国的实施，提出"在现代化建设中，必须把实现可持续发展作为一个重大战略"[5]，从而把邓小平的生态环境协调发展思想从不同要素间的协调推进到代际间的协调。江泽民还从国家视野提出全球性问题的解决需要国际上的相互配合和密切合作。[6]进入新世纪以来，环境污染和破坏愈加严重，以牺牲环境为代价的传统工业化模式已经走到尽头。以胡锦涛为核心的中央领导集体提出了科学发展观，即坚持以人为本，树立全面、协调、可持续的发展观，明确提出人与自然和谐发展的内在要求，体现出以人

---

① 奥康纳. 自然的理由——生态学马克思主义研究[M]. 南京：南京大学出版社，2010：407.
② 邓小平文选：第三卷[M]. 北京：人民出版社，1993：21.
③ 邓小平论林业与生态建设[J]. 内蒙古林业，2004（8）.
④ 邓小平年谱：下册[M]. 北京：中央文献出版社，2004：882.
⑤ 江泽民文选：第一卷[M]. 北京：人民出版社，2006：463.
⑥ 江泽民文选：第一卷[M]. 北京：人民出版社，2006：480.

为本和以生态为本价值取向的统一。

进入社会主义新时代，新一代国家领导人将生态文明建设上升到国家意志的战略高度，将生态环境保护融入经济社会发展的全局，把"坚持人与自然和谐共生"作为坚持和发展中国特色社会主义的十四大基本方略之一，建构起新时代中国特色社会主义生态文明理论体系。习近平生态文明思想科学地回答了当代中国建设社会主义生态文明的终极价值取向、基本理念、基本思路、突破重点、制度保障、主体力量、国际合作等重大现实问题，成为中国特色社会主义理论体系的重要组成部分。"两山论"是习近平总书记赋予当代中国和世界生态文明建设的自然辩证法，为从根本上科学认知生态文明、践行生态文明提供了价值遵循和实践范式。"创新、协调、绿色、开放、共享"五大发展理念丰富和完善了科学发展观，"环境民生论"深化了科学发展观的以人为本思想，丰富发展了和谐社会思想，表明我党的执政兴国理念达到新的水平。

习近平总书记"经济发展不应是对资源和生态环境的竭泽而渔，生态环境保护也不应是舍弃经济发展的缘木求鱼"的科学论断为转变经济发展方式提供了导航仪和风向标。经济发展新常态下，绿色发展、低碳发展、循环发展成为经济社会发展的主流声音和实践导向。在新时代生态文明思想指导下，十八大以来成为我国生态建设力度最大、举措最实、推进最快、成效最好的时期，思想认识程度之深、污染治理力度之大、制度出台频度之密、监管执法尺度之严、环境质量改善速度之快前所未有。

新一代国家领导人站在民族复兴的时代关口，秉承环境友好与生态正义的价值理念，坚持绿色生产方式，树立健康消费观念，带领人民走出了一条满足人民群众日益增长的美好生活需要的绿色发展道路。习近平总书记关于生态文明具体领域的论述开创了中国特色生态城市、美丽乡村、林业、能源等各项事业实践的新局面，对于开启全面建设社会主义现代化国家新征程具有重要意义。与传统的生态管理体制或生态建设手段不同，国家生态治理体系与治理能力的提出为当代中国政府治理和生态问题的解决提供了全新的理论视野和实践空间，促进了国家治理体系和治理水平的现代化。"两山论"、人与自然和谐共生的现代化、绿色发展、生态环境治理体系、全球生态文明建设等理念是建立在马克思主义完整、科学地把握人类社会整体历史进程的基础上的，是内在地、逻辑地统一于社会主义的本质之中的。因此，新时代生态文明思想是中国特色社会主义事业整体布局、顶层设计的科学完善。

三、为解决世界范围的生态危机贡献中国智慧和中国力量

习近平总书记站在人类共同利益的角度思考自然、经济和人类的关系，多次释放出中国积极参与可持续发展全球治理的良愿，并把"建设一个清洁美丽的世界"作为人类命运共同体的目标之一，为共建清洁、美丽的世界提供了中国智慧和中国方案。2019年4月，习近平总书记在北京世界园艺博览会开幕式上，以《共谋绿色生活，共建美丽家园》为题发表重要讲话，把北京世园会这张当代中国的绿色名片播散到全世界，也将绿色发展理念传播至世界各个角落。2020年11月，习近平主席在二十国集团领导人利雅得峰会"守护地球"主题会议上致辞，强调地球是我们的共同家园，我们要秉持人类命运共同体理念，携手应对气候环境领域的挑战，守护好这颗蓝色星球，并提出三点主张：加大应对气候变化的力度，深入推进清洁能源转型，构筑尊重自然的生态系统。这一倡议在国际上引起强烈反响。[1]

作为世界上最大的发展中国家，中国的现代化进程及其资源环境问题的特殊性决定了中国生态文明建设对全球可持续发展进程发挥着举足轻重的作用。中国特色社会主义生态文明思想不但是服务于中国可持续发展的新型发展观，而且与人类的共同利益相一致，是打造人类共有生态系统命运共同体的中国方案。在中国共产党领导下，我国生态文明建设已取得丰硕的实践成果，走出了一条新型现代化道路，为实现联合国可持续发展愿景做出了突出贡献，为全球应对气候变化、能源资源危机等挑战提供了经验借鉴。正如党的十九大报告指出的，这是"拓展了发展中国家

---

[1] 吴刚，等. 共同建设清洁美丽的世界——习近平主席在二十国集团领导人利雅得峰会"守护地球"主题边会上致辞引发国际社会热议[N]. 人民日报，2020-11-25.

走向现代化的途径，给世界上那些既希望加快发展，又希望保持自身独立性的国家和民族提供了全新选择，为解决人类问题贡献了中国智慧和中国方案"。习近平总书记指出："在我们这个13亿多人口的最大发展中国家推进生态文明建设，建成富强民主文明和谐美丽的社会主义现代化强国，其影响将是世界性的。"①

2013年2月，联合国环境规划署第27次理事会将来自中国的生态文明理念正式写入决议案。2016年5月，联合国环境规划署发布《绿水青山就是金山银山：中国生态文明战略与行动》报告。"'绿水青山就是金山银山'美妙地阐述了人与自然和谐共生的理念。"联合国环境规划署执行主任英厄·安诺生说，世界应与中国一道坚持绿色、可持续的发展道路，下定决心改善环境。②2017年12月，中国塞罕坝机械林场获联合国环境规划署"地球卫士奖"；2018年9月，浙江"千村示范、万村整治"工程荣获"年度地球卫士奖"中的"激励与行动奖"；2019年，联合国环境规划署将"地球卫士奖"颁给"蚂蚁森林"项目。中国的绿色创新和行动者连续三年荣膺联合国"地球卫士奖"，表明国际社会对中国生态文明建设成果的充分认可。出席"地球卫士奖"颁奖典礼的一位联合国官员评价道："当今世界，国家治理与全球治理模式各有千秋，但唯有人民群众满意、符合自然发展规律、契合科学精神的发展理念才是最有价值的发展理念和最有实践意义的发展模式。"③在"一带一路"国际合作高峰论坛上，联合国原副秘书长、环境规划署原执行主任埃里克·索尔海姆引用"绿水青山就是金山银山"来描绘他关于全球生态环境的美好展望。在他看来，中国行动回答的正是全球性的挑战和课题——在发展中国家，如何实现产业发展、环境保护、民众健康三赢。他指出："在改善环境上，中国的环境治理技术和经验可以给全球带来启示。""在治理空气污染方面，中国倡导共享单车、电动车、地铁等绿色出行方式，减少尾气排放的经验给其他国家带来启示。"

---

① 习近平. 推动我国生态文明建设迈上新台阶[J]. 求是，2019（3）.
② 董峻，王俊禄，高敬，胡璐. 生态文明之光照耀美丽中国——写在绿水青山就是金山银山理念提出十五周年之际[N]. 人民日报，2020-08-15.
③ 何玲玲，等. 建设好生态宜居的美丽乡村——从"千万工程"看习近平生态文明思想的生动实践和世界回响[EB/OL]. 新华网，2018-12-28.

全球变暖、土壤沙化是全球共同面对的生态挑战。近年来，中国在防治荒漠化领域走在世界前列，荒漠化土地面积由20世纪末的年均扩展1.04万平方公里，转变为年均缩减2424平方公里，实现了连续十几年荒漠化土地面积净减少。卫星图像显示，2000年以来，全球新增绿化面积的1/4来自中国。《自然》期刊发表的研究成果惊叹"中国森林碳吸收量对全球的贡献"。哈萨克斯坦、蒙古国、埃及、博茨瓦纳、纳米比亚等数十国的农业科技人员走进中国，学习荒漠化防治和生态修复技术，中国环境治理经验让越来越多的国家和地区获益。[①]目前，"一带一路"沿线的欧亚大陆腹地的60多个国家和地区、10多亿人口仍饱受沙化之害、沙尘之扰。要推动"一带一路"绿色发展，荒漠化治理与生态修复是一个绕不过去的坎。全球荒漠化土地的面积保守估计在3600万平方公里，主要集中在"一带一路"沿线，如果这些土地用于种树、种草、种花、种药材，将为地球贡献巨大的碳汇载体和水资源涵养载体，为应对气候变化做出贡献。以库布其模式为代表的中国生态修复和环境治理经验正在走向全球，展示了中国主动承担生态责任、举国上下齐心探索的态度与行动，为全球应对气候变化与环境治理提供了重要的启示与参考。

库布其沙漠是距北京最近的沙漠，被称为"死亡之海"。30年来，政府、治沙龙头企业亿利集团、社会组织、农牧民等像石榴籽一样紧紧抱在一起，创造了沙漠变绿洲的世界奇迹。在治沙过程中，发展起"生态修复、生态农牧业、生态光能、生态旅游、生态工业、生态健康"六位一体的沙漠绿洲产业，总结出一套沙漠绿色经济发展模式。这一模式在许多地区落地成功，被证明是行之有效的治沙扶贫方案。2011年，库布其国家沙漠公园被联合国确定为"库布其国际沙漠论坛"永久会址。该论坛每两年举办一届，成为各国交流防沙治沙经验、推动实现联合国2030年可持续发展目标的重要平台。

2014年4月，中国亿利资源库布其沙漠生态治理区被联合国环境规划署（UNEP）确定为首个"全球沙漠生态经济示范区"。联合国秘书长潘基文指出："中国政府和私营部门携手合作，共同防沙治沙，减少内蒙古地区吹来的沙尘暴，同时

---

① 王新萍，龚鸣，方莹馨. 共谋全球生态文明建设[N]. 人民日报，2020-12-26.

帮助人们摆脱贫困。"①2015年联合国气候变化大会期间，联合国将"中国库布其生态财富创造案例"作为防治荒漠化、应对气候变化的样本，向全球推广。联合国防治荒漠化公约秘书处执行秘书莫妮卡·巴布表示，在中国领导人习近平提出的"一带一路"的发展方向上，中亚、非洲的很多地方都有着类似库布其的大片沙化和荒漠地区，如果库布其的经验能够得到推广，对全球应对气候变化、扶贫有重大意义。据联合国环境规划署2017年发布的全球首个生态财富报告，亿利集团治理库布其沙漠6000多平方公里，创造生态财富5000多亿元，带动超过10.2万人脱贫。2017年，亿利集团董事长王文彪获得了联合国"地球卫士终身成就奖"。联合国原副秘书长、环境规划署原执行主任索尔海姆提出，希望将库布其的经验在全世界推广，库布其的很多经验可以移植到撒哈拉以南非洲，使更多的国家获益。2018年12月，在联合国气候变化大会上，亿利集团董事长王文彪分享了库布其治沙案例，提出"全球荒漠化土地森林增汇行动"倡议。联合国秘书长南南合作特使、联合国南南合作办公室主任豪尔赫·切迪克表示赞同和欢迎，说："中国在应对气候变化方面做出了表率，来自中国民间的倡议成为世界效仿的典范。""一带一路"沿线国家对库布其沙漠治理的成果和成效表示出浓厚兴趣，联合国环境规划署与亿利公益基金会在鄂尔多斯市库布其沙漠共同成立了"一带一路"沙漠绿色经济创新中心，库布其模式走向"一带一路"沿线国家的路线图已发布，宣布组建工作组推动生态项目合作、联合开展培训等工作。

总之，中国在过去十几年进行的生态文明建设探索，在全球"绿色治理"中展现的大国担当和魄力，为世界环境保护和可持续发展贡献的方案，必将增益人类福祉。

---

① 魏博. 中国"生态名片"走向世界 库布其模式成全球样本[EB/OL]. 中国网，2015-12-04.

第二章

河北省贯彻新时代生态文明
思想的决策部署与行动路径

党的十八大以来，各地积极探索适合自身情况的生态文明道路。河北省作为塞罕坝精神发源地和京津冀生态环境支撑区，处在生态文明建设"三期叠加"的时代关口，在推进生态文明建设和绿色发展上负有极强的使命感和紧迫感。全省上下大力学习、宣传和贯彻习近平生态文明思想，各级党委和政府围绕生态文明建设做出了全面、系统的科学部署，探索出一系列行之有效的行动路径。

第一节　建设生态文明是河北省面临的艰巨而紧迫的任务

　　和全国一样，当前河北省生态文明建设处于关键期、攻坚期和窗口期"三期叠加"的历史关口。以生态文明引领发展方式转变，既是河北省破解资源环境瓶颈，实现高质量发展的需要，又是提高人民生活质量，维护全省人民长远利益的必然要求。

一、河北省建设生态文明的时代坐标

1.生态文明建设处于压力叠加，负重前行的关键期

　　河北省经济总量一度在全国排第6位，但生态文明水平在全国31个省（自治区、直辖市）中仅名列第22位，处于低水平组，生态文明建设面临"资源约束趋紧，环境污染严重，生态系统退化的严峻形势"。由于资源环境瓶颈制约，近年来，河北省陷入全国雾霾治理的风暴中心，面临最重的压缩产能任务，经济增速缓慢，经济总量持续下滑，生态环境则开始进入持续治理、制度化修复的新常态，生态文明建设处于转型升级、爬坡过坎的关键阶段。

　　其一，河北省人均资源拥有量相对短缺，淡水、能源、大宗矿产等资源供求矛盾突出。例如，《2019年河北省水资源公报》显示，全省水资源总量已下降到113.50亿立方米，比2016年减少了94.8亿，而当年总用水量182.29亿立方米；人均及亩均水资源量分别为149.9立方米和116立方米，远低于国际公认的人均500立方米的极度缺水标准。再如，作为第一钢铁大省，河北省铁矿石、铁精粉和焦炭严重依赖进口。

其二，由于产业结构偏重、能源结构偏煤、产业布局偏乱、科技水平和产品
档次较低，出现了资源消耗高、环境污染重的突出问题。河北省主要污染物排放
量超过环境承载能力，部分地区生态环境恶化。根据中国环境规划院持续十几年
的数据核算，截至2015年，河北省环境污染损失一直占GDP的7%左右。如果按
绿色GDP核算方法，河北省的GDP几乎是零增长或负增长。正如2014年12月习近
平总书记在中央经济工作会议上指出的，"从资源环境约束看，过去，能源资源和
生态环境空间相对较大，可以放开手脚大开发、快发展。现在，环境承载能力已
经达到或接近上限，难以承载高消耗、粗放型的发展了"。近年来，经过大规模淘
汰落后产能、实施环境治理工程，全省环境质量逐年好转，但总体形势仍不容乐
观，生态环境仍是发展的最大瓶颈。资源环境容量不够，污染企业"上山下乡"
现象较为突出，乡镇PM2.5数据普遍高于省控点数据，省控点数据高于国控点数
据，"农村包围城市"现象一直没有解决。在以增速换挡、结构调整和动能转换为
特征的经济新常态下，经济活动对资源环境压力的增量收窄、强度减弱，实现绿
色发展任务艰巨。

2.进入提供更多优质生态产品以满足人民需要的攻坚期

近年来，我国和河北省生态环境质量持续改善，出现了稳中向好趋势，但距离
百姓对美好生活的向往还有不小距离，且成效并不稳固，稍有松懈就可能出现反
复。比如，2017年《大气污染防治行动计划》（"大气十条"）虽然圆满收官，但产
业结构调整、能源布局调整、运输结构优化等深层次问题仍待解决。再如，渤海是
一个封闭型内海，自净能力差，近岸海域水质超标严重、赤潮频繁发生、周边土地
次生盐碱化等一系列环境问题直接威胁到唐山、秦皇岛、沧州等港口城市的永续发
展。在全面建成小康社会的决胜期，仍需坚决打好污染防治攻坚战，污染防治和生
态修复任务仍然艰巨。

3.到了有条件、有能力解决生态环境突出问题的窗口期和战略性机遇期

经过改革开放40多年的经济快速发展，河北省在生态环境修复治理方面形成

了较为完善的制度和技术条件，有基础、有能力、有信心完成生态文明建设的各项目标。"十三五"时期，河北省污染防治力度前所未有，PM2.5浓度下降34%以上，累计压减地下水超采36.9亿立方米，森林覆盖率达到35%，生态改善行稳致远，燕赵大地的蓝天白云越来越多。

作为传统产业大省，产业绿色转型迈出新步伐。化解过剩产能带来的阵痛逐步消化，新产业、新动能持续释放。河北省的新能源产业起步早，在全国技术领先，拥有英利集团、新奥集团等一批行业领军企业，在保定、石家庄、秦皇岛开展低碳城市试点，在节能环保产业方面积累了丰富的人力、物力和财力。

更重要的是，习近平总书记亲自谋划、亲自部署、亲自推动了京津冀协同发展、雄安新区规划建设、北京冬奥会等重大国家战略和国家大事，成为河北加速发展的强大引擎，也为河北在生态文明方面大展宏图提供了千载难逢的历史机遇和得天独厚的政策优势。

二、"京津冀生态环境支撑区"的功能定位

京津冀区域面临严重的大气复合污染和水资源短缺问题，"已成为我国东部地区人与自然关系最紧张、资源环境超载矛盾最严重、生态联防联治要求最迫切的区域"（2015年《京津冀协同发展规划纲要》）。2014年2月26日，习近平总书记在专题听取京津冀协同发展工作汇报时指出："实现京津冀协同发展是探索生态文明建设有效路径、促进人口经济资源环境相协调的需要，是实现京津冀优势互补、促进环渤海经济区发展、带动北方腹地发展的需要。"他就推进京津冀协同发展提出"七个着力"要求，其中之一便是"着力扩大环境容量生态空间，加强生态环境保护合作，在已经启动大气污染防治协作机制的基础上，完善防护林建设、水资源保护、水环境治理、清洁能源使用等领域合作机制"。按照《规划纲要》，京津冀区域的整体定位之一是"生态修复环境改善示范区"，其中，河北被定位为"京津冀生态环境支撑区"。

从现状看，河北省各类废弃物排放量远高于京津地区，被认为是京津冀地区

污染的主要源头。河北省生态建设也远远滞后于京津地区，全省森林覆盖率低于10%，水土流失面积近6万平方米，湿地保护率仅为38%，生态补贴率仅为北京的2.5%。①作为京津冀一体化的生态屏障和缓冲地带，河北省的生态环境问题和区域协同发展的生态要求之间存在着突出矛盾，与京津冀区域生态环境改善的目标存在较大差距。夯实生态环境治理的属地责任，同时加强区域协同治理，才能更好地履行"京津冀生态环境支撑区"的功能。在"京津冀生态环境支撑区"建设中，河北省北翼和雄安新区是关键。

地处河北省北翼的张家口、承德承担着为北京、天津两个特大城市提供优质水源和优良生态环境保障的重任。2019年7月，国家发展改革委、河北省人民政府正式印发《张家口首都水源涵养功能区和生态环境支撑区建设规划（2019—2035年）》，这份推动首都"两区"建设的指导性文件，标志着"两区"建设进入了快车道。"两区"建设不仅关系到干系河北全局的北翼发展问题，而且具有重要的全国示范意义。

作为疏解北京非首都功能的集中承载地，雄安新区的首要功能定位是绿色生态宜居新城区。由于历史原因和自然条件限制，雄安新区面临的环境形势十分严峻，在大气环境质量、白洋淀环境修复整治、新区环境基础设施建设、历史积存工业固废处理、农村垃圾清理、污染土壤修复、散乱污企业治理等方面任务十分艰巨。2018年5月发布的《河北雄安新区规划纲要》明确提出把生态优先、绿色发展理念贯穿到雄安新区规划建设的各领域、全过程，建设绿色生态宜居新城区。《河北雄安新区总体规划》指出，到2035年，雄安新区将基本建成绿色低碳、宜居宜业、人与自然和谐共生的高水平社会主义现代化城市。2019年1月，中共中央国务院印发《关于支持河北雄安新区全面深化改革和扩大开放的指导意见》，提出要贯彻习近平生态文明思想，实行最严格的生态环境保护制度，将雄安新区自然生态优势转化为经济社会发展优势，建设蓝绿交织、水城共融的新时代生态文明典范城市，走出一条人与自然和谐共生的现代化发展道路，为全国绿色城市发展建设提供示范引领。

---

① 冯海波. 京津冀协同背景下河北省生态环境问题及对策[J]. 经济与管理，2015（5）.

三、习近平总书记对河北省生态文明建设的指示

习近平总书记对河北省知之深、爱之切，党的十八大以来7次视察河北，先后发表一系列重要讲话、做出一系列重要指示，为河北发展指明了前进方向，提供了根本遵循。

针对河北省的生态环境问题，特别是雾霾污染问题，习近平总书记几次提出严厉批评。2013年9月，在参加河北省委常委班子专题民主生活会时，他讲道："高耗能、高污染、高排放问题如此严重，导致河北生态环境恶化趋势没有扭转。在全国重点监测的七十四个城市中，污染最严重的十个城市河北占七个。不坚决把这些高耗能、高污染、高排放的产业产量降下来，资源环境就不能承受，不仅河北难以实现可持续发展，周围地区甚至全国的生态环境也难以支撑啊！这些年，北京雾霾严重，可以说是'高天滚滚粉尘急'，严重影响人民群众身体健康，严重影响党和政府形象。"2016年7月，习近平总书记在唐山市考察工作结束时的讲话中再次指出："河北在以往发展过程中生态环境欠帐较多。经过这几年集中治理，京津冀地区大气污染程度有所改善，但河北仍是全国大气污染的重灾区。"2017年1月24日，习近平总书记在张家口市考察工作结束时的讲话中指出："多年来，河北生态环境欠帐较多；经过几年治理，见了些成效，但仍然任重道远。"

习近平总书记不但点明了河北省面临的严峻环境形势，而且指明了解决方向。他指出："治理大气污染，不能光'等风来'。要聚焦问题抓要害，找准病根开药方……环境问题，说到底，根子在能源结构、产业结构上"①要求"加快形成节约资源和保护环境的空间格局、产业结构、生产方式、生活方式"。②习近平总书记多策并举、整体治理的系统思维成为河北省治理生态环境问题的重要指导。

雄安新区建设是习近平总书记亲自谋划，亲自部署和推动的千年大事。习近平总书记强调，雄安新区建设要充分体现生态文明建设的要求，成为生态标杆，坚持

---

① 2017年1月，习近平总书记在张家口市考察工作时的讲话.
② 2016年7月28日，习近平总书记在唐山市考察工作结束时的讲话.

生态优先、绿色发展，不能建成高楼林立的城市，要疏密有度、绿色低碳、返璞归真，自然生态要更好。要合理确定新区建设规模，完善生态功能，突出"科技、生态、宜居、智能"发展方向，创造优良人居环境，构建蓝绿交织、清新明亮、水城共融、多组团集约紧凑发展的生态城市，实现生态空间山清水秀、生活空间宜居适度、生产空间集约高效，促进人与自然和谐共处，建设天蓝地绿、山清水秀的美丽家园。①

2017年2月23日，习近平总书记实地考察河北省安新县和白洋淀生态保护区，就雄安新区规划建设工作发表重要讲话。他强调，建设雄安新区，一定要把白洋淀修复好、保护好。将来城市距离白洋淀这么近，应该留有保护地带。要有严格的管理办法，绝对不允许往里排污水，绝对不允许人为破坏。雄安新区紧邻白洋淀这个'华北之肾'，既要利用白洋淀自然生态优势，又要坚决做好白洋淀生态环境保护工作。要坚持生态优先、绿色发展，划定开发边界和生态红线，实现两线合一，着力建设绿色、森林、智慧、水城一体的新区。

2019年1月，习近平总书记再次来到雄安新区考察，穿行"千年秀林"造林区域察看林木长势。他指出，蓝天、碧水、绿树，蓝绿交织，将来生活的最高标准就是生态好。雄安新区过去有一定的基础，现在搞"千年秀林"，将来这里一定是最宜居的地方。"绿水青山就是金山银山"，雄安新区就要靠这样的生态环境来体现价值、增加吸引力。他仔细询问参与造林护林的村民工作和收入情况，叮嘱要吸引当地农民积极参与，让农民从造林护林中长久受益。

---

① 张高丽就设立雄安新区接受记者采访[N]. 人民日报，2017-04-15.

第二节　河北省建设生态文明的决策部署与成效

党的十八大以来，新时代社会主义生态文明思想在燕赵大地深入人心，成为大家的思想共识和行动自觉。河北省委省政府依照习近平书记的指示，谋划开展了一系列根本性、开创性、长远性工作，先后发布了《关于加快推进生态文明建设的实施意见》（2015年）、《河北省建设京津冀生态环境支撑区规划（2016－2020年）》、《河北省生态环境保护"十三五"规划》（2017年）等政策文件，环境基础设施建设加速推进，污染治理力度之大前所未有，环境质量改善成效前所未有。

一、十八大以来河北省建设生态文明的政策总览

2014年，河北省提出绿色崛起发展战略，把治霾与民生、生态、经济统筹推进。2015年11月，省委省政府发布《关于加快推进生态文明建设的实施意见》。在2016年第九次党代会上，原省委书记赵克志对提升环境保护和生态建设水平做出重要部署。2017年8月，原省委书记赵克志在塞罕坝林场先进事迹报告会上强调，今后五年，河北省将坚持生态优先、绿色发展，树牢生态文明理念，全方位、全地域、全过程开展生态环境保护建设。

2017年10月王东峰担任河北省委书记后，高度重视生态环境保护工作，就污染防治、生态修复等方面发表了一系列重要讲话，成为指导河北贯彻习近平生态文明思想的行动指南。下面以时间为线索进行梳理。2018年3月，王东峰在石家庄市环城林建设现场参加义务植树活动时指出："一年之计在于春。要抓住春季植树的有利时机，深入实施国土绿化三年行动，以张家口冬奥绿化、雄安新区森林城市建设、太行山燕山绿化、规模化林场建设、平原绿化和沿海防护林建设、交通干线廊

道绿化和环城林建设为重点，经济林与生态林相结合，大规模植树造林，健全市场
化运作和管护机制，努力提高森林覆盖率，切实改善生态环境。"2018年4月，王
东峰在张家口市主持召开座谈会时指出："要大力加强首都水源涵养功能区和生态
环境支撑区建设，全面系统推进大气区域治理和水体流域治理，坚决整治地下水超
采，积极推进退耕还林、退耕还草，加强散煤治理、矿山治理，推广光伏发电、风
能等清洁能源，切实走出一条生态立市的发展新路，努力交出冬奥会筹办和本地发
展两份优异答卷。"①2018年4月，王东峰在邯郸市调研时指出："统筹制定污染治理
方案，全面排查治理燃煤、扬尘、机动车尾气和工业超标排放，坚决整治散乱污企
业，强化区域大气治理和水体流域治理，深入开展春季爱国卫生运动，大规模植树
造林，深化地下水超采治理，采取'减、蓄、引'多种措施，统筹利用水资源，切
实改善生态环境。"这既是对邯郸市的要求，也基本上适用于全省绿色低碳循环发
展的推动工作。

2018年5月全省生态环境保护大会是省委省政府贯彻落实习近平生态文明思想
的一次具有战略意义的会议。王东峰书记在会上强调，要以习近平生态文明思想为
指导，举全省之力坚决打好污染防治攻坚战，奋力开创新时代生态环境保护和污染
防治工作新局面。会议分析了全省生态环境保护面临的形势，明确了今后的目标和
任务，对加强生态环境保护、打好污染防治攻坚战做出重要部署，为全省生态环境
保护提供了切实可行的理论指导和行动纲领，开启了生态环境保护的新征程。

许勤省长在2020年省政府工作报告中要求全省着力办好"三件大事"，打造高
质量发展动力源。第一件大事是扎实推进京津冀协同发展，其中一个重点领域是加
强生态环境联建联防联治，抓好张家口首都"两区"建设，继续实施京津保生态过
渡带等重大生态工程。第二件大事是扎实推进雄安新区规划建设，其中一项重要工
作是高水平打造优美生态环境。加强白洋淀全流域生态环境治理和修复保护，确保
湖心区水质达到III-IV类标准，加快恢复"华北之肾"功能。建设雄安绿博园。第
三件大事是扎扎实实推进冬奥会筹办，将打好污染防治攻坚战继续作为重点工作任

---

① 感受王东峰书记的环保情怀和责任担当[EB/OL]. 长城网，2018-05-31.

务之一。

2020年8月，省委书记、省生态文明建设领导小组组长王东峰主持召开领导小组会议，审议《河北省生态文明建设领导小组工作规则》等文件，安排部署下一阶段任务。①会议指出，党的十九大以来，习近平生态文明思想在燕赵大地深入人心、开花结果；全省产业结构、能源结构、运输结构不断优化，创新发展、绿色发展、高质量发展迈出坚实步伐；蓝天、碧水、净土保卫战成效突出，生态环境发生历史性变化；国土绿化行动扎实推进，森林覆盖率逐年提升；国土空间布局更趋合理，城乡统筹和生态环境质量明显改善；生态文明体制机制在创新中不断完善，依法推进生态文明建设有力、有效。会议强调，要坚持从政治的、战略的、全局的高度深刻认识加强生态文明建设的重大意义，把推动生态文明建设作为增强"四个意识"、坚定"四个自信"、做到"两个维护"、对党绝对忠诚的实际行动和现实检验，加快建设天蓝地绿水秀的美丽河北，以实际成效坚决当好首都政治"护城河"。

《中共河北省委关于制定国民经济和社会发展第十四个五年规划和二〇三五年远景目标的建议》（以下简称《建议》）制订的主要目标是，"十四五"时期，生态文明建设实现新进步。具体来说，国土空间开发保护格局得到优化，生态文明制度体系更加健全，能源资源利用效率大幅提高，污染物排放总量持续减少，山水林田湖草系统治理水平不断提升，城乡人居环境更加优美，京津冀生态环境支撑区和首都水源涵养功能区建设取得明显成效。到2035年，生态环境建设取得重大成效，广泛形成绿色生产生活方式，基本建成天蓝地绿水秀的美丽河北。此前，省委书记王东峰在《奋力开创新时代生态环境保护和污染防治工作新局面》讲话中提出到本世纪中叶，物质文明、政治文明、精神文明、社会文明、生态文明全面提升，绿色发展方式和生活方式全面形成，人与自然和谐共生，生态环境领域治理体系和治理能力现代化全面实现。②

《建议》强调，深入贯彻习近平生态文明思想，推动生态文明建设跨越式发

---

① 王东峰. 深入学习贯彻习近平生态文明思想 加快建设天蓝地绿水秀的美丽河北[N]. 河北日报，2020-08-09.
② 王东峰. 奋力开创新时代生态环境保护和污染防治工作新局面[EB/OL]. 河北新闻网，2018-05-29.

展，促进人与自然和谐共生，筑牢京津冀生态安全屏障，建设美丽河北，分别从持续深化污染防治、加快推进华北地下水大漏斗综合治理和统筹山水林田湖草系统治理、加快张家口首都"两区"建设、推动绿色低碳发展、强化资源高效利用五个方面做出了全面系统的部署。这五项部署实现了全省生态文明建设关键领域的全覆盖。其中，资源、环境、生态系统是经济社会发展的自然基础，资源节约、环境治理、生态系统保护是生态文明建设三个最重要、最关键的领域，推动绿色低碳发展是生态文明建设的经济支撑，加快张家口首都"两区"建设则是针对河北省功能定位而制订的特殊举措。

具体部署可以概括为优化国土空间格局，加快推动绿色低碳循环发展，深入打好污染防治攻坚战，打造京津冀生态涵养保护支撑区，全面提高资源利用效率等几个方面。

二、优化国土空间格局

习近平总书记强调，"国土是生态文明建设的空间载体。从大的方面统筹谋划，搞好顶层设计，首先要把国土空间开发格局设计好。"①我国人多地少，国土地理条件差异极大，空间发展中存在一系列结构失衡，表现在土地与人口失衡、经济人口与资源环境之间的失衡，等等。特大城市，特别是主城区，开发强度过高、生态空间锐减、污染严重，都是空间结构失衡的表现。鉴此，我国将优化国土空间格局作为生态文明建设的重要一环。

党的十八大报告提出"优化国土空间开发格局"，十九大报告提出"构建国土空间开发保护制度，完善主体功能区配套政策"。十九届五中全会提出优化国土空间开发保护新格局，坚持实施主体功能区战略，立足资源环境承载能力，发挥各地比较优势，正确处理生产空间、生活空间、生态空间的关系，逐步形成城市化地区、农产品主产区、生态功能区三大空间格局。落实生态保护、基本农田、城镇开

---

① 习近平关于社会主义生态文明建设论述摘编[G]. 北京：中央文献出版社，2017：44.

发等空间管控边界，减少人类活动对自然空间的占用。要支持城市化地区高效集聚经济和人口，保护基本农田和生态空间；支持农产品主产区增强农业生产能力；支持生态功能区把发展重点放到保护生态环境，提供生态产品上；支持生态功能区的人口逐步有序转移，形成主体功能明显、优势互补、高质量发展的国土空间开发保护新格局。

搞好国土空间规划和用途管控，就抓住了生态文明建设的"牛鼻子"。依据主体功能区战略，对各类国土空间实施差异化的用途管制，严格控制生态空间转为城镇空间和农业空间，建立监测预警体系，对超载资源、超载区域实行严格管控，将各类开发活动严格限制在资源环境承载能力之内。河北省在"十四五"规划《建议》中按照上述要求进行了部署，提出科学划定生态保护红线、永久基本农田、城镇开发边界三条控制线，并对加快张家口首都"两区"建设步伐，构筑京津生态屏障专门进行了部署。

《河北省建设京津冀生态环境支撑区规划（2016—2020年）》精准划定了生态功能区，构建"一核、四区、多廊、多心"生态安全格局。截至目前，河北省有28个县区入选国家重点生态功能区，其中第一批6个，分别是围场满族蒙古族自治县、丰宁满族自治县、沽源县、张北县、尚义县、康保县。河北省还提出构建绿色城镇体系，按照生态文明和绿色发展相融合的理念，完善城镇体系规划，明确城市功能定位，与京津地区共同打造世界级城市群；编制完成了《山水林田湖生态修复规划》，全面启动山水林田湖生态修复工程。

地方政府是严守生态保护红线的责任主体。《河北省生态保护红线划定方案》于2017年9月编制完成，2018年2月获国务院批准。全省生态保护红线总面积4.05万平方公里，占国土面积的20.70%，基本格局呈"两屏（燕山和太行山生态屏障）、两带（坝上高原防风固沙林带和滨海湿地及沿海防护林带）、多点（分散于平原及山地的各类生态保护地）"，主要分布于承德、张家口市，唐山市北部山区，秦皇岛市中北部山区，保定、石家庄、邢台、邯郸市西部山区，沧州、衡水、廊坊市局部区域，护佑京津、雄安新区和华北平原，优化京津冀区域生态空间安全格局。《生态保护红线管理办法（暂行）》已发布征求意见稿，提出了空气、水、海洋、土壤环境质量底线，设定了能源、水资源、耕地等资源消耗上限。结合国土空间规划编制，完善生态环境保护体系，加快划定和落实生态保护红线、永久基本农田、城镇开发边界和各类海域保护线。

三、加快推动绿色低碳循环发展

面对资源约束趋紧、环境污染严重、生态系统退化问题，高投入、高消耗、高排放的传统发展模式已难以持续。河北省针对结构性污染、布局性污染严重的省情，把深入推进产业结构、能源结构、运输结构调整优化作为加快绿色低碳循环发展的重点。产业结构和能源结构优化则是其中的重中之重。

1.进一步优化产业结构

河北省传统优势产业以钢铁、化工等重化产业为主，六大高耗能产业占到工业总产值的近六成，而且普遍存在企业规模小、工艺设备落后、产品档次低等问题。要从根本上解决生态环境恶化、资源环境承载力下降、大气和水污染问题，必须推动经济结构的生态化转型，构建绿色、循环、低碳的现代产业体系。早在2006年2月，河北省第十届人民代表大会第四次会议上，首次把降低单位生产总值能源消耗作为当年政府工作的主要目标；2007年首次提出减少主要污染物排放总量的任务，推行实施"双三十"节能减排工程。2016年，河北省第九次党代会提出"要按照生态化的理念优化产业模式"。省长许勤在2018年政府工作报告中指出，要更加注重从源头防治污染，按照习近平总书记坚决去、主动调、加快转的重要指示，以产业生态化和生态产业化为方向，建立生态经济体系，推动高质量绿色发展。2020年河北省"十四五"规划《建议》提出，抓好重点污染企业退城搬迁和工业企业进区入园，大力发展战略性新兴产业、现代服务业和现代都市型农业，积极构建现代产业新体系，意在通过存量调整和增量渐变逐步实现产业结构的"脱胎换骨"。

2.进一步优化能源结构，构建安全、高效、绿色、多元的现代能源体系

河北省依据国家发改委和国家能源局印发的《能源生产和消费革命战略（2016—2030年）》、京津冀三地发改委联合印发的《京津冀能源协同发展规划（2016—2025年)》，制定了《河北省"十三五"能源发展规划》，提出实施清洁能源替代工程，大力发展光伏、风电、氢能等新能源，不断提高非化石能源在能源消费结构中的比重。利用荒山、沙荒地等有序开发太阳能光伏发电项目，在燕山、太行山规划建设大型光伏电站，抓好光伏扶贫工程，打造"京张冬奥生态与光伏迎宾走廊"。加快张承千万千瓦级和海上百万千瓦级风电基地建设，着力推进张家口可再生能源示范区建设。加快"双代"工程和重点行业技术改造，深入开展农村清洁供暖等专项行动，确保空气质量持续改善和群众安全温暖过冬。

四、深入打好污染防治攻坚战

打好污染防治攻坚战是以习近平同志为核心的党中央着眼党和国家发展全局，顺应人民群众对美好生活的期盼做出的重大战略部署，是生态文明的基础和保障。这场攻坚战时间紧、任务重、难度大，习近平总书记为之鼓劲："我们必须咬紧牙关，爬过这个坡，迈过这道坎。""十三五"时期《大气污染防治行动计划》（"大气十条"）的出台，标志着中国成为全球第一个大规模开展PM2.5治理的发展中国家；2015年、2016年，《水污染防治行动计划》（"水十条"）、《土壤污染防治行动计划》（"土十条"）相继出台。"十四五"触及的生态环境问题层次更深，领域更广，要求更高。为此，十九届五中会会提出要"深入打好污染防治攻坚战"。从"十三五"时期的"坚决打好"，转向"十四五"时期的"深入打好"，意味着污染防治攻坚战在坚持方向不变、力度不减的同时，要进一步延伸深度，拓展广度。

2013年以来，河北省打响了蓝天碧水保卫战。2018年，河北省出台《关于全面加强生态环境保护坚决打好污染防治攻坚战的实施意见》，强调深入开展"蓝天""碧水""净土"三大行动，持续改善全省生态环境质量。其后，每年的省政府工作报告都对污染防治攻坚战进行全面部署。《中共河北省委关于制定国民经济和社会发展第十四个五年规划和二〇三五年远景目标的建议》要求，坚持大气污染区域治理、水污染流域治理、土壤污染属地治理，打好蓝天、碧水、净土保卫战。

1.全力打好蓝天保卫战

为了有力、有效地推进重污染城市"退后十"，确保优良天数比例不断提高，河北省采取了长中短相结合的各种措施。在中短期阶段，以"煤、气、尘"治理为重点，实施了一系列重大污染减排工程，推进拆锅炉、拔烟囱、降尘控煤、重点污染企业退城搬迁、工业企业污染深度治理等攻坚行动，实行企业错峰生产、主城区散煤清零、农村散煤治理等措施。从即时措施看，做好大气污染的应急响应及联防联控，全面推进建筑工地、城市道路、露天矿山、秸秆禁烧等专项整治。从长远看，在调整结构上下功夫。具体实践将在第三章第一节详细论述。

2.全力打好碧水保卫战

河北省生态环境最突出的矛盾是水，经济社会发展最大的制约是水。水资源短缺和水体污染是困扰河北省水环境的两大难题。2015年3月，河北省委常委会研究通过了《保障水安全实施纲要》，设定目标：到2030年，法治化、科学化、信息化的水安全现代化管理体系全面建成；到21世纪中叶，全省生态环境质量全面改善，生态系统实现良性循环。2016年2月，省政府发布《河北省水污染防治工作方案》（"河北版水十条"），明确了水污染防治的新方略，提出推进实施抓节水、控污水、压采水、调客水、保饮水、净湖水、洁河水、治海水等8项工程50条措施，实行取水量、水污染排放量双重控制，建立陆海统筹污染防治体系。河北省地方标准《农村生活污水排放标准》于2021年3月起实施。

河北省打好碧水保卫战的总体思路是坚持源头防范，重点推进工业污染治理、城镇污水处理和黑臭水体治理、农业农村污染治理三项治理攻坚，大幅削减污染物排放。为此，制定"一个断面一个方案一张图"，逐一摸清74个国考断面上游各类污染源状况，建立重点污染源和工程项目清单，为断面水质持续稳定达标提供了有力保障。持续推进渤海综合治理、水源地保护等标志性战役，针对白洋淀等重点流域，多措并举，系统施治，大力削减入河、入湖、入淀污染负荷。编制了永定河、白河、衡水湖、北戴河地区近岸海域等重点河流湖库生态环境保护规划，深入实施白洋淀生态恢复环境治理工程、衡水湖生态恢复环境治理工程。加强上下游联防联治，生态修复。创新"河（湖）长制"，全流域、多领域、分类施策治理水污染。一手抓污染治理，一手抓环境扩容。探索建立常态化的生态补水机制，提升河湖自净能力，改善了部分河流干涸断流的水生态环境。

目前，河北省碧水保卫战已经取得进展。原来排查出的48条城市黑臭水体全部完成整治，提前完成了国家制定的目标任务。监测数据显示，2020年1—7月，河北省优良水体比例和劣Ⅴ类水体比例均达到"十三五"以来最好水平。74个国考断面中，达到或优于Ⅲ类（优良）的断面比例达到64.9%，优于"十三五"终期目标16.2个百分点；劣Ⅴ类断面比例为1.4%，优于"十三五"终期目标24.3个百分点。①下一步，将按照"有河要有水，有水要有鱼，有鱼要有草，下河能游泳"的新要求，统筹水资源利用、水生态保护和水环境治理，做好"十四五"重点流域生态环境保护规划谋篇布局，确保全省水环境质量持续改善。

3.全力打好净土保卫战

土壤是构成生态系统的基本要素，也是经济社会发展不可或缺的宝贵自然资源。土壤环境质量关系民生福祉，关系国土生态安全，关系国家可持续发展大计。土壤污染具有隐蔽性、累积性和难可逆等特点，土壤受到污染后的修复成本非常高。而长期以来，人们对"看不见的污染"重视不到位，没有把土壤污染与大气污染、水污染放在同等重要的位置，使得我国的土壤污染防治工作起步较晚、基础薄弱、模式欠缺。习近平总书记多次指示，要全面落实土壤污染防治行动计划，强化土壤污染管控和修复，有效防范风险，让老百姓吃得放心、住得安心。2016年国务院发布《土壤污染防治行动计划》，2019年1月颁布《土壤污染防治法》。

河北省积极探索土壤污染防治路径模式，各项工作走在全国前列。下面按照

---

① 立足京津冀水生态环境协同治理 河北全力打好碧水保卫战[N]. 中国环境报，2020-09-09.

"防、控、治"顺序对其采取的举措加以总结。

（1）突出顶层设计，逐步深化攻坚任务重点。一是全面对标国家法规政策，出台了《河北省"净土行动"土壤污染防治工作方案》，将国家"土十条"扩充细化为"土50条"，将重点监管行业由国家确定的8个增至12个，并在国控监测点位基础上开展针对河北特征的监测项目。二是加强领导、强化责任。省政府成立了由许勤省长任组长、3位分管副省长任副组长的河北省土壤污染防治工作领导小组，建立了耕地土壤污染防治工作协调联动机制。通过自上而下逐级签订《土壤污染防治目标责任书》的方式，层层传导压力、压实责任，确保土壤污染防治任务落地见效。

（2）开展土壤污染状况详查，为打赢净土保卫战打好基础。2017年，河北省在全国率先启动农用地和重点行业企业用地土壤详查，为全国详查工作探索了经验，得到时任生态环境部部长表扬。2019年1月编制完成的《河北省农用地土壤污染状况详查报告》，技术评分位于全国前列。2020年4月，依据详查结果，在全国率先完成全省耕地土壤环境质量类别划分工作，将全省耕地划分为优先保护类、安全利用类和严格管控类三类，为分类施策、科学治理奠定了基础。

（3）深化污染源头预防和整治，确保耕地土壤环境质量。2020年4月，习近平总书记针对云南销毁"镉大米"事件做出重要指示，要求加强监管，让老百姓吃上"放心粮"。河北省在农用地土壤环境质量总体良好的基础上，大力推进农业清洁生产，深入开展农业面源污染综合防治，推进化肥农药减量化；建立农产品和土壤检测制度，有效确保农产品质量安全；加强涉重金属行业污染防控，切断污染物进入耕地的链条。

（4）深化土壤污染综合防治先行区建设。《雄安新区土壤污染综合防治先行区建设方案（2018—2022年）》提出，本着"保护优先，防控新增污染"的原则，建立土壤环境准入负面清单，加强空间布局管控和产业发展导向性设计，推动雄安新区土壤环境长效监管机制建立，探索建立污染地块联合监管、土壤污染防治项目规范化管理、土壤保护生态补偿、投融资创新等机制，推进"智慧土壤"建设，探索建立具有雄安特色的"健康土壤"先行区，全方位探索符合雄安新区实际、可复制、可推广的土壤污染综合防治模式，促进土壤资源永续利用。到2022年，先行区土壤环境监测体系建立健全，土壤环境质量初步改善，土壤环境风险得到全面管控，"健康土壤"先行区初步建立。到2035年，先行区土壤环境质量全面改善，生态系统实现良性循环，土壤资源得到有效利用，"健康土壤"先行区全面建立。河北省还大力推进石家庄栾城区、辛集市省级土壤污染综合防治先行区建设，按照"边示范、边总结、边推广"的原则，向其他地区辐射示范推广。

（5）加强污染地块再开发利用监管，确保让人民群众住得安心。随着产业结构的深入调整，大量工矿企业关闭搬迁，原有地块作为城市建设用地被再次开发利用。为有效防范污染地块环境风险、保障再开发利用的环境安全，河北省严格落实"净地"供应制度，建立完善了本省疑似污染地块名录，实行动态更新管理，列入名录的地块不得作为住宅、公共管理与公共服务用地进入市场开发利用。制定《河北省污染地块土壤环境联动监管程序》，强化污染地块准入管理，做好建设用地风险管控。

五、打造京津冀生态涵养保护支撑区

2014年2月26日，习近平总书记在专题听取京津冀协同发展工作汇报时指出，华北地区缺水问题本来就很严重，如果再不重视保护涵养水源的森林、湖泊、湿地等生态空间，再继续超采地下水，自然报复的力度会更大。同日，习近平总书记在北京市考察工作结束时的讲话中指出："从生态系统整体性着眼，可考虑加大河北特别是京津保中心区过渡带地区退耕还湖力度，成片建设森林，恢复湿地，提高这一区域可持续发展能力。"

为解决生态系统退化问题，提升生态系统质量和稳定性，河北省在以下方面做了重点部署：一是深化地下水超采综合治理，依法有序关停自备井，实现水质、水位双提升。大力推进生态补水等工程建设，保障河湖生态水量。二是推行草原、森林、河流、湖泊休养生息。比如，健全耕地休耕轮作制度，完善白洋淀禁渔期制度。三是开展大规模国土绿化行动。推进矿山修复和水土流失综合治理，抓好尾矿库复绿和采煤沉陷区治理。落实"林长制"，抓好太行山—燕山和"三沿三旁"等绿化重点工程，打造新时代塞罕坝生态文明建设示范区。其中，加快山水林田湖生态修复试点是一项标志性工程。

2014年，河北省人民政府出台《关于加快山水林田湖生态修复的实施意见》，指出2014至2017年是我省生态环境的全面恢复期，要努力实现重点区域生态环境明显改善，构建起比较完善的生态系统保护、修复和管理的体制机制。2016年12月，河北省成为首批国家山水林田湖生态保护修复试点省份。在"山水林田湖草是一个生命共同体"理念的指导下，围绕"一线（绿色奥运廊道）""一弧（与北京接壤的弧形地带）""两水系（官厅、密云水库上游水系）"和"拓展治理区（对'一线、一弧、两水系'生态环境起保障作用的区域）"的总体布局，在张家口、承德和涞水、易县开展山水林田湖草生态保护修复试点工作。2018年，省长许勤在省政府工作报告中指出，要坚持自然恢复与人工修复相结合，生物措施与工程措施相结合，搞好山水林田湖生态修复国家试点。

为统筹协调、指导、推进全省生态保护修复试点工作，河北省成立了生态保护修复试点工作领导小组，建立了省直部门联席会议制度。张家口、承德、保定借鉴美国黄石公园成立"大黄石协调委员会"的做法，分别成立了试点工作领导小组。全省山水林田湖生态保护修复试点由财政部门牵头，相关部门配合，改变了以往"九龙治水，各自为战"的工作格局。省财政厅积极创新运行模式和管理机制，建立多元化生态补偿机制、生态环境共建共享机制、自然资源资产产权制度、"红线"管理机制及运行管护长效机制等，取得了明显成效；对相关专项资金进行整合利用，各级财政用于高标准农村环境整治、水污染防治、矿山地质环境治理等工作的专项资金，按照职责不变、渠道不乱、资金整合、打捆使用的原则，支持生态保护修复试点项目。如此大规模、多领域地推进生态修复，不仅在河北省是首次，在全国也难找到先例。

从国土空间布局角度，河北北翼地区是最重要的生态功能区，对这一地区的生态修复是全省生态系统保护的重中之重。2019年1月，省政府出台《关于加快坝上地区生态环境治理修复实施方案》，提出实施草原保护建设、造林绿化、湿地保护恢复、压减地下水开采、种植业结构调整、空心村治理、农村人居环境整治、农业面源污染治理8项工程。河北省"十四五"规划《建议》提出，加快空间治理现代化，强化"四区"（环京津核心功能区、沿海率先发展区、冀中南功能拓展区、冀北生态涵养区）联动发展。其中，冀北生态涵养区重点发挥生态屏障、水源涵养、能源建设、旅游休闲等功能，规划建设太行山—燕山自然保护区，打造生态引领示范区。坚持以水定城、以水定地、以水定人、以水定产，调整优化生态功能区，加快坝上地区退耕还草轮牧进程。大力实施京津风沙源治理工程，强化水土保持和防风固沙。统筹实施跨区域调水工程，抓好官厅、密云水库上游流域综合治理与生态修复。抓好国家和省级湿地公园建设。探索共建张承生态补偿试验区。

六、全面提高资源利用效率

习近平总书记提出了"节约资源是保护生态环境的根本之策"的科学论断。2013年，习近平总书记在十八届中央政治局第六次集体学习时的讲话中指出："大部分对生态环境造成的破坏来自对资源的过度开发、粗放型使用。如果竭泽而渔，最后必然是什么鱼也没有了。因此，必须从资源使用这个源头抓起。"

河北省把全面提高资源利用效率作为节约资源的最有效手段，针对海洋、矿产、水、可再生资源等资源的利用，进行了如下部署：健全自然资源资产产权制度和法律法规，加强自然资源调查评价监测和确权登记，建立生态产品价值实现机制，完善市场化、多元化生态补偿，推进资源总量管理、科学配置、全面节约、循环利用。提高海洋资源、矿产资源开发保护水平。实施能源和水资源消耗、建设用地总量和强度双控行动，完善资源价格形成机制。稳妥推进水价改革，完善阶梯水价等调控政策，建立水资源刚性约束制度，加快节水型社会建设。构建废旧物资和可再生资源循环利用体系，加快垃圾分类、减量化和资源化利用。构建废旧物资循环利用体系，发展资源回收利用产业，加强园区循环化改造和资源循环利用基地建设。

第三章

河北省建设生态文明的
实践创新

第一节　着力解决突出环境问题——以蓝天保卫战为例

大气污染是河北发展面临的一个最突出问题。2012 年以前，河北各市的雾霾基本上处于潜伏期，即时性损害大气环境行为不断叠加，但空气污染尚未积累到一定程度，没有引起足够重视。2013 年，雾霾集中爆发，雾霾发生频率之高、波及面之广、污染程度之严重前所未有，这是污染物长期积累，最终突破大气环境承载量的结果。京津冀及周边区域每平方公里大气污染排放量是全国均值的4倍左右，远远超过环境容量和大气自净能力。环保部公布的空气质量相对较差的十大城市中，河北省占了六七个。旷日持久的雾霾问题不但严重影响了省域形象和投资环境，阻碍了部分高端人才的落户和高端企业的进驻，而且严重威胁着人民群众的身体健康。治理大气污染是习近平总书记对河北的重要指示，也是全省人民群众的热切期待。

2013年9月，习近平总书记在参加河北省委常委班子专题民主生活会时，强调要"树立正确政绩观，切实抓好打基础利长远的工作"，以"功成不必在我"的思想境界，一张蓝图抓到底。他语重心长地指出："以国内生产总值论英雄，你们已经排在全国第六位，假如过两天到第五位了，就能一俊遮百丑了吗？全国10个污染最严重城市，河北占了7个。再不下决心调整结构，就无法向历史和人民交代。""要给你们去掉紧箍咒，生产总值即便滑到第七、第八位了，但在绿色发展方面搞上去了，在治理大气污染、解决雾霾方面作出贡献了，那就可以挂红花、当英雄。反过来，如果就是简单为了生产总值，但是生态环境问题越演越烈，或者说面貌依旧，即便经济搞上去了，那也是另一种评价了。"

2016年初，中央环境保护督察组成立，首站对河北省开展督察。督察反馈意见指出，由于历史原因、重化产业集中和发展方式粗放，河北省环境问题十分突出，原省委主要领导对环境保护工作没有真抓，违法违规上马项目问题突出，部分区域环境质量急剧恶化。在河北省"两会"开幕前，中央环保督察组对河北省委书记和省长进行了约谈，这是中央环保督察组首次约谈地方党政部门的最高官员。针对习近平总书记的批评和中央环保督察组的意见，河北省委省政府积极整改。时任省委书记赵克志在省委九届二次全会上强调："大气污染是全省人民的心头之患，要坚决改变低标准、过得去、穷对付的状态，纠正压力传导不到县、乡的问题。"

为了打赢大气污染治理的人民战争，河北省密集出台了大气污染治理的顶层设计文件。《河北省大气污染深入治理三年（2015—2017年）行动方案》提出深入推进科学治霾、精准治污，《河北省大气污染防治强化措施实施方案（2016－2017年）》提出加快推进重点区域无煤化和燃煤清洁利用，2017年3月出台《关于强力推进大气污染综合治理的意见》及18个专项实施方案（"1+18"文件）。2018年7月国务院印发《打赢蓝天保卫战三年行动计划》后，河北省出台了《河北省打赢蓝天保卫战三年行动方案》，全力推进传输通道城市"保底线、退后十"集中攻坚，确保空气质量"年年有变化，三年大见效"。经过连续几年的不懈治理，河北省的空气质量开始进入改善阶段。"十四五"规划《建议》提出了"基本消除重污染天气"的目标。

梳理省委省政府《关于强力推进大气污染综合治理的意见》及18个专项实施方案，可以发现，"科学治霾、协同治霾、铁腕治霾"是河北省推进大气污染综合治理的基本遵循，也是其经验和法宝。

一、突出科学治霾

污染源普查是污染精准防控、精准治理、精准服务的基础工程。PM2.5的污染特征、形成机理和来源比较复杂，河北省大气污染更是具有覆盖范围广、持续时间长、灰霾出现频次高、污染物种类多的特点。因此，对PM2.5的治理模式要更加体现科学性和创新性。在落实好日常管控的基础上，持续开展动态污染源监测，摸清污染源底数，实现大气污染防治的定量化、精细化管理，是科学治霾的核心。

　　先进的监测设备和手段是科学治霾的必要条件。河北省与生态环境部合作，利用卫星遥感技术监测大气环境状况，建成空气质量多模式预报预警平台，基本实现了秸秆禁烧视频监控和红外报警系统省内区域全覆盖。建立了河北省大气环境监管大数据平台，接入空气质量监测站点2598个，实现省、市、县、乡、园区五级空气质量监测全覆盖，每个站点24小时监测PM2.5、二氧化硫等6项空气质量指标。平台还能实现对未来3天空气质量精准预报，对未来7天趋势进行预测，从而指导企业合理调整生产计划，及时应对重污染天气应急响应。河北省气象局被吸收为省大气污染防治工作领导小组成员，实现了气象工作政府化，开展常态化的月、季、年重污染天气过程环境气象评估和针对重大活动保障的减排效果评估，为科学治理雾霾提供决策支撑。

　　2014年4月，河北省政府批准成立省环境气象中心，气象中心积极与美国国家大气研究中心等顶尖机构合作，引进国际先进的环境控制结果评估方法，重污染天气预警发布准确率和重污染天气过程捕捉率已达90%以上。各地市也积极引进先进技术，完善大气环境监测技术体系。比如，石家庄市实现了对全市区域实施网格化空气质量监测。2018年1月起，石家庄通过903个网格化小型空气站，可根据不同分类、不同时间周期、不同污染参数，对被监测对象进行考核、排名，从而为推进科学治污、精准治污提供重要的数据参考和决策依据。

　　河北省开展大规模雾霾治理的几年来，治理的精准性和科学化水平不断提高。2013年邢台市雾霾非常时期，市政府曾发起以"清洗降尘"为主的"全民洗城"行动，涉及主城区及全市5390个行政村，规模浩大。2016年11月17日，石家庄市政府下发《关于开展利剑斩污行动实施方案》，举全市之力开展"利剑斩污"行动，在45天时间内，除承担居民供暖和保民生等重点任务的生产线外，全市所有钢铁、水泥、焦化、铸造、玻璃、陶瓷、钙镁行业全部停产，每天限制一半汽车上路，成为该市史上最严大气污染防治行动。上述应急行动付出了巨大的社会代价，但对雾霾的治理作用并未达到预期，受到质疑。随后的几年里，河北省在总结实践经验的基础上，创设了重污染天气应急减排差异化管控制度。实施绩效评级差异化减排，按大气污染物排放重点行业企业污染治理水平、污染物排放强度、企业管理水平、交通运输方式等进行科学评价和绩效分级，聚焦重点和薄弱环节，努力做到靶向整治、精准施策，实现科学治污、精准管控。

2018年，河北省制发了《严格禁止生态环境保护领域"一刀切"的指导意见》和《河北省重点行业秋冬季差异化错峰生产绩效评价指导意见》，改变了前几年秋冬季及预警期间"一律关停""先停再说""频繁督查"等粗放管理方式，实行"一市一策、一业一策"。对8个传输通道城市5730家生产企业进行排放绩效评价，分为A、B、C、D四类，按照"多排多限、少排少限、不排不限"原则，实施差异化错峰生产。其中，实现超低排放、产品优质高端的A类企业免于错峰生产。生态环境部在全国推广河北做法。《河北省2020—2021年秋冬季大气污染综合治理攻坚行动方案》进一步要求全面实施绩效评级差异化减排。目前，河北已将全省47个重点行业6.05万家涉气工业企业全部纳入应急减排清单，根据绩效评级结果实行差异化管控。在重污染天气预警期间，118家A级企业、319家引领性企业可以自主采取应急减排措施，1325家B级企业采取限产的应急减排措施，评级越低，应急减排措施越严格。2020年以来，河北将疫情防控重点企业、重点工程项目、战略性新兴产业企业、重点出口型企业等6类企业（项目）纳入生态环境监管正面清单。纳入正面清单的企业（项目），污染物排放少的小微涉气企业，涉及民生、城市运转的保障类工业企业、生活服务业，在重污染天气应急响应期间可不停产、不限产、少检查、少打扰。[①]除了持续优化、完善重污染天气应对管控措施之外，河北省还在探索临界天气精准管控措施。

邯郸市生态环境局创新工作方法，依靠团队的集体智慧和过硬本领，为全市大气污染综合治理工作献计出力。每天、每月邯郸市进行空气质量分析及20个县（市、区）的空气质量排名、考核，六项空气质量指标中任何一项稍有变化，都要立即分析原因，核实并采取措施。同时，邯郸市聘请北京冶金规划设计院等专家团队，分行业建立环境绩效评价体系，对排放标准、装备水平、清洁生产等指标逐企业测评，根据等级确定限产比例，让环保投入大、治理效果好的企业在差异化管控

---

① 徐运平，张志峰，张腾扬. 河北：打好蓝天保卫战[N]. 人民日报，2020-12-23.

中受益。这些办法提高了治霾的科学化水平。

2014年以来，廊坊市每年委托PM2.5特别防治小组实地调研、编制污染排放清单，科学分析全市大气污染病因、病灶，根据源解析结果对症下药，将逐步调整能源结构作为治霾的突破点，取得了明显成效，2016年成功退出全国74个重点城市"倒数前十"。2017年，廊坊市环保部门组织专家组为258家企业量身定做了"廊坊市工业企业落实错峰生产及重污染天气应急响应措施'一厂一策'公示牌"，并为多家企业提供环境治理解决方案。2018年，廊坊市出台《涉挥发性有机物（VOCs）企业深度治理专项工作方案》，对VOCs排放企业实施"白灰黑"名单分类管理。"白名单"企业在夏秋季错峰生产管控时正常生产，"灰名单"企业错峰生产，"黑名单"企业严格停产，从而落实了错峰生产和应急减排的差异化定量管控。

二、突出协同治霾

2012年国务院常务会议提出对PM2.5进行协同防控，实现四个协同，即多种污染物协同、区域控制的协同、源头控制与末端治理的协同、多种管理手段协同。河北省坚持协同治霾，在治理主体、治理内容和治理手段方面尤为突出。

1.坚持党政齐抓、全民动员，做到治理主体协同

雾霾属于复合型污染，需要多部门、多主体联合治理。环保部曾就此问题发出严厉通报，"一些县（市、区）只靠环保部门'单打独斗'，如邢台市个别县（市、区）政府在应急工作开展和部门联动上无实质性举措"。[1]对此，原河北省委书记赵克志强调，大气污染防治不仅仅是某一个地方、某一个部门的事，而是各级党委、政府、企业和全社会的共同责任。许勤省长亲自担任省大气污染防治工作领导

---

[1] 环境保护部.部分地区重污染天气应急措施没有落到实处[EB/OL].（2014-10-13）[2018-12-28]. http://www.mep.gov.cn/gkml/hbb/qt/201410/t20141013_290071.html.

小组组长，多次强调空气质量与人民群众生产、生活息息相关，要以高度的政治责任感和使命感狠抓各项防控举措的落实。仅2018年，省委书记王东峰、省长许勤针对生态环境保护工作先后做出244次具体批示，主管省委副书记、副省长深入一线、靠前指挥、明察暗访、专题调度。省会石家庄市将大气环境治理列为头号民生工程，持续地将治理PM2.5作为一项民生工程、转型工程、生态工程和公信工程来抓。石家庄市委书记邢国辉主持召开市政府第六十三次常务会议时，要求"各县（市）区长要将大气污染防治工作作为当前最重要、最核心、最迫切的政治任务抓在手上"。2018年以来，河北省有90多个县、区、市负责人因大气污染治理不力被公开约谈。约谈解决了环保工作存在的"上热下冷"、基层落实不力问题，迎来了大气污染治理的新局面。

强化指挥调度，压实各方责任，各地、各部门协调联动，全社会广泛参与，齐心协力打赢大气污染治理攻坚战，已成为全省上下的广泛共识和行动自觉。比如，从2013年开始，省气象局与环保厅签署《环境保护合作框架协议》，气象、环保部门共享数据，共同会商，提前研判，联合服务，合作效果十分明显。

2.坚持联防联控、区域治理

雾霾具有扩散性和无域性的特点，属于典型的跨界污染。2013年10月京津冀及周边地区大气污染防治协作小组成立后，京津冀区域大气污染治理从各自为政逐步转向联防联控模式。2016年12月2日至4日，京津冀及周边地区在区域性空气重污染过程中，首次实现了高级别、大范围预警应急联动，一定程度上减轻了污染强度。2018年7月，京津冀及周边地区大气污染防治协作小组调整升格为国务院领导亲任组长的领导小组，以进一步加强区域协作机制的领导力、执行力。此外，环保部推动京津冀大气污染防治核心区的6个城市建立了"2+4"（北京与保定、廊坊；天津与唐山、沧州）对口帮扶机制，着重在大气污染防治资金和技术上进行结对支援与合作，这是一种新的尝试，各城市制定了具体实施方案来深化结对合作机制。邀请北京中关村的优势企业为治霾提供技术支持，比如神雾集团参与河北钢铁厂58座炉窑的新建和改造，承担了河北天柱钢铁集团、燕山钢铁等3个合同能源管理项目，开展产业协同创新；科净源、广联达、海林节能联合河北冀商联合会等发起设立20亿元规模的河北省环保产业基金。石家庄市出台了《关于大气污染防治市县同步联防联控的实施意见》，按属地管理与区域联动的原则，统一预案，统一标准，统一监管，确保城镇与农村同抓、面上与点上同步。

3.打出"标本兼治、主攻治本"的组合拳

既在特殊时段和应急时期采取超常措施削峰减值，更要冬病夏治、四季长治。既要集中攻坚推动解决生态环境突出问题，确保生态环境质量持续改善，又要立足长远建立健全长效工作机制，防止前期不作为、后期为完成目标而采取"一律关停""先停再说"等简单粗暴的敷衍应对、临时性过关方式，全力推进生态环境高水平保护和经济高质量发展。

整理历次京津冀及周边区域大气污染防治协作机制会议能够发现，管理模式已从开始的防治二氧化硫、氮氧化物，发展为对扬尘、挥发性有机物、秸秆燃烧进行综合治理。在PM2.5和臭氧协同控制工作中，精准实施季节性差异化管控措施，秋冬季以PM2.5削减为主，夏季有效防治臭氧污染，从2020－2021年秋冬季开始强力开展VOCs"夏病冬治"。工程减排与结构减排并举，统筹推进压能、减煤、治企、降尘、控车、增绿等重点任务，建立起控煤、控车、控尘、控污、控新建项目、控农等"六控"体系，打出一套由关停散乱污企业、"双代"、执法等措施构成的组合拳。

产业结构偏重化工、能源结构偏重煤炭、运输结构偏重公路，是造成河北大气污染严重的根本原因。鉴此，河北省抓住结构性污染的源头，着力调整产业结构、能源结构、运输结构，以保障治污效果的长效稳定。

大力调整产业结构。据专家评估，河北省工业企业一次PM2.5、二氧化硫、氮氧化物、VOCs排放量分别占全省大气污染物排放量的35%、61%、48%、58%，其中传统的电力、钢铁、焦化、水泥、平板玻璃、陶瓷等六大行业污染物排放量分别占工业排放量的88%、61%、78%、51%。因此，工业污染治理是河北省大气污染治理的重点领域。自2013年起，河北省开始实施"6643"工程，压

减退出过剩产能、退城搬迁。在取得阶段性进展后，全省有序推进电力、钢铁、焦化、水泥、平板玻璃、陶瓷等六大行业超低排放改造，大幅削减污染物排放总量。2020年出台《支持重点行业和重点设施超低排放改造（深度治理）的若干措施》，从税收、排污权交易、差异化管控等方面支持企业污染深度治理。

针对能源结构"一煤独大"带来的污染痼疾，对5个重点行业和1000家重点用能企业实施污染物排放总量控制和煤炭消费总量控制"双控制"措施，在全国率先完成全省域燃煤发电机组超低排放升级改造、关停取缔实心黏土砖瓦窑、"拔烟囱拆锅炉"等三大专项行动，扎实推进清洁取暖、散煤管控。

为解决产业结构偏重导致物料大进大出、"重卡围城"对大气环境的影响凸显问题，河北启动了"车、油、路"一体化治理，加强柴油车和非道路移动机械污染管控，进一步优化运输结构和运输方式，推动进省煤炭专线运输，积极推进公路柴油货车运输转铁路运输、海铁联运，深化加油站油气回收治理，2017年采暖季还实施了错峰运输管控。

近年来，廊坊空气质量持续改善，其秘诀就在于散煤"清零"替代、钢铁产能逐步退出、传统产业全线升级等结构性污染的解决。

三、突出铁腕治霾

河北省委书记王东峰多次强调"依法铁腕治理大气污染"。具体采取了如下措施：

一是把大气污染防治作为市、县党政领导班子和领导干部目标考核的重要内容，以严格的考核问责机制激发内生动力。河北省在国家大气污染防治计划基础上，制定了更加严格和细化的目标，省政府与各市签订大气污染综合治理目标责任书。河北在全国率先开展省级环保督察，打通政策落实"最后一公里"，2016年以来，完成了两轮省级生态环境保护督察全覆盖，针对大气环境质量恶化、反弹和问题突出的地区，同步开展大气污染防治专项督察，推动地方党委、政府及其相关部门落实生态环境保护"党政同责、一岗双责"。2018年以来，以推进中央环保督察"回头看"交办问题整改落实为契机,建立量化考核问责工作体系,采取预警提示、通报批评、公开约谈、经济奖罚、专项督察、区域限批、追责问责等多种方式,构建起明晰的责任追究体系。2019年3月,涿州市因未完成上一年度空气质量改善目标、PM2.5年均浓度不降反升,市委主要负责同志被省大气污染防治工作领导小组办公室公开约谈。涿州市委、市政府痛定思痛,深入查找问题,针对污染物减排、散煤污染防治、加强秸秆禁烧管控和"散乱污"企业治理,开展环境综合整治。2019年,全市PM2.5平均浓度为52微克/立方米,同比下降10.34%,超额完成省、市确定的空气质量改善目标。2018年以来,河北省先后对工作推进不力的8个市、区和98个县(市、区)党委或政府负责人公开约谈,对邯郸市和25个县(市、区)实施区域限批。

二是通过有力的立法、执法监督,为打赢污染防治攻坚战护航。落实重雾霾天气预警应急预案,将空气污染当作危机事件来处理。2015年12月,河北省多个城市启动史上第一个"红色预警",采取车辆限行、学校停课、工厂停工等一系列超常举措。2016年1月通过的《河北省大气污染防治条例》是河北地方立法史上体例最严密、法条最严格、罚则最严厉的法规。《河北省重点产业结构优化专项实施方案》明确,2017年9月1日起,现有钢铁企业执行大气污染物排放特别限值,对水泥、平板玻璃等重污染行业从严执行各项环境保护标准。2017年末,"大气十条"终考临近。河北省对污染传输通道城市石家庄、廊坊、邢台等10地下达"调度令",要求重点行业错峰生产。以往在抗洪抢险等危急时刻才用的手段第一次用在了治污上。这年冬天,"大气十条"任务圆满收官,完成了大气污染防治第一仗。

健全"横向到边、纵向到底"的市、县、村网格化管理体系,把每个乡村、街道、每个企业、每台锅炉都纳入监管范围,加强对工业企业、建筑工地等重点污染源的24小时监管,市县领导带头分包,日常监管全方位、全天候,确保监管无盲区、无死角。启动多轮大气环境执法专项行动,充分发挥监察、监测、执法三支队伍的作用,统筹省、市、县三级执法力量,采取混合编组、异地执法等形式,严厉查处污染环境违法行为。采取督查、交办、复查、问责"四步工作法",常态化开展暗查暗访、突击检查、交叉执法、巡回执法,执法惩处形成震慑。动真碰硬,对现有企业环保不达标"零容忍",环保不达标项目"零出生"。

四、河北省治理雾霾的显著成效

经过科学治霾、协同治霾和铁腕治霾的不懈努力,河北全省及各市的空气质量明显好转。下面,以最具代表性的保定、邯郸、邢台、衡水四市为例加以说明。

1.保定

保定是国内首批可再生能源示范城市之一、国家低碳试点城市,而2013—2015年,保定空气质量曾连续两年在全国重点监控城市中位列最后一名。在保定市"两会"上,市长马誉峰为末位排名向全体市民表示深深的歉意。为尽快"摘帽",保定采取了三年三步走的攻坚行动。2015年召开了从市级到村级领导干部的广播电视大会,进行治霾总动员,大气污染防治被表述为"保定市当前最重要的中心工作"。市政府调整分工,改由常务副市长分管环保工作,书记、市长每周调度一次大气污染,常务副市长隔两三天带队下去督导,环保局全体人员下沉一线①,环保监测指标排名直接影响各级政府的考核与奖惩。

经研判,保定产业结构比较轻,重污染行业污染物排放总量较小,燃煤、扬尘是造成大气污染的主要原因。保定市居民区多为老旧小区,集中供热率只有39%,市区8.35万户城中村家庭冬季燃烧散煤,导致保定市入冬后空气质量大跌。在保定市出台的"大气六十条"中,关于燃煤、扬尘两大主因的措施占到12条,燃煤锅炉的改造居"六十条"之首。2016年,保定市开展了铁腕控煤、从严治企、强力抑尘、严厉控车、秸秆禁烧等八方面工作,在当年度全国空气质量综合排名中摘掉了倒数第一的帽子;2017年推动禁煤区工程、集中供热工程、分散燃煤锅炉替代改造工程等十项重点工程;2018年,在协调推进"双代"、扬尘等污染治理的同时,重点开展了燃煤锅炉淘汰改造、再排查再梳理散乱污企业、强

---

① 岳家琛. 保定市长述治霾甘苦:我们不该是全国倒数第一[N]. 南方周末,2015-07-09.

力推进工业企业治理、强力推进机动车污染管控、乡镇小型空气站建设和网格化监测系统等工作。

到2018年8月,保定市的空气质量达到国家二级标准（35微克/立方米）,PM2.5平均浓度同比下降32.7%,空气质量综合指数和PM2.5浓度创有记录以来历史最低,排名首次退出全国74个重点城市"倒数前十"。据《空气质量评估报告》综合2013—2018年的数据,剔除气象因素的影响后,保定PM2.5值的平均累计降幅达到了19.5%,累计降幅最多。①

2.邯郸

邯郸是以钢铁、煤炭起家的资源型工业城市,重工业占全市规模以上工业比重高达75.9%,钢铁、煤炭、电力、建材、炼焦、化工六大高耗能产业占规模以上工业67.6%。工业布局亦不合理,邯钢、邯郸热电厂、马头热电厂3家企业围城,排放占主城区排放总量的83%以上。2017年全社会煤炭消费量达4360万吨,煤炭在一次能源消费量中占比超过90%,污染物排放总量远超大气环境容量。

造成邯郸市大气污染的主要原因是产业结构、能源结构、运输结构不合理。对此,邯郸市在全省率先实施钢铁、焦化企业超低排放治理,到2019年4月底,钢铁、焦化行业固定污染源全部实现超低排放。邯郸市持续深化工业企业污染治理,制定了严于国标、省标的"邯郸限值",对砖瓦、炭素、石灰、铸造、岩棉、氧化锌等6个行业492家企业实施有组织超低化、无组织标准化、厂房本色化、地面绿色化、管理规范化、物流清洁化"六化"治理,提升了工业企业污染治理水平。同时,通过精准施策、差异化管控,在保蓝天和保生产之间取得平衡。

通过以上措施,邯郸市大气主要污染物排放总量大幅削减,邯郸市单位GDP二氧化碳下降率、二氧化硫减排指标提前完成"十三五"目标,氮氧化物减排指标达到时序进度要求。截至2020年8月31日,邯郸市空气质量综合指数5.55,同比下降18.9%,改善率排名全省第二;PM2.5、PM10、二氧化硫、二氧化氮、一

---

① 危昱萍. 6年治霾,谁在努力谁等风吹? 北大报告称保定PM2.5降幅最大[N]. 21世纪经济报道,2019-04-11.

氧化碳、臭氧等六项污染物浓度同比分别下降17.9%、24.6%、25.0%、17.6%、18.5%、12.2%，其中，PM2.5改善率排名全省第二，PM10改善率排名全省第一；全市优良天数146天，同比增加45天；重污染天数13天，同比减少11天。

3.邢台

2014年，邢台空气质量在全国排名倒数第一，市委市政府压力很大，给环保局长下了责任状，要求尽快摆脱被动局面。环保局连续多个晚上突击检查，发现当时邢台没有不偷排的企业，完全处于无序管理的状态。被检查到的企业纷纷向政府请求放宽监管，但市委市政府态度坚定，要求所有企业在当年9月底之前必须达标排放。当年4月，邢台市环保局与市公安局环保支队混合编队，先后对建滔焦化、德龙钢铁有限公司两家企业的污染物排放情况进行全面检查。对建滔焦化罚没245万元，开出了邢台环保执法史上最高一笔罚单，3名责任人涉嫌污染环境罪被依法刑拘。[①] "因污入刑"为邢台市重典治污开了个好头，形成有效的震慑，邢台市的重污染企业纷纷开始采取脱硫、脱焦、除尘措施。当年达标的企业有1616家，没达标的87家企业都被关停。同时，邢台市整治污染在线监测系统，通过招投标手段引进诚信度高的企业进行第三方管理，把管理权收到市环保局，企业管理费不直接交到第三方公司，防止第三方公司和企业联合造假，真正实现了对企业污染的管控。邢台市环保部门提倡"脸黑天蓝"理念，黑脸执法，顶格监管，保持高压态势。面源污染得到有效治理后，邢台当年即摆脱了全国空气质量倒数第一的局面。

针对重化工业围城导致的巨大排放量超出现行环境容量问题，邢台提倡上不封顶，深度治理。2014年狠抓工业企业达标排放；2015年狠抓面源治理；2016年狠抓综合整治，包括持续稳定监控企业达标排放、道路面源污染治理、邢煤脱硫技术提升改造；2017年淘汰市区的燃煤企业，同时让焦化企业上干熄焦，引导钢铁企业把烧结等工艺逐步搬出市区、远离市区。

通过上述举措，邢台市年平均PM2.5由2013年的每立方米160微克，降低到

---

① 张会武. 邢台铁腕治污重罚两家排污大户[N]. 燕赵都市报，2014-05-27.

2016年的每立方米87微克，良好天气由2013年的38天增加到2016年的173天。

4.衡水

一是科学治霾。衡水市聘请中科院大气所的多位专家组建咨询委员会和驻市服务团队，解析污染源，提出靶向治理建议。建成"两网两系统"（空气质量监测网、污染源自动监控网、监管交办系统和决策分析系统）环保智慧平台。衡水市生态环境局经过两个多月的走访，摸清了辖区内涉气污染企业数量、每个生产环节排污情况、环保设施配备和运行情况，衡水成为全国第一个自主完成大气污染源清单编制的城市。在完成清单编制的基础上，科学修订重污染天气应急预案，在全国地级市中率先编制完成"三线一单"（生态保护红线、环境质量底线、资源利用上线、环境准入清单），以环境污染治理倒逼产业转型升级。对数据异常的企业进行重点监管，对合规企业则少打扰、免打扰，避免环境执法"一刀切"。

为破解环保执法人员不足难题，衡水市在全国率先实现重点行业环保设施分表计电在线监控全覆盖。通过将工业企业的生产用电和治污设施用电分离，实时监控电量，实现了对企业生产全过程的无缝监管。衡水市的企业大部分由乡镇企业发展而来，中小企业数量多，治污设施投资能力较低。为了减轻企业负担，该市出台"以奖代补"政策，对按期完成分表计电安装的企业，由市财政按照安装费用的40%进行补助。在设备普及的基础上，衡水市建立了"数据采集上传—平台梳理分析—转办异常情况—执法人员现场核实—回传核实情况—自动汇总报表—持续跟踪督导"的工作机制，实现了"人防"与"技防"的有机结合，大大提高了执法效率，企业违法行为大大减少。

二是铁腕治霾。出台了史上最严的"1+27"系列文件，起草了衡水市首部环境保护地方性实体规章《衡水市扬尘污染防治管理办法》。2017年年中，在环保部进行的京津冀"2+26"个城市大气治理强化专项督查中，衡水市因治污工作不严、对存在的污染问题整改不力，政府负责人被环保部约谈。在约谈压力下，衡水市知耻而后勇，2019年开展了多轮大气环境执法专项行动，立案处罚环境违法行为2749件，处罚案件数量位列全省第一、全国第三。通过严格执法，切实把压力传导到企业。

三是协同治霾。实施压煤、优企、抑尘、控车、增绿五大攻坚行动，成立最高规格的环保委员会，一周一主题，一周一调度。为倡导绿色出行，2019年9月27日至2020年3月31日，衡水市区城市公交免费乘坐，这是全国率先实施的冬春季公交免费乘坐政策。根据衡水市生态环境局公布的数据，自公交免费以来，公交客流量显著增长，日均公交客流量为免费前的4倍左右；机动车每天减少约180吨的二氧化碳排放量；私人汽车使用率降低，减少了约13.7%的小汽车出行量。[①]同时，在重污染天气期间，不对普通车辆进行尾号限行，仅对高排放车辆和老旧车辆实行部分限行，使限行政策的减排效率更高。

经过这一系列措施，衡水市空气质量明显改善，率先摘掉了全国"倒数前十"的黑帽子，在生态环境部公布的2018年度全国空气质量改善幅度较大的10个地级市中排名第一，是国务院通报的真抓实干、成效明显的5个城市之一。[②]2019年，衡水市PM2.5平均浓度为55.7微克/立方米，较2018年同比下降6.9%，稳定退出全国污染严重城市"后三十名"。

5.全省

由于多措并举，河北省蓝天保卫战取得阶段性成效。在空气质量数据方面，PM2.5从2013年108微克/立方米下降到2017年的67微克/立方米，下降幅度达39.8%，超额完成国家"大气十条"确定的下降25%的目标。2017年全省平均达标天数202天，比2013年增加73天。在五级人大代表调查问卷中，大气污染防治工作综合满意率为87.1%，在"三项联动监督"问卷调查中满意率最高。[③]2019年，全省PM2.5平均浓度50微克/立方米，较2015年下降32.2%；空气质量优良天数226天，占全年62%，同比增加18天，空气质量为6年来最好。全国重点城市空气质量排名后10名城市中，河北省的城市由"十三五"初期的7个，减少到4个。2020年

① 李茹玉. 衡水精准治霾不搞"一刀切"[N]. 中国环境报，2020-01-09.
② 刘冰洋. 向着建设生态宜居美丽湖城目标不断跨越[N]. 河北日报，2019-08-06.
③ 高珊. 大气污染防治工作综合满意率87.1%[N]. 河北日报，2018-10-23.

1-11月，河北全省PM2.5平均浓度44微克/立方米，同比下降10.2%；平均优良天数比率69.8%，优于"十三五"规划目标和蓝天保卫战三年行动方案目标1.7个百分点，人民群众的蓝天获得感、幸福感明显提高。

河北省蓝天保卫战初战告捷，得益于各级党委政府着眼长远，敢于牺牲短期利益，拿出最大的决心和勇气向污染宣战。大气污染防治是一场持久战，目前处于战略相持阶段，尽管河北省空气质量逐步变好，但在全国仍处于后列，受气象条件影响仍经常出现反复。比如，2018－2019年秋冬季，保定市和廊坊市PM2.5、PM10、氮氧化物、一氧化碳、臭氧浓度均值都出现同比上升，重污染天数分别增加10天、9天，空气质量严重恶化。中央督察组发现，这些城市对蓝天保卫战的重视程度明显降低，推进力度明显减弱，导致污染管控不到位。比如，部分禁煤区出现散煤复燃情况，胶合板、印刷、家具等传统行业的环境污染明显反弹。2019年6月，生态环境部就2018-2019年秋冬季大气污染综合治理问题约谈河北省保定、廊坊等六市政府，要求其保持战略定力，不动摇、不松劲、不开口子，坚决打赢蓝天保卫战。河北省大气污染防治工作领导小组也指出，成效是初步的和阶段性的，大气污染防治形势依然不容乐观，既需要"天帮忙"，更需要"人努力"。要走向完全受控阶段，需要进一步实施科学治理、精准治理、依法治理。

第二节　提升生态系统质量和稳定性

　　提升生态系统质量和稳定性是贯彻落实新时代生态文明思想的一个重要领域。河北省为了提升生态系统保障能力，进行了长期努力和大胆创新，塞罕坝林场是其中一个最为成功的范例。

　　塞罕坝机械林场地处内蒙古高原南缘、浑善达克沙地前沿，在落实国家阻滞沙漠南侵、构筑首都生态屏障的决策中应运而生。半个多世纪以来，在几近人类生存禁区的荒原上，塞罕坝人克服重重困难，依靠科技创新造林、育林，建成了百万余亩林海，圆满完成了国家提出的"改变当地自然面貌，保持水土，为减少京津地带风沙危害创造条件"的27字目标，为京津冀地区，乃至全国改善生态环境做出了突出贡献。塞罕坝从高寒荒原重回"美丽高岭"的绿色奇迹是党和国家生态文明决策部署落地见效的过程。

一、塞罕坝林场的建设历程与成就

1.塞罕坝林场的建设史

　　历史上，塞罕坝是一处水草丰美、森林茂密的天然名苑，在辽、金时期被称作"千里松林"，曾作为皇帝狩猎的场所。然而，自从1863年清政府开围放垦，后来又遭日本侵略者的掠夺采伐和连年山火，森林植被破坏殆尽，到新中国成立初期已是一片荒原。1962年，原林业部在河北北部建立大型机械林场，经实地踏察，选址于塞罕坝。不久，塞罕坝机械林场正式组建，三百多人的造林队伍开始进驻。建场以来，几代塞罕坝人在极其恶劣的自然条件和生存环境下，建成了世界上面积最大的成片人工林。目前，林场单位面积林木蓄积量分别达到全国人工林平均水平的

2.76倍、全国森林平均水平的1.58倍，成为林的海洋、河的源头、花的世界、鸟的乐园、盛夏避暑的天堂、摄影家流连忘返的地方。

塞罕坝机械林场的建设可以分为三个历史阶段：

第一阶段，从1962年建场到1982年，以大规模造林为主，主要任务是木材生产和生态恢复。在1962、1963年两次造林失败后，1964年春季开展的"马蹄坑大会战"，造林成活率达到90%以上，从此正式拉开塞罕坝大造林的序幕。到1982年，超额完成建场时国家下达的造林任务，在荒原上造林96万亩，总计3.2亿余株，保存率70.7%，创下当时全国同类地区保存率之最。原林业部评价塞罕坝造林成效为"两高一低"，即成活率高、保存率高、成本低。在此过程中，塞罕坝也圆满完成了原林业部交给林场的第二项任务——"积累高寒地区造林经验"。

第二阶段，从20世纪80年代后期开始，塞罕坝林场从造林期转入营林期，走上"育、护、造、改相结合，多种经营，综合利用"之路。俗话说，"三分造、七分管"，营林是塞罕坝林场在改革开放时期最大的任务。林场坚持造林与抚育残破天然林并重，把提高林分质量、促进林木加速生长放在首位，从防火治虫到间伐出材，制定出一整套规章制度，保证造林能成林、成林能成材。从1983年到1990年，林场活立木总蓄积量由123万立方米增加到254.5万立方米，实际增长量为131.5万立方米，占基数的106.9%，翻了一番。其间，总生长量为187.8万立方米，同期消耗量为29.9万立方米，占生长量的15.9%。从1991年到2000年，林场活立木增加到544.5万立方米，增长量为270.1万立方米，占基数的98.4%，蓄积量又接近翻了一番。其间，总生长量为389万立方米，总消耗量76.1万立方米，消耗量占生长量的19.6%。

第三阶段是党的十八大之后，塞罕坝林场进入多种经营、生产转型和绿色发展阶段。此前，木材生产是林场的支柱产业，年收入一度占总收入的90%以上。从2012年开始，塞罕坝林场将每年木材砍伐量从以往的15万立方米减至9.4万立方米，同时开展森林生态旅游、绿化苗木、花卉营养土加工与销售、林副产品销售等多种经营项目，核心目标是把百万亩森林管护好、经营好，使森林资源和湿地资源的经济、生态和社会效益最大化。目前按照分类经营的改革思路，塞罕坝将全场划分为国家级自然保护区、公益林、国家级森林公园、商品林四大经营板块，实现分类经营、分区施策。塞罕坝国家级自然保护区集中了塞罕坝特殊、稀有的原生野生生物物种，是北方生物多样性的典型地区和重要生物基因库，依法进行严格保护。对国家重点公益林63万亩，遵从自我恢复、自我调控、合理干预的原则，严格保护，科学抚育，促进公益林优化更新。国家级森林公园打好生态、皇家、民俗三张牌，促进生态旅游走向高端发展。商品林坚持"经营和保护并重、利用和培育并举"的原则，按照木材市场理论和近自然理论，实行集约经营、有序利用，保持年采伐量不超过年增长量的1/4。同时，加大更新造林力度，着力解决人工林过密过纯问题，确保资源越采越多、越采越好。

进入新时代，塞罕机械林场承担着建设绿色发展示范区的新的历史重任，以传承、发展塞罕坝精神为契机，开始了二次创业的新征程。2020年，《河北省塞罕坝机械林场"二次创业"方案》编制完成，力争经过10年发展，实现生态保护、绿色发展和民生改善的良性循环，把塞罕坝机械林场打造成生态屏障更加牢固、人与自然和谐共生的全国现代化国有林场建设标兵，为世界提供生态文明建设的中国样本。

2.塞罕坝林场的建设成就

塞罕坝林场的实践是习近平总书记"生态兴则文明兴"论述的生动写照，是"绿水青山就是金山银山"的生动诠释。其成就主要体现在以下四个方面：

一是偿还了生态领域的历史欠帐，重建了人工林生态系统，实现了人与自然和谐共生。林场林地面积由建场前的24万亩增加到112万亩，森林覆盖率由建场时不到12%增加到现在的80%以上，林木蓄积量由33万立方米增加到1012万立方米，扩大了29.6倍。塞罕坝通过造林修复了生态，形成了森林、草甸、湿地相结合的生态系统，生物多样性得到有效恢复，印证了习近平总书记"山水林田湖草是一个生命共同体"的论述。目前，塞罕坝野生动物达293种、植物达625种，其中，国家重点保护动物有47种，国家重点保护植物有9种。2003年普查时全场有昆虫种类300余种，到2016年普查时已增加到1000多种。以前5至8年大规模暴发一次的虫害，现在十几年才发生一次。

塞罕坝机械林场为京津冀及华北地区改善生态环境做出了突出贡献。百万亩人工林海筑起一道绿色屏障，有效阻滞了浑善达克沙地南侵，每年为滦河、辽河下游地区涵养水源、净化水质1.37亿立方米。森林每年吸收二氧化碳74.7万吨，释放氧气54.5万吨，释放萜烯类物质约1.05万吨，森林碳储量超过800万吨，被誉为"华北绿肺"。近十年与建场初十年比，塞罕坝及周边地区年均无霜期增加14.6天，年均降水量增加66.3毫米，年大风天数减少30天，有效改善了区域小气候，增强了周边农业区、牧区抵御自然灾害的能力，保证了当地农牧业稳产、增产。[①]

二是把生态环境优势转化为绿色产业优势，经济效益稳步提升，实现了绿富双赢。改革开放40年来，塞罕坝人以国家累计1.9亿元的投资，创造了153亿元的森林资源价值。[②]据评估，塞罕坝资源资产总价值达到202亿元，创造的年生态服务价值超过120亿元。

三是富裕了一方百姓，基层职工生产、生活条件全面改善。近几年，林场提出了"山上治坡、山下置窝、山里生产、山外生活"的新理念，新建和改建29个营林区房舍、9座望海楼和9个检查站，彻底改变了过去房屋老旧、设施落后、用水难、用电难的状况。历史性地开创了塞罕坝人"生活城镇化、住宿公寓化、办公现代化、环境园林化"的全新生活，大幅提升了一线职工的幸福指数，实现了安居乐业的和谐局面，一座现代林海小城已见雏形。林场每年提供临时社会用工超过15万人次，创造劳务收入2000多万元，带动了周边农民发展乡村游、农家乐、养殖业、绿色苗木、山野特产采集和销售、手工艺品等产业，每年可创造社会总收入6亿多元，为助推脱贫攻坚和绿色发展发挥了重要作用。以前有老百姓偷偷砍树卖钱，现在再没人偷树了。

四是弘扬了生态文化。半个多世纪的生态文明建设之路使塞罕坝成为生态文化的"宣传队"和生态意识的"播种机"。国家林业和草原局将这里定为全国唯一的

---

① 国家林业局党组. 一代接着一代干 终把荒山变青山——塞罕坝林场建设的经验与启示[J]. 求是，2019（15）.
② 孙阁. 塞罕坝林场的三次发展变革[N]. 中国绿色时报，2018-09-05.

"再造秀美山川示范教育基地"。林场借助各级领导和各界专家前来考察、观光，各地作家、书画家和摄影家到塞罕坝采风的有利契机，大力加强科普宣传教育，打造生态文化精品。1992年建立的展览馆，经过2002年、2005年、2009年三次改建和扩建，已成为弘扬塞罕坝精神的重要阵地、集中展示生态建设成就的重要平台，被中宣部定为全国爱国主义教育示范基地。出版了生态文学作品集《绿色明珠塞罕坝：塞罕坝主题散文选》，拍摄了纪录片《有个塞罕坝真好》；成立了塞罕坝大森林演艺公司，自编、自排、自演反映林场特色的文艺节目；2008举办首届金秋旅游文化节；创办内部刊物《塞罕绿笛》，积极提升林场文化的质量和档次；成立艰苦创业演讲团，通过举行报告会、座谈会等形式，弘扬塞罕坝精神，打造中国绿魂。2018年8月，取材自塞罕坝人55年造林历程的电视连续剧《最美的青春》在央视开播，把塞罕坝精神以影像的方式固化为民族记忆和国家记忆。2019年成功举办塞罕坝生态文明保护与发展论坛。2018年，在塞罕坝人工林海中举办了国内首个森林音乐会，精选出《大森林记得一棵树》《林为情思风作马》等多首量身定制的原创歌曲，邀请名家演唱。作为以音乐为载体的环保艺术，此次音乐会通过系列音乐活动和生态简约的现场设计，大力倡导人与自然和谐共生的生态文明理念，树立一个全国，乃至世界瞩目的"绿色人文生活风向标"。现场观众在林海中倾听"绿色的旋律"，在享受绿色发展成果的同时，接受塞罕坝精神和生态文明理念的洗礼。

二、塞罕坝林场将绿山青山变成金山银山的探索

塞罕坝林场在生态修复后，把造林保护和生态利用有机结合，凭借对森林资源和生态系统的多功能利用，发展起森林旅游、绿化苗木销售、碳汇交易、矿泉水生产等众多绿色产业，逐步形成多元化经济模式，走上了可持续发展的良性轨道。塞罕坝林场的经验有力证明，森林是水库、钱库、粮库，是推动经济社会发展的重要自然资源。全力打造和保护好绿水青山这一宝贵的公共产品，设法将绿水青山转化为金山银山，是一条生态和经济双赢的可行之路。

首先，将森林生态旅游作为二次创业的支柱产业，全面提升旅游品质，努力将

塞罕坝建设成与其生态资源、品牌影响力相匹配的世界级旅游目的地。塞罕坝动植物种类繁多，被誉为"水的源头，云的故乡，花的世界，林的海洋，珍禽异兽的天堂"。1993年5月塞罕坝国家森林公园建立，这是世界上最大的人工森林公园，与林场实行两块牌子、一套班子的管理体制。在塞罕坝国家级自然保护区建立后，森林公园由原来的9.4万公顷缩减到1.904万公顷，和河北省建设投资公司共同开发生态旅游。在国家项目资金的扶持下，塞罕坝机械林场累计筹集1.7亿元，修通核心区旅游环路，打造七星湖等15个高品位生态旅游文化景区。软硬件整体提升后，游客慕名而来。1999年，塞罕坝游客接待量仅为7.1万人，到2016年，仅塞罕坝国家森林公园就接待来自世界各地的游客50万人次，门票收入4400多万元。目前，塞罕坝景区正在研究特色研学旅游、红色旅游等旅游方式的可行性，以用好塞罕坝品牌IP，发挥新时代生态建设的示范作用。

其次，绿化苗木销售和绿化工程建设同为塞罕坝林场的经济支柱。塞罕坝建设了38万多亩绿化苗木基地，销往十几个省（自治区、直辖市），每年收入超过1000万元，还带动了周边地区的绿化苗木产业。

再次，碳汇交易成为塞罕坝的另一个经济增长点。2016年8月，塞罕坝林业碳汇项目首批国家核证减排量（CCER）获得国家发改委签发，成为华北地区首个在国家发改委注册成功并签发的林业碳汇项目，也是迄今为止全国签发碳减排量最大的林业碳汇自愿减排项目。2018年8月，塞罕坝林场造林碳汇在北京环境交易所与北京某科技公司达成首笔交易。塞罕坝首批森林碳汇项目计入期为30年，预计产生净碳汇量470多万吨。按碳交易市场行情和价格走势，如林场造林碳汇和森林经营碳汇项目全部实现交易，预计经济收益可超亿元。[①]

最后，塞罕坝林场利用边界地带、石质荒山和防火阻隔带等无法造林的空地，与风电公司联手开发风电项目，可观的林地补偿费反哺了生态建设。早在2012年，大唐赤峰塞罕坝风力发电公司在塞罕坝率先建成全国第一个百万千瓦级风电场，目前每年向东北地区和冀北地区输入超过30亿千瓦时的电量。

---

① 塞罕坝林场的三次发展变革[N]. 中国绿色时报，2018-09-05.

三、各级领导对塞罕坝林场的批示和讲话

2017年8月，习近平总书记对河北塞罕坝林场建设者感人事迹做出重要指示。他指出，55年来，河北塞罕坝林场的建设者们听从党的召唤，在"黄沙遮天日，飞鸟无栖树"的荒漠上艰苦奋斗、甘于奉献，创造了荒原变林海的人间奇迹，用实际行动诠释了"绿水青山就是金山银山"的理念，铸就了牢记使命、艰苦创业、绿色发展的塞罕坝精神。他们的事迹感人至深，是推进生态文明建设的一个生动范例。习近平总书记强调，全党、全社会要坚持绿色发展理念，弘扬塞罕坝精神，持之以恒推进生态文明建设，一代接着一代干，驰而不息，久久为功，努力形成人与自然和谐发展新格局，把我们伟大的祖国建设得更加美丽，为子孙后代留下天更蓝、山更绿、水更清的优美环境。[①]

在学习宣传河北塞罕坝林场生态文明建设范例座谈会上，原中央宣传部部长刘奇葆传达了习近平总书记的重要指示，表示要总结、推广塞罕坝林场的成功经验，大力弘扬塞罕坝精神，加强生态文明建设宣传，推动绿色发展理念深入人心，推动全社会形成绿色发展方式和生活方式，推动美丽中国建设。2017年8月31日，在塞罕坝林场先进事迹报告会上，原河北省委书记赵克志指出，塞罕坝是生态文明建设的生动范例，也是精神文明建设的生动范例，又是基层党组织建设的生动范例。要把学习贯彻习近平总书记重要指示和关于生态文明建设战略思想作为重大政治任务，弘扬牢记使命、艰苦创业、绿色发展的塞罕坝精神，汇聚起推动河北绿色发展的强大合力。

2017年12月，联合国环境规划署宣布，中国塞罕坝林场建设者获得当年联合国环保最高荣誉——"地球卫士奖"。原环境规划署执行主任埃里克·索尔海姆说，塞罕坝林场的建设证明，退化的环境是可以被修复的，修复生态是一项有意义的投资。全球环境治理中，中国已经成为最重要的领导力量之一。省委书记王东峰与塞罕坝林场"地球卫士奖"获奖代表座谈，强调要进一步增强贯彻落实习近平总书记

---

① 习近平对河北塞罕坝林场建设者感人事迹做出重要指示[N]. 新华社，2017-08-29.

重要批示精神的思想自觉与行动自觉，将大力弘扬塞罕坝精神作为重大政治任务，深入推进全省生态文明建设和绿色发展，奋力开启新时代全面建设经济强省、美丽河北新征程。

2018年1月，河北省委、省政府做出《关于大力弘扬塞罕坝精神深入推进生态文明建设和绿色发展的决定》，提出要准确把握生态文明建设和绿色发展的总体要求，优化绿色发展空间格局，切实加大环境治理力度，构建节约环保型产业结构，系统治理山水林田湖草，强化生态文明建设和绿色发展的保障措施。以习近平新时代中国特色社会主义思想为指导，按照高质量发展的要求，统筹推进"五位一体"总体布局，协调推进"四个全面"战略布局，全力打造京津冀生态环境支撑区，打好污染防治攻坚战，营造良好人居环境，推动形成节约资源和保护环境的空间布局、产业结构、生产方式和生活方式，奋力开创新时代全面建设经济强省、美丽河北新局面。

2018年7月，省委书记王东峰到塞罕坝展览馆参观、考察，自觉接受塞罕坝精神再教育。他强调要大力弘扬塞罕坝精神，为加快建设经济强省、美丽河北提供强大动力。一要坚持生态优先、绿色发展，加快生态环境保护与修复。二要坚持调整结构、转型升级，推动全省经济高质量发展。三要坚持生态保护与开发利用并重，大力发展旅游产业，以创建全国旅游示范省为契机，推动全省旅游产业高质量发展。四要坚持生态文明建设与坚决打赢脱贫攻坚战统筹推进，引导贫困群众大力发展林业、苗圃、花卉、中药材等产业，实现生态增绿、农业增效、贫困群众增收。五要坚持不忘初心、艰苦奋斗，以塞罕坝精神激励全省上下奋发作为，推动习近平总书记重要指示精神和党中央决策部署落地见效。①

2020年8月，王东峰赴承德市调研。他重温习近平总书记殷切嘱托，强调要大力弘扬塞罕坝精神，统筹推进生态文明建设和脱贫防贫工作，努力建设生态文明示范区，坚决打赢脱贫攻坚战，确保如期全面建成小康社会。②王东峰指出，生态优

① 王东峰. 大力弘扬塞罕坝精神[N]. 河北日报，2018-07-20.
② 张铭贤. 河北省委书记王东峰在承德调研检查时强调弘扬塞罕坝精神 建设生态文明示范区[N]. 中国环境报，2020-08-20.

势是承德市的最大优势，旅游资源是承德市的宝贵资源。要在大力发展全域旅游的基础上，做大做强生态扶贫、旅游富民产业，推进一二三产业融合发展，切实增加贫困群众收入，确保贫困户持续增收、稳定脱贫、有效防贫。在塞罕坝机械林场七星湖生态湿地调研中，王东峰强调，湿地是生态系统的重要组成部分，要坚持保护优先，完善湿地林、草、湖综合治理机制，全面提升湿地系统环境质量，为京津构筑坚强生态绿色屏障。要坚持科学开发利用，严格按照国家关于湿地保护区的相关法规规范旅游景区，根据环境承载能力合理控制游客人数，绝不以破坏生态环境为代价发展经济。王东峰书记对塞罕坝生态文明建设进行了再动员、再部署，强调要把生态文明建设放在更加突出的位置来抓，自觉践行"两山"论，把生态资源优势转化为产业发展优势，大力推进生态助推脱贫防贫。全面加快塞罕坝创新发展步伐，努力打造生态文明建设示范区、生态经济发展创新区，统筹区域生态发展，当好首都"两区"建设排头兵。要坚持改革创新，优化林场体制机制，强化生态保护科技研发，大力推进林场各项事业迈上新台阶。要坚持加强组织领导，强化领导班子和干部队伍、人才队伍建设，为新时代塞罕坝改革发展提供坚强保障。

四、塞罕坝精神的再解读

三代塞罕坝人的心血和汗水不但创造出百万亩人工林海这一物质财富，而且蕴育和缔造了宝贵的精神财富。2014年，塞罕坝机械林场被中宣部作为"时代楷模"隆重推出，并向全社会大力宣传推介。中央媒体和河北主流媒体通过系列专题、长篇通讯、报告文学、微纪录片、动漫等多种形式，宣传塞罕坝由茫茫荒原到绿水青山的嬗变传奇，激发了社会公众对生态文明建设的责任感和使命感。塞罕坝精神已经超越地域和行业界限，成为全国人民建设生态文明的精神动力和宝贵财富。

塞罕坝精神包括哪些内涵？在塞罕坝建场三十年之际，原国家林业部副部长刘琨将塞罕坝精神总结为："勤俭建场，艰苦创业，科学求实，无私奉献。"2010年6月，时任国家林业局局长贾治邦将塞罕坝精神凝炼、提升为："艰苦奋斗、无私奉献、科学务实、开拓创新、爱岗敬业。"笔者立足于生态文明的建设规律，从总结

典型经验和引领时代发展的视角，将塞罕坝精神的内涵做了与时俱进的概括，即
"忠于使命、艰苦奋斗、无私奉献、开拓创新、科学求实、绿色发展"。塞罕坝精
神是以艰苦创业为核心，以科学求实和开拓创新为支撑，以无私奉献和爱岗敬业为
价值取向的一个完整的精神体系，是中华民族的宝贵精神财富。

1.尊重自然、保护优先的生态精神

2016年1月，习近平总书记在省部级主要领导干部学习贯彻党的十八届三中全
会精神专题研讨会上指出："河北北部的围场，早年树海茫茫、水草丰美，但从同
治年间开围放垦，致使千里松林几乎荡然无存，出现了几十万亩的荒山秃岭。这些
深刻教训，我们一定要认真吸取。"他强调，绿化只搞奇花异草不可持续，盲目引
进也不一定适应，要探索一条符合自然规律、符合国情地情的绿化之路；用途管制
和生态修复必须遵循自然规律，禁止移植天然大树。这些重要论述充分体现了对自
然规律的深刻理解和尊重自然、顺应自然、保护自然的态度，是开展生态保护和修
复的基本遵循。

塞罕坝人在生态退化地区重建了人工林生态系统，修复了自然生态系统。他们
同恶劣的自然环境和艰苦的生活环境做斗争，其目的绝不是为了征服大自然，而是
要建成和维护生态安全屏障，阻止生态恶化对人类发展的破坏。林场建设的过程绝
不是"人定胜天"的对抗，而是时时处处体现出对大自然的尊重与保护。塞罕坝林
场的实践启示我们，生态文明建设路向是合目的性与合规律性的历史统一。合目的
性体现在生态文明建设的方略与实施路径必须符合自然界、人类社会自身变化发展
的价值需要；合规律性则体现了生态文明建设的理想目标和具体策略要遵循自然界
和人类社会运行内在的法则与规律，而不是违背、破坏和超越这些法则与规律。塞
罕坝林场坚持生态优先、严格保护原则，实现了林业功能定位的历史性转变，由以
木材生产为主向以生态修复和建设为主转变，由利用森林资源获取经济利益为主向
以保护森林提供生态服务为主转变。比如，河北省下达塞罕坝林场的"十三五"时
期的采伐限额为每年20.4万立方米，但林场实际的林木蓄积消耗量控制在13万立
方米左右，且主要用于森林抚育。在山野果成熟期，管护人员对入山采集者进行资

源保护方面的教育，并经常进行检查巡护，坚决制止掠夺性采集和滥采滥挖行为。为了防止旅游活动超出森林生态系统的承载能力，林场对入园旅游人数、宾馆度假村排污情况等进行严格限制。

塞罕坝林场的实践证明，人不负青山，青山定不负人。只要人尊重自然，敬畏自然，自觉依循自然规律，发挥能动性和创造性，人与自然的矛盾便能够和解。在新的历史起点上，要彻底扭转资源约束趋紧、环境污染严重、生态系统退化的现状，必须秉承"万物并育而不相害"的价值取向，建设人与自然和谐共生的现代化。坚持保护优先、自然恢复为主方针，加快实施一批生态保护和修复重大工程，加快建立以森林植被为主体、林草结合的国土生态安全体系，向生态要发展，向绿色要未来。从这个意义上说，饱含生态文明意识的塞罕坝精神不仅仅属于塞罕坝，而是属于整个生态文明时代，属于全民族，甚至全世界。

2.艰苦奋斗、不畏艰险的创业精神

艰苦奋斗、不畏艰险的创业精神是新中国林业事业成功的关键，也是应对发展中国特色社会主义征程中一系列困难和挑战的重要力量源泉，是中华民族实现伟大复兴的精神支柱。塞罕坝机械林场创立之初，创业者们居无定所，在风沙酷烈、天寒地冻的艰苦环境中，他们坚持"先治坡后置窝，先生产后生活"，啃窝头饮雪水，住马架睡窝棚。从"六女上坝"的无悔选择，到望火楼夫妻几十年如一日的漫长守望，从爬冰卧雪在石头缝里栽种树苗，到披星戴月、顶风冒雨修枝防虫，塞罕坝人在艰苦卓绝的环境里，以百折不挠、锲而不舍的精神，克服了常人难以想象的困难，书写了可歌可泣的创业史。他们"在艰苦奋斗中净化灵魂，磨砺意志、坚定信念"，"把艰苦奋斗的精神一代一代传承下去"（习近平总书记语）。

目前，塞罕坝的生产、生活条件得到了极大改善，但艰苦奋斗的精神没有丢。进入新世纪以来，塞罕坝人开始了二次创业。他们在机械设备用不上的陡峭坡地，用肩扛、马拉、驴驮、镐刨、钎铣、客土等方式送苗、育苗，开展攻坚造林，集中力量啃硬骨头。自2017年以来，塞罕坝林场通过超常规措施攻坚造林2.82万亩，

林场内石质荒山全部实现了绿化。[①]再如，塞罕坝百万亩森林大多为针叶松，林下和路边蒿草茂密，可燃物载量十分丰厚。加上气候干燥，物干风大，火灾风险极大，防火是林场的生命线。55年来，在9座望火楼几十名瞭望员的守护下，上百万亩的塞罕坝林场没有发生过一起森林火灾。目前，尽管塞罕坝林场已经安装了高度自动化的防火监控系统，但机器监控相比人工监控而言，仍存在一些盲点。因此，24小时不间断人工瞭望这种原始的警报系统仍是火情监测中不可替代的。反观北美、澳大利亚等国家和地区，由于在山火的监测和扑救上单纯依赖技术装备，在气候变暖的大环境下难以消除山火频发的安全隐患。

目前，我国生态环境修复和保护的任务仍十分艰巨，剩余的宜林荒山荒地60%分布在干旱半干旱地区，是最难啃的硬骨头。必须发扬和传承塞罕坝人艰苦创业的优良作风，迎难而上，扎扎实实推进生态建设，着力改善脆弱地区生态状况。进而言之，去产能、治污染等污染防治攻坚战绝不是一帆风顺的。弘扬塞罕坝精神，就要把冲劲和韧劲结合起来，不畏艰难，努力满足人民群众对美好生态环境的需要。

塞罕坝人的艰苦奋斗精神对于当代青年人绿色消费观和价值观的培育也有重要价值。生态文明建设不是要人们回到以往的艰苦岁月，而是要超越和扬弃粗放型的发展方式和不合理的消费模式，提升生态文明素质，将人类活动限制在自然资源和生态环境可承受的范围内。

3.从无私奉献到互惠互利的志愿精神

塞罕坝的建设者无不是道德楷模，是志愿精神的传播者。如果说创业时期劳动者的努力付出主要源于精神层面的驱动和指引，新一代塞罕坝职工的无怨无悔则是传承精神和利益共同体、命运共同体的联合作用。今天，塞罕坝精神的时代内涵已从单方向的无私奉献和自我牺牲精神，拓展为互惠互利、志愿奉献精神。良好的生态环境有利于人类共同体的整体利益，需要人民共建共赢。因此，生态文明建设本

---

① 黎梦竹. 老中青三代建设者讲述塞罕坝精神：林海赤心开启"二次创业"[EB/OL]. 光明网，2020-08-17.

身具有凝聚意识情感、协调多元利益的社会整合功能。另一方面，处于不同时空、不同阶层的公众在生态文明建设中存在利益的分歧，在由传统文明形态向生态文明转型的过程中，一些地区、企业和个人还会面临利益受损或各种不适应的阵痛。只有做到习近平总书记所说的"算大账、算长远账、算整体账"，才能在观念和行动上正确处理个人与集体的关系、局部与全局的关系、当前与长远的关系，从而以局部和当前的改变和付出为代价，换来美丽中国和清洁美丽的世界。

利他精神是最高的道德准则。在漫长的进化和演化、恶劣的自然环境与残酷的生存竞争中，人类之所以能够创造辉煌的文明，内在原因在于利他精神。早期的人类文明在极大的生存压力下，普遍存在团结利他的精神。到了农业文明、工业文明时代，自私的基因逐渐支配了人类的思维，导致人与人之间的"狼狼"状态。许多个体只关注自身的利益，在"看不见的脚"作用下，导致"公地的悲剧"，这是造成环境污染和生态危机的重要根源。在生态文明时代，人类避免自我毁灭的唯一方式是利他精神的回归。生态文明建设迫切需要集中全体社会成员的勤劳和智慧，在人类命运共同体理念的指导下，实现共建共治共赢，而志愿服务精神是其中必不可少的精神动力。这是塞罕坝精神带给我们的启示。

4.持之以恒、久久为功的长远精神

在50多年的发展历程中，塞罕坝林场曾多次陷入困境。塞罕坝多丘陵、山地，千万棵松树很多时候是靠一双手、一把锹种下的。1964年春天的"马蹄坑大会战"，每一棵树苗都经过精心挑选、全程保湿，种下后人工校正、一脚一脚踩实。凭借这种精益求精、抓实抓细的作风，截至1976年，塞罕坝林场累计造林70万亩，是河北省8个林场中唯一完成造林指标的单位。然而，1977年塞罕坝林场遭遇历史罕见的"雪凇"灾害，57万亩林木一夜之间被压弯折断，15年的劳动成果损失过半。1980年塞罕坝又遭遇百年不遇的大旱，12.6万亩树木枯死。塞罕坝人擦干眼泪，从头再来。"前人栽树、后人乘凉"，在高寒的塞罕坝上栽种落叶松，达到成熟状态需要几十年，造林者很难享受到自己辛劳的成果。塞罕坝人之所以成功，重要原因就是凭着"绿了荒原白了头"的坚守，从第一代塞罕坝人服从组织安

排上坝开始，林场三代职工咬定青山不放松，一茬接着一茬干，一代接着一代干。

《世界自然资源保护大纲》中有一句名言："地球不是我们从父辈那里继承来的，而是我们从自己的后代那儿借来的。"当前，人类之所以陷入生态危机，很大程度上是因为"理性的无知"，即明知这种行为会对生态环境造成危害，却因为后果不会马上到来，不会危及当下，便对自然资源采取急功近利，甚至竭泽而渔的短视行为，更不顾及子孙后代的生存与发展。建设生态文明是关乎民族未来的长远大计，是一个功在当代、利在千秋的伟大事业。它要求我们拥有长远的眼光，发挥接力传承精神，以"功成不必在我"的情怀，驰而不息，久久为功，为建成美丽中国打下坚实基础。

5.尊重规律、开拓创新的科学精神

可歌可泣的塞罕坝人常常被比喻为战天斗地的英雄。必须牢记的是，塞罕坝人从未蛮干，从最初勘查建场到数百万亩林海挺拔茂盛，一直离不开求真务实、开拓创新的科学精神。

一是对塞罕坝地区宜林的科学判断。1961年11月，原林业部国营林场管理局副局长刘琨率队为我国北方第一个机械林场选址时，在荒原上策马行走多天，他才觅得一棵挺立的落叶松，树龄逾150年。这棵树是松树可在当地成活的活标本，使林学家确信"今天有一棵松，明天就会有亿万棵松"。塞罕坝的平均年降水量只有400毫米左右，但由于海拔高，年平均温度低，蒸发量小，有可能支持连片大面积人工林的生长。因此，上世纪60年代以这棵落叶松作为生态修复的起点，在塞罕坝设场造林，是一个科学的决策。科学态度是塞罕坝经验的重要组成部分，没有科学态度，就没有今天的塞罕坝。

学习塞罕坝精神，就要自觉按照客观规律办事。塞罕坝有自己独特的自然生态条件和社会人文环境，不可能被简单地复制。目前，适于发展连片大面积人工林的自然生态条件已经不可多得，要把重点放在发展现有的国有林场上，坚持因地制宜、适地适树，坚持宜林则林、宜乔则乔、宜灌则灌、宜草则草，坚持宜造则造、宜封则封、宜飞则飞，加快建立以森林植被为主体、林草结合的国土生态

安全体系。

二是强化科技创新引领作用。建场55年来，在物质和技术几乎一片空白的情况下，塞罕坝人将林学理论同塞罕坝的具体实际相结合，大胆创新、敢闯敢试，在高寒地区引种、植苗育苗、苗木水分保养管理等方面攻克了一项项技术难关，形成了独具特色的森林经营生产体系和培育作业流程，闯出了科技创新促进林场可持续发展的成功模式。

建场之初，塞罕坝改进了传统的遮荫育苗法，在高原地区首次成功实现全光育苗；针对外调树苗不适应当地自然条件的问题，林场摸索出了培育"大胡子、矮胖子"优质壮苗的技术要领，自建苗圃，实现就地育苗，彻底解决了大规模造林的苗木供应问题。1964年春季，机械造林战场在马蹄坑摆开。塞罕坝人改进苏制造林机械和植苗锹，利用独创的"三锹半缝隙植苗法"在乱石堆里植树造林，与行业通用的"中心靠山植苗法"相比，造林功效高出一倍，造林成本节省四成，结合踩实、苗木扶正等人工措施，将高寒地区机械造林成活率由不足40%提高到95%以上，开创了国内使用机械栽植针叶松的先例。从20世纪80年代后期开始，塞罕坝在育苗上，采用雪藏混沙拌种，播种覆土严格控制厚度，调节温度防高温伤苗和低温霜冻，防治立枯病、地下害虫危害，建立科学的苗木管理措施等方法，解决了针叶松种子处理、出苗和幼苗培育三大难题，满足了大面积造林对幼苗的需求，成功实行了自育自栽；在人工造林领域，自主研发容器苗造林基质配方，创造了"苗根蘸浆保水法"，推广"越冬造林苗覆土防寒防风法""小面积皆伐作业全林检尺"等技术，将一年一次的春季造林变成春、秋两季造林。

在50多年的发展历程中，塞罕坝人通过自主探索和外出取经，累计完成9类60余项科研课题，5项成果达到国际先进水平。近几年，林场把土壤贫瘠和岩石裸露的石质阳坡作为绿化重点，大力实施攻坚造林工程，在石质阳坡新造林15.3万亩，在基本没有补植的情况下，成活率和3年保存率分别高达98.9%和92.2%，实现了一次造林、一次成活、一次成林的目标。新一代塞罕坝人坚持科技兴林和科技管护相统一，用科学的手段建设健康森林，根据对林场有害生物生活习性的不断摸索和研究，形成了密切监测和预报、适时分期有效防治森林有害生物的科学标准和模式，为河北省制定有关喷烟机防治病虫害的地方标准提供了大量经验、数据。一定意义上，塞罕坝林场的发展史就是一部中国高寒荒漠造林的科技进步史。[①]

三是与时俱进的管理创新。党的十八大以来，我国坚持生态优先，林业发展战略和功能定位实现了由以木材生产为主向以生态修复和建设为主的历史性转变。塞罕坝林场牢固树立现代林业经营理念，以优化结构促进林业永续发展，木材产业收入占总收入的比例持续下降。从2012年开始，塞罕坝苗木、旅游、风电等绿色产业的年平均收入近2亿元，已经超过半壁江山。党的十八大以来，新一代塞罕坝人以强化资源管护巩固生态建设成果，以融资和引导的方式鼓励职工从事绿化苗木培育、林下种养殖等活动，逐步形成了以职工家庭为单元的林下资源开发和经营体系，实现以开发促管护。

再如，塞罕坝建场50多年来从未发生森林火灾，得益于一整套成熟的立体化火灾预防、监测和扑救体系。近几年，塞罕坝机械林场升级了防火系统，形成探火雷达、空中预警、高山瞭望、地面巡护有机结合的监测网络。林场在组建7支专业扑火队伍的同时，建立全员防火责任体系，针对全场在职在岗的干部、职工实行森林防火风险抵押金制度，护林防火由人人有责的观念上升到全场生死存亡的高度。

塞罕坝人的奋斗历程表明，改革创新是引领林业发展的根本动力。弘扬塞罕坝精神，就要坚持创新驱动、转型发展。开展生态建设重点领域关键技术攻关，加快成熟适用技术的示范和推广，以科技创新推进增林扩绿，以管理创新促进林业永续发展，不断提升生态环境保护现代化水平。

6.热爱祖国、振兴中华的民族精神

民族精神是一个民族生存发展、繁荣强盛的精神支撑。中华民族历经千百年沧桑而不衰，屹立于世界民族之林，正是依靠着中华儿女自强不息、奋发进取的民族精神。一批又一批、一代又一代塞罕坝人响应祖国的号召，来到塞北荒漠，凭借的是热爱祖国的信仰、振兴中华的强烈使命感。在机械造林初战失利的情势下，为了

[①] 秋石. 绿色奇迹 可贵范例——塞罕坝林场生态文明建设的启示[J]. 求是，2017（17）.

稳定军心，林场负责人果断把全家从承德城里搬到了坝上，他们坚信"祖国的需要就是我的志愿"，"咱是革命一块砖，哪里需要哪里搬"。英雄的塞罕坝人"献了青春献终身，献了终身献子孙"，为了国家和人民的利益，筑起了保护京津及华北大平原的生态屏障，为世界植树造林创造了一个新的范本。

塞罕坝精神凝聚了中华民族内在的理想信念和外在的精神风貌，是中华民族精神的具象化表现，是一份珍贵的国家历史记忆，长久地滋养和激励着一代又一代后来者。在我国全面建设现代化国家的新时代，弘扬塞罕坝精神，铸牢中华民族共同体意识，建设天更蓝、山更绿、水更清的美丽家园，是生态文明建设的应有之义。

五、以塞罕坝精神全力打好造林绿化攻坚战

习近平总书记指出，林业在维护国土安全和统筹山水林田湖综合治理中占有基础地位，我国仍然是一个缺林少绿、生态脆弱的国家，造林绿化、改善生态任重而道远。2014年12月25日的中央政治局常委会会议上，习近平总书记说："森林是陆地生态的主体，是国家、民族最大的生存资本，是人类生存的根基，关系生存安全、淡水安全、国土安全、物种安全、气候安全和国家外交大局。必须从中华民族历史发展的高度来看待这个问题，为子孙后代留下美丽家园，让历史的春秋之笔为当代中国人留下正能量的记录。"2016年4月，习近平总书记在参加首都义务植树活动时指出："发展林业是全面建成小康社会的重要内容，是生态文明建设的重要举措。"这一论述为我们深刻认识维护森林生态安全的重大意义提供了战略视角和根本遵循。

河北省森林面积在全国排第19位，森林覆盖率排第18位，人均森林面积仅为全国平均水平的一半，中幼林面积占50%以上，单位面积林木蓄积量仅为全国平均水平的1/3。近年来，河北省弘扬塞罕坝精神，把大规模国土绿化作为打造京津冀生态环境支撑区的重要举措。

1.弘扬塞罕坝的艰苦奋斗精神，打响新时期造林绿化攻坚战

1998年，时任全国人大常委会副委员长邹家华带队考察塞罕坝时，提到要推广优秀经验，"再造三个'塞罕坝'"。不久，国家计委下发通知，在丰宁千松坝、围场御道口、张家口塞北三地建设大型生态林场，计划项目区长360公里，宽约30公里，总面积1520万亩，其中造林面积521万亩。

"再造三个'塞罕坝'"工程的选址之地都是华北自然条件最恶劣、土地沙化最严重、生态系统最脆弱的区域。工程量大，远超塞罕坝，资金投入又大，最开始大家有些疑虑，行动并不顺利。塞北林场工程区大多在人迹罕至的深山老岭，山高坡陡，土层很薄，水土流失严重。造林人攻克了高寒地区引种、育苗、造林等技术难关，实现了看天种植、就墒造林等技术突破，工程区苗木成活率达到75%以上，种植模式被推广到西部干旱省份。截至2016年底，三个林场完成造林绿化377万亩，森林覆盖率近50%，在首都北方形成了一道绿色生态屏障。根据2016年召开的河北省第九次党代会部署，到2021年，三个林场要新增造林面积140多万亩，森林覆盖率要提高到72.84%。

张承坝上高寒地区、燕山太行山干旱阳坡和沿海重盐碱地带和塞罕坝有着类似的自然条件，都是难啃的硬骨头。全省林业系统迎难而上，把这些地方当作生态建设主战场，依托京津风沙源治理、"三北"防护林、退耕还林等重点工程，大力实施两山（太行山、燕山）、一带（京津保生态过渡带）、一区（冬奥会张家口赛区）造林绿化攻坚。作为河北省林业"一号工程"的北京冬奥会绿化项目已经基本完成，京津保生态过渡带建设初见成效，太行山绿化攻坚行动全面启动。

2.弘扬塞罕坝生态优先、绿色发展的精神，千方百计扩大生态容量

森林生态系统是一个复杂的综合系统，必须有一定规模才能形成自我调节、稳定平衡的系统，才能有效发挥生态功能。塞罕坝机械林场在推动国土绿化、绿色发展和民生改善中，充分发挥专业化、组织化、规模化、集约化的优势，成为我国生物多样性富集、森林结构完善、环境优美、功能强大的林区。在塞罕坝林场的带动下，河北省把集约化、规模化发展作为重要经验推广，大力推进规模化林场建设。

在白洋淀上游、滦河、滹沱河流域、京津保生态过渡带等生态脆弱地区和重要生态功能区，规划建设集中连片的成规模林场。其中在雄安新区白洋淀上游新建规模化林场试点，按照2018年1月国家发改委等四部委的部署，目标是在重要生态功能区等关键地区，以规模化林场建设、经营为载体，通过市场化运作吸引社会资本参与造林、营林、管护，探索推进新时期大规模国土绿化的成功经验。扩建一批，加快张家口塞北、丰宁千松坝、围场御道口等大型林场建设。改造一批，在燕山山脉林场集中区，选择平泉大窝铺、张家口黑龙山等大中型国有林场，加强中幼林抚育，更新改造退化林分，全面提高森林资源质量和生态保障能力。更多的"塞罕坝"跃然而出，构筑起一道坚实的绿色长城。

党的十八大以来，全省国土绿化呈现前所未有的迅猛发展态势，特别是2018年以来，全省累计营造林超过2000万亩，提前完成国土绿化三年行动任务，为河北省林业建设投资最多、规模最大、速度最快、质量最好的发展时期。截至2019年底，全省森林面积达到9854万亩，森林覆盖率由20世纪80年代初的9.64%提高到35%，和建国初期的3.8%相比发生了天翻地覆的变化；城市人均绿地面积达到14.23平方米，建成区绿化覆盖率和绿地率分别达到41.57%和37.97%；全省草原面积达4266万亩，草原综合植被盖率提高到72.3%，高于全国平均水平16.6个百分点。2020年以来，河北省积极克服疫情不利影响，持续大规模推进国土绿化，提前实现造林绿化时间、任务"双过半"。截至2020年6月中旬，全省完成营造林604.9万亩，占全年总任务的75.6%。截至2021年年初，河北省已有7个国家森林城市，分别是张家口、石家庄、承德、秦皇岛、唐山、廊坊、保定，还有43个县（市、区）参加了国家级森林城市创建。

承德市有林地面积由新中国成立时的300万亩，增加到现在的3390万亩，森林覆盖率由5.8%提升到56.7%，相当于再造了25个塞罕坝，成为华北最绿的地区。防沙治沙重点区域内的张家口市、承德市由沙尘暴加强区变为阻滞区，缓解了风沙紧逼北京的局势。森林涵养了水源，降低了京津"三盆生命水"（官厅、密云、潘家口水库）的入库泥沙量。第五次全国沙化和荒漠化监测结果显示，河北省沙化和荒漠化土地实现双减少。

3.弘扬塞罕坝林场集中力量办大事的制度优势，高位推动国土绿化

塞罕坝林场建立初期隶属于原国家林业部，1968年划归河北省林业厅管理，成为省级财政差额补贴事业单位。稳定的高层直管体制为林场提供了足额的资金保障、有力的技术支撑和稳定的人才队伍，体现了集中力量办大事的制度优势。河北弘扬塞罕坝林场集中力量办大事的制度优势，省委省政府明确提出把造林绿化和筹办冬奥会作为全省的"一号工程"，努力构建京津冀生态屏障。

一是主要领导亲自谋划。省委书记王东峰先后11次就大规模开展国土绿化、创新体制机制、强化政策保障等做出明确批示，亲自指导编制全省造林绿化长期规划和雄安新区、张家口地区及全省植树造林年度工作方案。许勤省长先后30多次就造林绿化等林业工作做出重要指示，提出明确要求。

二是专题会议研究部署。省委省政府多次召开常委会、常务会，专题研究雄安新区森林城市建设、冬奥会绿化、廊道绿化和环城林建设等国土绿化重点工作。为贯彻落实习近平总书记"绿色办奥"指示精神，河北省成立冬奥会造林绿化领导小组，强化行政推动，超常施策，快速推进，已基本完成冬奥会绿化任务，并带动张家口市开展全域大规模国土绿化。

三是先后出台了《河北省国土绿化三年行动实施方案（2018—2020年）》《关于加快推进全省交通干线廊道绿化和环城林建设的意见》《河北省造林绿化规划（2018—2030年）》等指导性文件，为大规模国土绿化行动提供指导。

四是严格督导，强化考核。将国土绿化三年行动列入全省重点工作大督查，对各设区市党政领导班子实行增比进位管理考核，考核结果作为干部任用的重要参考。各市县党委、政府都把国土绿化摆上重要日程，层层签订责任状，采取定期通报、现场调度、末位淘汰等措施，狠抓任务落实。

4.弘扬塞罕坝人严谨求实的科学精神，全面提升生态系统质量和稳定性

2016年1月，习近平总书记主持中央财经领导小组第十二次会议，强调森林关系国家生态安全。要着力推进国土绿化，着力提高森林质量，着力开展森林城市建设，着力建设国家公园。坚持保护优先、自然修复为主，坚持数量和质量并重、质量优先，坚持封山育林、人工造林并举。宜封则封、宜造则造，宜林则林、宜灌则灌、宜草则草，实施森林质量精准提升工程。多年来，塞罕坝人把提高森林质量作为生命线，加强森林抚育经营，为周边群众提供丰富的绿色林产品，满足经济社会发展对林业的多样化需求。河北省坚持把质量作为国土绿化的生命线，实现森林资源培育由数量扩张向数量质量并重、更注重提高质量和效益转变。省委书记王东峰、省长许勤在给省林业和草原局的批示中，多次提到要提高造林质量，具体到了林分密度、乔灌草比例等内容，特别指出要营造多层次的森林结构和景观。针对树种单一、结构单薄、林分单纯、林相单调等问题，省政府批准出台了《关于调整优化全省杨树品种和绿化树种结构的指导意见》，按照多样、适生、生态稳定、经济高效的原则，优化树种调结构，规范开展低质低效林改造和退化林分修复，加强林地保护，构建健康稳定的森林生态系统。

按照《京雄高铁生态廊道绿化设计方案》《京张高铁生态廊道绿化设计方案》，高铁沿线地区，特别是怀来县、下花园区、宣化区奥运廊道交通沿线，将下大气力对露天矿场、废弃料堆等进行生态复绿，对已有的生态廊道进行改造、提升，解决高铁两侧树种单一、色彩单调、缺行断带、长势衰弱等问题。现处于前期征地阶段的津雄绿色生态廊道是国内首条全开放、水陆两通的生态景观快速通道，它与北京、廊坊、保定三地规划建设的森林、湿地有机连接，将形成京津冀地区大规模的绿色板块和森林、湿地群。京雄、京张高铁沿线，将把生态廊道与乡村旅游、生态观光、休闲康养等绿色产业结合起来，培育壮大一批新型森林生态综合体，推动一二三产业融合发展，建设绿色富民产业带。

5.弘扬塞罕坝的改革创新精神，释放林业发展活力

习近平总书记明确要求，全面深化林业改革，创新林业治理体系。他对国有林场和国有林区改革、深化集体林权制度改革、创新产权模式、建立国家公园体制等做出了许多重要指示，绘就了全面深化林业改革的路线图和时间表。

塞罕坝人的奋斗历程表明，改革创新是引领林业发展的根本动力，也是破解发展难题的有效途径。作为生态公益类林场，塞罕坝林场积极探索内部管理体制改革。塞罕坝引入竞争机制，对场内的重要岗位，如扑火队长、防火办副主任、机关工作人员等采取公开选拔，形成了自上而下、科学合理的目标责任考核评价体系，为国有林场改革提供了可供借鉴的经验。河北省以塞罕坝林场为典型，进一步完善配套措施，加快推进国有林区和国有林场改革，全力推进集体林权制度三大改革，认真完成建立国家储备林制度等改革任务。

打破传统造林模式，积极探索创新国土绿化新机制。河北省印发了《关于加大改革创新力度鼓励社会力量参与林业建设的意见》，出台了22条支持措施，大力推广租地造林、流转造林等模式。河北省通过转包、出租、互换、转让、股份合作，实施土地规模化流转；采取赎买租赁、以地换绿等各种方式，吸引企业、集体、个人和社会组织参与林场建设。省林业厅成立了林业生态建设投资公司，省财政先期注资6亿元，撬动政策性贷款20亿元用于太行山绿化。彻底解决制约林业发展的深层次问题，为林业长远发展提供制度保障，为林业现代化建设释放更多改革红利。

第三节　积极把握和践行"两山论"

随着习近平生态文明思想持续深入人心，探索"两山"转化路径已成为各界的共同关切。河北省各市结合自身地域和资源优势，把绿化美化与文化、旅游、致富等有机结合起来，走出了一条生态富民的新路，使绿水青山成为普惠群众的金山银山。

一、通过生态修复形成绿水青山

为了形成绿水青山，河北省在国土绿化、湿地保护、渤海污染治理、矿山环境整治等方面采取了大力度的修复措施。其中，弘扬塞罕坝精神、大力培育优质高效的林草生态系统已在第三章第二节进行了总结，这里不再赘述。

1.保护、修复和扩大湿地生态空间

湿地同森林、海洋并称为全球三大生态系统，被比喻为"地球之肾"。习近平总书记提出的"山水林田湖草生命共同体"里的要素绝大多数和湿地相关。我国拥有全世界类型最多的湿地，但长期以来湿地的生态功能被忽视，大量滨海湿地和内陆湿地被围垦成农田或过度开发，湿地面积大幅度缩小，湿地物种受到严重破坏。2020年4月，习近平总书记到我国首个国家湿地公园——杭州西溪国家湿地公园考察，指出湿地开发要以生态保护为主，要让湿地公园成为人民群众共享的绿意空间。

河北省湿地资源相对较少，但湿地类型丰富，既有坝上的闪电河国家湿地，也有平原的白洋淀、衡水湖，还有沿海湿地。在习近平生态文明思想指导下，河北省

把湿地保护作为生态文明建设的重要抓手，以白洋淀、衡水湖等湿地为重点，开展退耕还湖（湿）、生态补水、植被恢复，扩大湿地面积，恢复生态功能。截至2016年底，全省已有20个被国家林业局批准的国家湿地公园。① 2016年《河北省湿地保护条例》出台，从建立健全保护体系、建立湿地生态效益补偿制度、划定湿地保护生态红线、加大对破坏湿地违法行为打击力度等方面对湿地保护进行规范，使湿地保护工作走上了法治化轨道，印发了《河北省湿地保护规划（2015—2030年）》《河北省湿地自然保护区规划（2018—2035年）》。2018年2月印发的《河北省湿地保护修复制度实施方案》要求对湿地面积总量实行管控，通过占补平衡等措施，确保湿地面积不减，并规定将湿地保护成效指标纳入各地生态文明建设目标评价考核。

我国环渤海一带有着世界上面积最大且连续分布的泥质滩涂海岸，生物多样性丰富，是东亚-澳大利亚候鸟迁飞路线上的关键性鸟类栖息地。其中，河北省的曹妃甸湿地（原名唐海湿地）和南大港湿地是两个重要驿站。

位于河北沧州的南大港湿地，总面积7500公顷，是环渤海地区原始状态保存最完好的滨海沼泽湿地，素有"京津最大的天然原生态后花园""富氧之乡、观鸟天堂"的美誉。南大港湿地一直实行全封闭管理，在湿地外围挖沟、筑堤，建造人造防护林带，形成了一个相对封闭的自然生态系统，仅对保护区外围进行旅游开发。独特的环境、丰富的资源、严格的封闭管理、宽阔的缓冲带、较少的人为干扰使得大面积的湿地一直保持原始的自然状态。爱鸟护鸟的意识在当地深入人心，几乎没有当地群众破坏鸟类栖息地的行为，堪称人与自然和谐共处的典范。2019年，南大港湿地公园荣列国家4A级景区，被国家林业和草原局列入《2020年国家重要湿地名录》，是河北省唯一一个被国家认定的重要湿地。

曹妃甸湿地总面积约540平方公里，历史上长期作为盐场，上世纪50年代军垦时期经人力开垦，先后形成了芦苇湿地、稻田湿地和水产养殖湿地，成为一块类型

---

① 分别是丰宁海留图、木兰围场小滦河、承德双塔山滦河、隆化伊逊河、滦平潮河、坝上闪电河、康保康巴诺尔、尚义察汗淖尔、崇礼清水河源、怀来官厅水库、张北黄盖淖、秦皇岛北戴河国家湿地公园、青龙湖、卢龙一渠百库、廊坊市香河潮白河大运河国家湿地公园、邢台市内丘鹊山湖、任县大陆泽、邯郸市永年洼等国家湿地公园。

多样的人工湿地。2004—2005年曹妃甸港开始建设后，增加了钢铁厂、港口、公路、城镇市区等硬件设施，湿地面积被逐步压缩。2004年，原唐海县批准成立曹妃甸保护区，2005年升级为省级保护区，湿地的整体目标从以前的水稻种植、养殖变成了生态保育。然而，由于历史原因，曹妃甸保护区存在管理职责不清晰、专业职能部门管理与属地管理职能交叉问题，导致核心区和缓冲区未能实施严格封闭管理，存在旅游设施侵占保护区土地、长年大量出租鱼塘的现象，未能做到对湿地和候鸟有效保护。

2020年3月，一个民间环保组织将曹妃甸湿地生态价值空心化的问题在网络上曝光后，曹妃甸区政府正视问题，决心以此次事件为契机，管好这块珍贵的湿地。政府部门果断叫停违规承包鱼塘行为，预计五年的逐步退养还湿计划于2020年全面启动，要求保护区的核心区和缓冲区全面停止商业养殖和种植活动，实行严格的封闭式管理，同步增加管护力量，增设湿地警务室。针对多头管理这一历史遗留问题，政府部门以极大的勇气和魄力推动问题的彻底解决，让原来具有属地管理权的三个国营农场退出保护区管理，在体制机制上由多头管理向单一部门管理转变。针对曹妃甸湿地属于特殊人工湿地这一属性，如何实施有限度的科学管护，如何在湿地范围内考量基本农田红线、划定生态红线，如何配套生态养护管理模式，兼顾当地原住民利益，探索湿地保护和开发相结合的生态建设之路，都是新课题。为此，当地政府召开专家研讨会，充分听取专家和社会组织的意见、建议，表示将举全区之力做好湿地与候鸟的保护，争取将保护区建成环渤海湿地保护的典范，使其成为真正的候鸟中转站。2020年5月，曹妃甸湿地和鸟类自然保护区首次在保护区内投放鱼苗，在全面推进科学、规范管理的道路上取得了新进展。

怀来官厅水库湿地公园是华北地区最大的国家级湿地公园，也是首都周边具有特殊价值的湿地资源。2014年，县委县政府超前谋划、科学规划，短短三年就完成了永定河湿地净化、水源涵养等工程，入库水质由地表水四类提升至三类，野生植物和野生鸟类种群数量不断增加，2019年12月正式成为国家湿地公园，2020年国庆、中秋节期间开园试运行。公园的主体建筑博物馆凭借低排放、微影响、全循环的设计定位和中国传统文化特色，获得了2018年国际主动式建筑奖。

永年洼是河北省南部唯一的内陆淡水型湿地，是继白洋淀、衡水湖之后的华北第三大洼淀，有"北国小江南""第二白洋淀"的美誉。永年洼是唐朝初年修建护城堤与附近河流共同作用的产物，因地形和人类活动原因，形成了水面环绕广府古城的形态。广府古城的城墙和护城堤框定了永年洼的外延，人与水经数百年磨合形成了共生。20世纪80年代，由于盲目开发、河水污染，永年洼的自然风貌遭到严重破坏，水域面积从先前的4.6万亩锐减到1万多亩。2000年以来，邯郸市着手建立永年洼湿地自然保护区，向永年洼大量补水，一度使水面面积迅速扩大。但由于气候干旱、滏阳河来水减少，扩大后的永年洼水面面积无法维持。从2012年开始，邯郸市政府结合永年太极文化综合开发，向洼内注水，有计划地开展退田环湖工作，分区建设湿地公园，水面面积由最低时的千余亩恢复到2016年约4.99万亩，2017年12月正式成为国家湿地公园。

2.全面启动渤海综合治理攻坚战

环渤海地区工业发达，人口稠密，而渤海作为我国唯一的半封闭型内海，水体交换能力弱，无法消解巨大的陆源排污压力，加之海洋环境执法力度不足，导致渤海出现严重的环境污染问题。从20世纪70年代渤海中检出石油开始，污染在局部海区逐渐扩散、加重。从1996年制定《中国海洋21世纪议程》算起，我国着手治理渤海污染已有二十年，从中央到地方制定的各级各类涉及海洋环境保护的法律、法规超过70部。2006年国家发改委会同9个部委、央企及环渤海三省一市共同编制的《渤海环境保护总体规划 2008—2020年》是我国第一份区域环境总体规划，旨在破解"各自为政"的弊端。

2013年7月，习近平总书记就建设海洋强国主持第八次集体学习时，强调要保护海洋生态环境，着力推动海洋开发方式向循环利用型转变。要从源头有效控制陆源污染物入海排放，全力遏制海洋生态环境不断恶化的趋势，开展海洋修复工程，推进海洋自然保护区建设。2018年国务院机构改革，将海洋环境管理职责划归生态环境部，为渤海综合治理奠定了管理基础。当年11月，生态环境部、国家发改委、自然资源部三部门印发《渤海综合治理攻坚战行动计划》，把渤海综合治理攻坚战作为污染防治攻坚战七大标志性战役之一。

2019年河北省出台了渤海综合治理攻坚战实施方案,坚持陆海统筹、海河共治,渤海生态环境治理进入快车道。坚持治海先治河,对所有入海河流实施全流域系统治理,落实"一河一策",逐河明确问题清单、目标清单、任务措施及责任清单。建立了入海河流水质监测考核体系,为全省49条入海河流99个断面设定水质考核目标,每月通报监测结果,对超标严重的断面所在市、县实行约谈、扣缴生态补偿金,对总氮超基准值断面所在县、区实施预警,压实属地政府治河主体责任。对沿海的秦皇岛、唐山、沧州三市实际用水量进行动态监测,设定预警红线。2019年起试行入海污染物排放总量控制制度。治河先治污,推动城乡综合整治,基本实现沿海地区农村污水管控与治理全覆盖,散乱污企业动态清零。

全面推行"湾长制",建立陆海协治新模式。秦皇岛将水系治理列为全市"一号工程",建立健全最为严格的"河长制",市委市政府主要领导挂帅,分别担任"总河长""副总河长",四大班子领导全员上阵,分包境内全部17条入海河流。2017年,秦皇岛市与国家海洋局协商一致,进行全国首批"湾长制"试点,与"河长制"衔接。目前,戴河、汤河、洋河、石河等多数河流开始再现鸟类、鱼类、藻类及沿岸植物和谐共生,生态链条稳定的良好水环境。2020年,在秦皇岛市试点"湾长制"的基础上,在全省沿海区域全面推行"湾长制"。建立了省、市、县、基层四级"湾长制"办公室组织体系,省政府主管生态环境的副省长担任省级"湾长",秦皇岛、唐山、沧州市市长担任市级"总湾长",将全省海岸线划分为16个责任湾区、111个责任湾段,责任区、责任段之间实现无缝衔接,每一寸海湾都有人管。把渤海综合治理攻坚战和近岸海域污染防治重点任务纳入"湾长制"的工作,配套建立了巡查制度和反馈督察制度,积极探索同级"湾长"横向监督机制。

通过陆海统筹、多部门协调配合和协同治理,渤海综合治理攻坚战取得初步成效。全省近岸海域生态环境明显改善,近岸海域水质达到预期目标。监测数据显示,河北省13条入海河流全部消除劣V类断面,2019年、2020年1—11月入海口断面水质均值全部达到V类及以上水质标准,达标率100%,其中达到Ⅲ类以上优良水质的有6条。①渤海生态环境质量整体向好。下一步，河北省将分步推进"美丽海湾"建设，力争通过3个"五年计划"、15年的持续发力，逐步提升海湾生态环境质量，实现海洋生态环境根本好转。到2035年，力争基本建成"水清滩净、渔鸥翔集、人海和谐"的"美丽海湾"，为实现美丽中国、美丽河北的建设目标贡献力量。

3.邯郸治矿、治水

作为资源型老工业基地，邯郸市各类矿山数量一度超过3000个，长期滥挖滥采使生态环境遭到严重破坏。邯郸市2013年提出加快建设宜居、宜业、宜游的富强邯郸、美丽邯郸，出台《"绿美邯郸"攻坚行动实施方案》，以前所未有的力度和决心攻坚矿山修复。

邯郸市在全省率先实施矿业权减量化管理，对经营管理粗放、环境问题突出、群众反映强烈的采石场、小灰窑实施全面停产整治。全市露天矿山数量由2016年初的118个减至2020年的19个。同时，关治并举、停绿结合，对废弃矿山进行大规模修复。峰峰矿区在2014年拉开矿山生态环境修复的序幕。借力国家独立工矿区政策，运用防水防渗、覆土绿化、生态修复等技术措施，对采煤沉陷区土地进行综合治理。利用地质沉降的起伏地形，创新推行"一镇一湿地、一乡一公园"模式，随坡就势建设了12个公园，既实现山体生态修复目标，又增进周边百姓的绿色福利、生态福祉。峰峰矿区按照4A级景区标准修复破损山体16座，修复后的北响堂森林公园晋级国家级风景名胜区，南响堂森林公园、响堂生态谷等一批山体公园建成、开放。启动紫山修复工程，在原来的矿渣沟上建成30万立方米的紫云湖水库，植被覆盖率从2012年的16%提升至2019的95%。2017年，峰峰矿区承办第二届邯郸市旅游产业发展大会，建成一条60公里的旅游观光环线，串联起19个精品景区、10个精品旅游村，形成了龙头带动、多点开花的全域旅游新格局。②

---

① 河北近岸海域生态环境明显改善[N]. 中国环境报，2021-01-05.
② 张葳. "两山论"的河北实践[J]. 共产党员，2019（5）：28-29.

经过大力度治山、治矿、治水举措，邯郸实现了荒山荒坡披绿装，矿山矿坑变景区，河湖旧貌换新颜，昔日的负资产变为今天的新资源，钢铁之城向生态之城蝶变。

4.三河东部矿区矿山环境恢复治理

三河市东部有一片78平方公里的山地，是远近闻名的优质建材产地，为京津建设供应了约40%的石料。持续数十年的开采留下了大量坡度近90°的危岩体、白茬山体和深浅不一、不连贯的深坑，给群众生产、生活带来地质灾害隐患，开采、运输和碎石过程中产生的粉尘还成为京津雾霾的源头之一。2016年5月，为治理大气污染，三河市果断关停全部22家采矿企业，彻底结束了矿山开采的历史。

针对矿山、矿坑治理资金缺口巨大的问题，三河市按照"谁投资、谁受益"原则，率先引入社会资金开展矿山环境恢复治理。承担矿山治理工程项目的企业将深达百米的矿坑整治为1000亩的"方田式+梯田式"苹果园，探索出矿山环境治理与山地开发相结合的新模式。河北省推广这一做法，对责任主体灭失矿山实行以奖代补政策，鼓励企业参与废弃矿山治理。中央第一环保督察组向河北省反馈专项督察情况时指出，三河市需完成治理的87个责任主体灭失矿山，仍有35个未完成治理。三河市高度重视，从全国引入16家大型企业进行集中治理。[①]

如今，三河东部矿区22平方公里的废弃矿山全部披上绿装，空气质量持续改善，2019年PM2.5年均浓度为40微克/立方米。自驾游、骑行的游客越来越多，百姓受益，也为未来可持续发展打下了坚实基础。[②]

二、通过生态产业化将绿水青山转化为金山银山

河北省各地以生态产业化为抓手，大力发展生态旅游业、生态康养产业、林下

① 邢杰冉. 河北省深入推进露天矿山环境整治[EB/OL]. 河北新闻网，2019-01-11.
② 刘毅，史自强，赵秀芹. 矿山复绿百姓受益[N]. 人民日报，2020-10-12.

经济、沙产业、草产业等，把绿色美景变成产业，将"美丽"转化成生产力，并将绿色攻坚行动与乡村振兴战略相结合，推进一二三产业融合发展，促进农民增收。其模式可以概括总结为如下三类：

1.生态产品与服务的直接利用模式

比如，迁西县依托当地适宜板栗树生长的自然条件，采用"一树一库"、连年修剪、生物灭虫等新技术，借鉴"山顶青松戴帽、山间板栗缠腰、山脚瓜果梨桃"的"围山转"造林新模式，实现了树上结果、树下种粮，超过55%的村依靠林果收入达到小康水平，极大地激发了居民植树治山、护绿管林的主动性和积极性。林业产业化率达65%，林木加工企业达24家，年产值达1.3亿元。迁西县还建成了一批知名旅游目的地，发展乡村旅游经营户1000多家，形成了以林业强一产、促二产、带三产的产业格局。[①]再如，临漳县千亩林下油牡丹、成安县林下养殖等效益显著。

按照规划，河北还将在荒山、荒坡、草原退化区等地类、地形和退耕还草区域，布局建设光伏草牧业深度融合创新示范工程，利用遮阳庇荫作用逐步自然恢复区域草场植被，通过开发企业支付土地租金、劳务用工等方式增加农民收入。

2.大力发展生态旅游

大力发展生态旅游是河北省践行"两山论"的一个亮点。河北省山川壮美，是中国唯一兼有海滨、平原、湖泊、丘陵、山地、高原的省份，拥有世界地质公园2处、国家级森林公园和自然保护区60处。比如，秦皇岛昌黎黄金海岸拥有国内独有的海洋大漠风光，是国务院1990年批准建立的首批五个国家级海洋类型自然保护区之一；北戴河拥有"中国夏都"的美誉；"太行明珠"邢台县被联合国教科文组织提名"全球宜居环境500佳"。2022年冬奥会雪上项目主赛场张家口崇礼区正

---

① 曹智，孙阁. 建生态屏障 为京津阻沙源保水源——河北省三北防护林建设走过40年[EB/OL]. 河北新闻网，2018-12-15.

在打造世界著名的滑雪胜地。2018、2019年，河北省分别有12个、11个县（市、区）跻身中国（深圳）文博会发布的中国最美县域榜单，其中连续两年入选的9个县（市、区）有秦皇岛市北戴河区、张北县、兴隆县、武安市、遵化市、承德县、围场满族蒙古族自治县、丰宁满族自治县、宽城满族自治县。

基于这些生态优势，2017年8月，河北省正式成为七个"全国全域旅游示范省"创建单位之一，生态环境优势已开始向生态旅游发展优势转变。《河北省人民政府关于加快创建全国全域旅游示范省的意见》提出，把发展全域旅游作为河北走好加快转型、绿色发展、跨越提升新路的战略选择，将旅游业培育成为实现新旧动能转换的重要引擎和国民经济重要支柱产业。根据《河北省国家全域旅游示范省创建规划》，到2025年，河北将全面建成全国全域旅游示范省和旅游强省，跻身全国旅游第一方阵。按照规划，河北省将以塞罕坝国家森林公园、武安国家地质公园、北戴河国家湿地公园等国家公园为核心，整合优化周边资源，打造一批国家生态旅游示范区；以北太行、长城、大运河等世界遗产为轴线，打造一批具有世界影响力的生态旅游目的地；以平山、涞源、崇礼、围场、邢台、涉县等全域旅游示范区为抓手，打造一批生态旅游示范县；以冀北及燕山山地、冀西北山间盆地和太行山山地等传统山岳生态景区，昌黎黄金海岸湿地、滦河河口湿地、白洋淀湿地、北戴河沿海湿地、沧州南大港湿地、张家口坝上湿地和衡水湖湿地等湿地湖泊生态景区为示范，推动传统生态型目的地"旅游+"综合提升。2020年12月，河北省文化旅游厅拟确定10家国家级4A级旅游景区。[1]

河北省自2016年开始，已连续举办五届全省旅游产业发展大会，走出了一条政府引导、市场运作、新业态引领、产业化发展的新路子。这五届旅发大会分别在保定、秦皇岛、承德、石家庄、张家口举办，先后打造了"京西百度休闲度假区""'中国一流、世界水平'的山海康养度假区""国家1号风景大道""滹沱河生态走廊""京张体育文化旅游休闲带"等名牌景区。以旅发会为平台，架设起生态

---

[1] 张家口市沽源县滦河神韵风景区、承德市双桥区磬锤峰风景区、唐山市迁安市白羊峪长城旅游区、迁西县河北花乡果巷旅游景区、保定市阜平县云花溪谷景区、唐县潭瀑峡景区、沧州市南大港湿地景区、沧州市河间府署景区、邢台市南和农业嘉年华景区、邯郸市肥乡区丛台酒苑景区。

文明建设与旅游发展的桥梁，使"山水林田湖草路村"变成了更多的新景区、新景点。易水湖、戴河生态园、滹沱河、昌黎矿山公园、唐山花乡果巷田园综合体、响堂生态谷、塞罕坝森林小镇、西部长青等200多个生态型旅游新产品引爆客源市场，树立了生态保护与旅游发展的"双标杆"。①

2016年，河北省委省政府提出建设"国家1号风景大道"，依托张家口、承德市坝上地区独特的自然、地理、文化资源和紧靠京津特大城市的区位优势，打造独具魅力的大型旅游经济带，创造在全国，乃至在全世界有影响力的旅游品牌。2018年，"国家1号风景大道"在第三届河北省旅发大会开幕式上亮相。它东起承德塞罕坝小镇，西延至河北承德丰宁大滩，全长180公里，将张家口的"草原天路"与承德境内的"京承皇家御道"两条最美自驾游线路串联起来，形成"车在路上走，人在画中游"的世界级景观。"国家1号风景大道"沿途集聚了森林、草原、湖泊、湿地、山地、梯田等多种自然景观。比如，桦皮岭自然风景区有"塞外九寨沟"的美誉，山上有千亩原始桦木林，山花野草有一米多高；五色花草甸被誉为"塞北最美花海"，是迄今河北省保存最完好、植被覆盖率最高、最具观赏性的天然草甸；还有以九曲十八弯著称的滦河神韵景区、"候鸟天堂"闪电河湿地公园、北方不多见的塞北梯田、迄今自然风貌保存最完好的围场——五道沟风景区，等。在风景大道沿线，蒙元文化、满族民俗、皇家文化、万里商道、边塞文化等历史人文资源丰富，是清代帝王木兰秋狝的皇家御道，也是游牧文明与农耕文明的文化分界线。承德交通部门正在规划实施慢行系统61.5公里，连接驿站、村庄、观景平台，采用彩色路面，与周边森林、绿草、湖泊、湿地及蓝天、白云相融，共同组成一幅美丽画卷。

各地因地制宜推进全域旅游，打造出别具一格的生态宜居乡村。馆陶县"粮画小镇"寿东村、邯山区"千年枣园"小堤村、峰峰矿区"响堂水镇"东和村先后入选"全国十大最美乡村"，"粮画小镇"2019年晋升为国家4A级旅游景区。2018年，全省乡村旅游接待近1.7亿人次，总收入近350亿元，通过旅游产业脱贫4.6万人，630个乡镇、1650个村通过发展乡村生态旅游，成为乡村振兴的引领示范村。休闲度假、旅游观光、养生养老、农耕体验、农业创意、乡村手工艺等农业特色产业蓬勃兴起。

3.利用生态优势吸引环境敏感型产业

承德市的矿泉水产业和张北县的云计算产业园是将生态环境优势转化为发展环境优势，吸引外来企业，进而将绿水青山转化为金山银山的典型案例。

承德作为中国北纬41°地带和华北地区唯一不缺水的地方，以水起笔，谋划生态大产业。自2015年9月以来，承德开始进行大规模的矿泉水和山泉水资源勘查行动，发现每个区县都有丰富的水资源，富含锶、偏硅酸、硒、锌等多种矿物质和微量元素，是优质矿泉水的水源。初步估算，全市天然涌泉日总流量可达74000余立方米，年总流量可达2700万立方米以上。承德市专门成立了天然矿泉水和山泉水产业发展办公室，成立了全国首家矿泉水院士专家工作站和矿泉水研究院，引进农夫山泉、汇源等6家名牌企业，实施矿泉水项目26个，已投产110万吨。2016年实现销售收入16亿元，带动直接和相关就业近万人。

张北县地处北纬40－41°，是国际公认的发展云计算的黄金纬度。因气候寒凉，PUE值低于1.2，可为数据中心运营节约降温成本46%以上；空气洁净，二级以上优良天数达346天，可极大降低大数据基础设备的运营维护成本，延长服务器使用寿命；能源充足，世界上规模最大的柔性直流电站获得核准，多能互补、微电网、"互联网+新能源"等项目开工建设，可以实现风电、光伏等新能源对基地的直供电。凭着发展云计算产业的天然优势，张北确立了"中国绿色数坝"的战略定位，制定了优惠的土地价格、电价支持、资金扶持和税收优惠等政策，吸引了阿里巴巴集团、浪潮集团、天地祥云等一批大数据企业入驻，基地的项目集聚效应、产业品牌效应、区域带动效应日益凸显。2018年，张北云计算产业园入选全国首批大数据产业国家新型工业化产业示范基地。张北正在拓展产业链条，大力发展大数据企业小总部经济，力争推动对首都"输煤""输电"到"输信息"的革命性转变。[①]

三、生态建设与脱贫的耦合协调

习近平总书记反复强调，要坚持绿色富国、绿色惠民，探索生态脱贫的新路。在2013年2月召开的京津冀协同发展座谈会上，习近平总书记对河北张家口、承德市生态建设与脱贫攻坚统筹推进提出要求："张承地区要定位于京津冀水源涵养功能区，同步考虑解决京津周边贫困问题。"2015年11月，习近平总书记在中央扶贫工作会议上指出："要通过改革创新，让贫困地区的土地、劳动力、资产、自然风光等要素活起来，让资源变资产、资金变股金、农民变股东，让绿水青山变金山银山，带动贫困人口增收。"

河北省的深度贫困县、深度贫困村绝大多数地处生态区位重要区和生态环境脆弱区，长期以来面临着生计与生态的尖锐矛盾。建设人与自然和谐共生的现代化，迫切需要实现生态建设与脱贫的耦合协调。为此，河北省在贫困地区大力发展特色经济林、林下经济、花卉苗木、观光采摘等绿色产业，把林业建设与精准扶贫、精准脱贫结合起来，帮助贫困人口实现稳定脱贫、就业增收，涌现出丰宁千松坝林场、邢台前南峪、张北县"四方联动"等成功案例。

1.丰宁千松坝林场大力实施生态扶贫

被列为"再造三个塞罕坝"工程之一的丰宁千松坝林场是践行"两山论"的典范。林场分布在坝上及接坝地区9个乡镇，有72个行政村、80805人，其中有42个贫困村，贫困人口曾多达16079人。林场一直在生态改善与脱贫攻坚两种压力中寻求平衡。

针对老百姓对造林禁牧的抵触情绪，经过调研和多方协商，千松坝林场采取了股份制合作造林、分类管护的新机制，当地村集体、农民和国有林牧场出地，项目

---

① 韩业庭，王江浩，刘翠娟. 张北：打造"中国绿色数坝"[EB/OL]. 中国政府网，2018-02-28.

投入资金进行造林和部分管护，林木获得收益后按比例分成。林业与当地牧业、旅游业相结合，采取林草、林牧、林药、林苗、景观林等多种治理模式，培育了二道河子等数个生态建设、旅游开发与脱贫示范村。据统计，千松坝林场林下经济每年收入达4000余万元，全部返还给农民。体制机制的创新激发了农民造林的积极性，二道子河村由过去的"万只羊"村成为远近闻名的"万亩林"村。

经过15年建设，千松坝造林工程成为承德市生态集中治理面积和保存面积最大的项目之一。项目区森林覆盖率提高5个百分点，当地沙尘天气由2000－2002年的年均15天减少到2012－2015的年均不足3天，滦河主源头由过去的断流恢复为常年流水。[①]造林工程为京北第一草原景区增添了滦河源、黄芹沟、界碑梁、二道河子、储蓄沟林草间作及森林湿地景观。到2017年底，工程区内依托林场资源共引进投资25亿元，新建规模度假区3处，扶持旅游专业村10个，新建农家院102个，新增床位1.5万张。以千松坝林场工程区为基础建立的"京北第一天路"惠及3个乡镇。在第三届省旅发大会期间开门迎客的七彩森林景区是完全依托千松坝林场森林资源建成的景区，带动周边6个村发展旅游，走上致富路。[②]

2.邢台前南峪建设和谐美丽乡村

邢台县浆水镇前南峪村曾是一个"有雨就成灾，无雨渴死牛"的不毛之地。1963年特大洪水几乎毁掉了全村所有的山场植被和仅有的几百亩保命田，村民面临着是种粮食还是种树苗的两难选择。经过村党员会议讨论，制定了改造山川的20年发展规划：5年垫地、5年上山植树、3年兴水利、7年治山，并约定把这个规划长期坚持下去。从1964年开始，全体村民一起治理荒山，硬是用肩膀"扛"出了400多亩梯田，为8300亩林场披上了绿装，把秃岭荒山变成了绿水青山。

改革开放后，村里请农业专家改良板栗种植技术、优化品种，规划发展沟域经济，建成了现代化管理的绿色无公害林果基地，形成了"林材头、干果腰、水果

---

① 刘海波，王智慧. 河北丰宁千松坝林场勇当京津生态屏障网"先锋猛将"[EB/OL]. 中国经济网，2016-09-01.
② 李建成，尉迟国利. 一片森林富了一方百姓——丰宁千松坝林场大力实施生态扶贫纪实[N]. 河北日报，2018-12-05.

脚、米粮川、林果山"的生态模式。

20世纪80年代，前南峪村靠山吃山，依靠化工厂和十几家工矿企业的创办，集体经济迅速壮大。进入新世纪，为保护生态环境，改变流黑水、冒黑烟、放臭气的现状，前南峪人忍痛关停高收入但高污染的村办化工企业，进行"二次创业"，发展现代农业，开展果品深加工。村里注册了"前南峪"果品系列品牌，建起果品加工厂和冷藏库，产品畅销国内外市场，初步实现了绿水青山向金山银山的转变。

在农林业大发展的基础上，村里转换思路，动员大家依托中国抗日军政大学旧址的"红"和景色宜人的太行山的"绿"，开发旅游产业，让"太行山最绿的地方"变成最美、最富的地方。目前，全村32座山头、10条大沟、72条支沟的8000多亩山场全部披上了绿装，林木覆盖率达90.7%，植被覆盖率达94.6%，红色旅游资源和生态绿色景区融为一体，成为国家4A级景区、全国百家农业生态示范区。2019年，全村集体纯收入近3000万元，人均纯收入近20000元，80%的家庭从事农家乐、旅游观光、生态采摘等绿色产业。"绿水青山就是金山银山"已成为前南峪人时刻秉承的发展理念。

前南峪从1963年洪水之后，村里的大事小情都在每月的"主题党日"干部会上讨论决定，治山的过程依靠全体群众。2003年，在"主题党日"会议记录上第一次出现"绿色发展"字样。当村带头人提出关停化工厂、冶炼厂和金属镁厂，搞生态旅游的想法时，大部分党员不理解。为此，村两委班子成员耐心地做党员、村民的思想工作，才使前南峪走上了绿色转型的道路。如今，村民人人有股份，水电全部免费，生态治理的成果人人共享，成为河北省首批小康示范村，成为国家扶贫战略中太行山片区扶贫发展的典型。

与邢台县前南峪村类似，内邱县富岗村也是依靠村党组织的引领发展集体经济，走出了一条由荒变绿、由绿变富、由富变美的共同富裕之路，体现了新时代社会主义生态文明的真缔。这些经验都值得大力总结和推广。

3.张家口创建"四方联动"扶贫开发新机制

河北省10个深度贫困县中，张家口市占一半。市委市政府于2017年印发《关于推进"四方联动"扶贫开发新机制的实施意见》，提出构建新型城镇化、绿色产业发展、生态建设与脱贫攻坚"四方联动"扶贫开发新机制，建成较为完善的"四个体系"（绿色生态体系、绿色城镇体系、绿色能源体系、绿色产业体系），实现"三个全覆盖"（可再生能源开发收益对所有贫困人口全覆盖、美丽乡村建设全覆盖、保留村基本公共服务全覆盖），用3年时间高标准完成脱贫攻坚任务，交出冬奥会筹办和本地发展两份令群众满意的答卷。

张北县出台《生态扶贫专项推进方案》，全力打造光伏、农业、旅游三大特色扶贫产业，探索出了一条打赢生态扶贫攻坚战的特色路径，共有62964人实现稳定脱贫，贫困发生率降至0.57%，是"四方联动"扶贫开发新机制的典型。

一是大力提升特色农牧业的规模化、产业化水平，使特色农业成为贫困群众持续增收的支柱产业。2019年，全县订单种植甜菜12.2万亩、豌豆5万亩、藜麦1.5万亩，绿色有机认证面积达到5.92万亩。通过"企业+基地+合作社+贫困户"模式，带动3.4万户贫困户增收，户均年增收3467元。

二是大力实施光伏扶贫工程，使光伏产业成为群众旱涝保收的"铁杆庄稼"。张北利用光照资源丰富的天然优势，建成了181座光伏扶贫电站，总规模达61.54万千瓦，年收益1.6亿元以上。制定出台了光伏收益分配办法，通过"公益岗位+特困救助+村集体事业"的分配原则，实现光伏扶贫成果全覆盖，户均增收3000元左右。

三是打造互动共赢的旅游扶贫大格局。张北利用自身拥有"北京家门口的草原"资源优势，擦亮草原天路、草原音乐节、中都原始草原度假村三张旅游名片，建设国家级全域旅游示范县。在精品景区、景点开发中，对贫困户实施"四个优先"：优先参与景区建设，优先参与景区服务，优先保障自主创业，优先从景区发展中获益。采取景村共建、能人带动等旅游扶贫模式，引导贫困户通过开农家院、卖农产品、入股分红、就近打工等多种形式参与发展、实现增收。据统计，全县14个乡镇、70个行政村、35个贫困村参与到旅游产业扶贫当中，覆盖19000多人，直接受益1.1万多人。2019年，全县接待游客649.9万人次，2065名贫困群众参与到旅游扶贫中，人均年增收2600多元。①

四是推动生态扶贫产业发展，让生态产业成为老百姓脱贫致富的"绿色银行"。造林绿化工程向贫困村和贫困户倾斜，确保"四个优先"：优先应聘生态护林员岗位，优先参与造林劳务，优先收购贫困户原料，优先办理贫困户的土地流转。近年来，张北累计造林72万亩，吸纳贫困劳动力6000多人，人均年增收3000元左右。选聘生态护林员2375人，选聘河湖巡河员277人，人均年增收3000元以上。实施旱作雨养项目，带动户均土地流转增收1500元、务工增收8000多元。

2016年8月，张北县政府与亿利资源集团签订生态产业扶贫协议，重点围绕生态修复、生态光伏、绿色有机食品、生态旅游和美丽乡村建设开展扶贫合作，逐步探索出成熟的可复制的精准扶贫模式，帮助5万人脱贫致富。国家扶贫办主任刘永富指出，亿利资源集团与张北县联手扶贫，生态资源与生态技术强强对接，是将荒山秃岭变为绿水青山、金山银山的创举，必将取得经济、社会、生态多赢的效果。

4.生态补偿的探索

由于生态建设的成本与收益之间存在异地分离问题，生态补偿是弥补生态建设者的成本损失、促进生态公平的重要环节。京津冀协同发展战略实施以来，北京市、天津市和河北省政府间签订了一系列生态合作协议，其中稻改旱等多个项目含有生态补偿因素。对此，笔者在《环首都绿色经济圈：理念、前景与路径》《环首都地区生态产业化研究》两本书中已经做了总结。

近年来，河北省根据2018年《中共中央国务院关于实施乡村振兴战略的意见》的要求，加大重点生态功能区转移支付力度，完善生态保护成效与资金分配挂钩的激励约束机制，探索建立生态产品购买、森林碳汇等市场化补偿制度，推行生态建设和保护以工代赈做法，协调推进生态环境保护与经济社会发展，确保"谁保护、谁受益"。河北省农业农村厅在2020年强农惠农政策中，采取了一系列生态补偿措施。譬如，发放草原生态保护补助，支持对象为开展人工饲草种植、草食畜养殖场

---

① 刘雅静，韩文涛，王英军.张北县大力发展特色产业推进精准扶贫[N].河北日报，2020-06-22.

建设的农民生产合作社、饲草生产、加工企业和草食畜养殖企业。在张北、沽源、康保、塞北管理区、察北管理区、御道口牧场等张承地区14个县（区、场）实施农牧民补助奖励政策，按照每亩7.5元的标准，统筹用于草牧业发展方式转变，提高草食畜产品供给水平，促进农牧民增收。

四、首都"两区"建设对"两山论"的践行

2017年1月24日，习近平总书记在张家口市考察工作结束时指出："要加强生态环境建设，树立生态立市意识，建设好首都水源涵养功能区和生态环境支撑区，探索一条经济欠发达地区生态兴市、生态强市的路子。"明确提出了"两区"建设的问卷。

张家口市承担着筹办冬奥会、建设首都"两区"的重要政治任务，目前正处于京津冀协同发展的历史性窗口期和战略性机遇期。京津风沙源治理、"三北"防护林建设、退耕还林、荒山绿化等生态建设项目确保了张家口市常年踞于长江以北37个试点监测城市空气质量最好的水平。2015年，张家口被列为全国首批全国生态保护和建设示范区，2016年被评为全国绿化模范城市。张家口市凭借优良的生态环境，大力发展电子信息、航空航天、新材料等产业，打造高新技术产业集群。比如，张北县利用自身独特的气温、能源等条件，力争建成距北京最近的大规模、高标准云计算基地。崇礼区2015年被评为全国首批"碳汇城市"，中国绿色碳汇基金会与崇礼区政府签署战略合作协议，双方共同建设崇礼生态修复国际示范区，推动以林业碳汇为主的生态产品交易，发展碳汇林业。在北京市、河北省及承德市发改委的大力推动下，千松坝林场碳汇造林一期项目于2014年底在北京市环交所成功登陆。

实践证明，坚持山水林田湖一体化治理，统筹自然生态各要素，进行整体保护、系统修复、综合治理，才能增强生态系统循环能力，维护生态系统的平衡。张家口坝上地区干旱少雨，是典型的农牧交错带，在新中国刚建立时，森林覆盖率接近于零。从20世纪50年代末起，为了改变坝上的自然面貌，也为了改善生产条

件，解决木材奇缺等问题，坝上开展了以杨树为主的大规模农田林网建设。1978年后，国家又在当地开展"三北"防护林、环首都绿化、京津风沙源治理等大型生态工程建设，营造了大量杨树林。这些树木在防风固沙、保持水土、调节气候、保护农田生态系统等方面发挥了重要作用。但一些国家投资的生态建设工程没有充分考虑到当地人口的生计问题，农民守着树，缺吃少穿，造成"前头建设、后头百姓破坏"的困局。1998年1月坝上地区发生地震之后，省、市水利部门提出要恢复与发展生产相结合，大力开发地下水，实施"万眼井工程"，改变农业生产条件，实现坝上4县稳定脱贫。于是，中低产田改造、土地整治等生态农业工程和扶贫项目都把打井作为重要内容，带动了蔬菜等高耗水作物的种植。[①]蔬菜种植虽然带来了明显的经济效益，水资源管理的失控却造成地下水位快速下降，约一半淖湖在短短几年间干涸，七成草场出现沙化、盐碱化和退化。华北第一大高原内陆湖、素有"坝上明珠"之称的安固里淖从10万亩的水域面积锐减到不足千亩，直至2004年冬季彻底干涸，变成了盐碱地。从2007年开始，该地区上百万亩防护林濒临枯死，林分防护功能明显衰退。

从2008年开始，张北县大力推行"生态立县"战略，把生态环境作为生命线，彻底禁牧，严格控制打井，大力推广滴灌、喷灌等节水灌溉措施，启动退耕还林、封山育林、河道防护综合治理等工程，生态环境得到了有效恢复和保护。2010年9月在连续降雨后，干涸了6年之久的安固里淖恢复蓄水，天鹅等珍稀物种在1.8万亩的水域重现身姿，标志着"生态立县"发展战略初见成效。目前，张北县向省政府提出建立安固里淖湿地自然保护区的请示，对稀有的湿地资源进行抢救性保护。经过地方林业部门呼吁和申请，2013年国家对坝上杨树林更新复壮改造进行立项，计划分10年完成全部杨树林的更新。新的防护林林灌混杂，结构比原来的纯杨树林更科学，自我更新与保持的能力更强，生态效益与经济效益更高。

从近十几年卫星遥感监测来看，坝上地区的生态已大幅修复。然而，这种大规模修复是人工生态，并非自然生态。目前，坝上地区整体生态依然脆弱。

---

① 李彦宏. 张家口坝上禁水令调查[N]. 燕赵都市报，2007-05-15.

由于历史原因，原来的牧场被开垦为农场，生活、畜牧、农业生产等方面的水资源消耗严重超载。一旦地下水超采导致荒漠化，长期来看，不要说产业立不住，连人的生存都会出现危机。华北地区现存最大的内陆咸水湖察汗淖尔是众多国家重点保护鸟类栖息、繁殖的迁徙地和"加油站"。2012年经原国家林业局批准，设立国家湿地公园，尚义县把察汗淖尔国家湿地公园列为生态保护区，禁止发展与生态保护无关的任何项目。然而，自2017年以来，察汗淖尔水面几近干涸，动物的栖息地荡然无存，周边10万亩天然草场逐年退化。中科院遗传发育所农业资源研究中心调查发现，察汗淖尔周围建有600多个中央喷灌圈，高强度抽取地下水，如果不尽快治理，将导致土地沙漠化。专家呼吁冀蒙两地共同采取地下水压采、禁牧、退耕还草、生态补水等措施，改善湿地的生态环境。① 2020年12月，河北省发改委印发《河北省推进察汗淖尔生态保护和修复实施方案》，提出着力完成种植结构调整、加强水资源管控、绿色产业发展等重点任务，加快扭转察汗淖尔生态恶化趋势，打造坝上地区生态质量与民生改善双提升的示范样板。同时，建立流域生态保护协作机制。张家口市与乌兰察布市签署政府间合作框架协议，建立察汗淖尔生态保护联席会议制度，建立冀蒙联合协调工作机制。

解决坝上生态经济问题，必须树立长远眼光，贯彻"自然恢复为主"的方针。坝上地区无霜期只有九十天，而林木耗水量大，加之冻害，成活率很低。因此，植被的选择应立足于区域自然条件和300毫米降水量，把水平衡作为刚性约束条件。无论是林草保护工程还是湿地恢复工程，都需要采取生态空间用途管制，引入并不断完善退耕还草、退田还湖、休耕、禁牧、生态移民等政策措施，恢复这一地区历史上"风吹草低见牛羊"的草原生态景观。实践证明，这是最直接、最经济、最有效的做法。张家口市在2019年退水还旱、旱作雨养的基础上，2020年高标准规划并完成180万亩休耕种草任务，其中，种植饲料饲草140万余亩，种植中草药28万余亩，草地生态保育功能得到充分释放。在休耕种草中创新体制机制，引导退耕

---

① 王昆，齐雷杰. 察汗淖尔只剩最后一滴泪，生态屏障正变为盐尘暴策源地[J]. 半月谈，2020（13）.

户、饲草生产合作社、饲草生产企业、草畜养殖企业等经营主体参与，鼓励企业通过休耕土地经营流转，实行"公司+饲草基地+农户"模式开展合作经营。据测算，2020年，留在流转区域中生产、生活的18.17万人较上年人均增收994.3元。中国农业大学在塞北管理区黄土湾草原公园实施的天然草原恢复改良项目，通过采取围栏封育、切根改良等技术措施，退化中的天然草地得到复壮，综合植被覆盖率提高30%。①

坝上地区陷入生态脆弱和贫困耦合的恶性循环，根源在于人口太多，要保口粮就会占用过多的水资源和耕地。因此，需要对生态承载力、人口与生态的关系进行深入研究，认清区域的优势和劣势，在认识、尊重和适应自然规律的基础上，在人、地、产三方面同步进行结构转型。首先，引导劳动力向外转移，减轻人口压力，对一些空心村可任其自然消失。其次，调整农业结构和用地结构，发展基于绿色的产业。一是由种植业转向生态草牧业。生态草牧业是在传统畜牧业和草业基础上提升的新型生态草畜产业。张家口的两千多万亩草场不同于内蒙古的天然草场，条件好的地方适当补水、肥，可以形成部分集约草场加畜牧业的生态链。二是大量压缩蔬菜种植，限制玉米、小麦等一般种植业，发展以有机杂粮为特色的中高端节水农业。坝上地区莜麦、亚麻是两大传统优势作物，但因产业化跟不上，后续深加工和品牌建设乏力，使这些具有丰富医学功能的农产品没有充分实现其价值。为此，需要吸引企业家进行产业化开发，做出麦片、亚麻油等特色深加工产品，带动种植结构调整，从而实现节水和百姓创收的双丰收，核心是产业融合。再次，由政府给予生态补偿，提供大量的公益性生态管护岗位，严格保护好生态系统。三方面多管齐下，方能顺应人口转移的经济规律和生态承载力有限的自然规律，缓解人地矛盾，转移出来的劳动力则能够通过参与二、三产业和生态管护岗位实现稳定脱贫。

---

① 郑世繁，吴绍冰，吴新光. 推进首都"两区"建设 河北张家口休耕种草新增180万亩"天鹅绒"[N]. 河北日报，2020-07-29.

五、承德可持续发展创新示范区建设

承德是习近平总书记亲自定位的京津冀水源涵养功能区和亲自批示的塞罕坝精神发源地，也是京津周边贫困相对集中、多民族聚集的地区，承担着为京津冀城市群"阻沙源、涵水源、保障生态安全"和区域内脱贫攻坚、全面小康的双重责任。这里山清水秀，滦河、潮河、辽河、大凌河发源于此，森林覆盖率达到60%，被誉为"华北绿肺""京津水塔"和"首都后花园"。承德在可持续发展道路的探索上成果丰硕，获得全国水生态文明建设试点市、国家森林城市等荣誉。

2019年5月，国务院公布《关于同意承德市建设国家可持续发展议程创新示范区的批复》，同意承德市以"城市群水源涵养功能区可持续发展"为主题，建设国家可持续发展议程创新示范区。重点针对"水源涵养功能不稳固、精准稳定脱贫难度大"等问题，集成应用抗旱节水造林、荒漠化防治、退化草地治理、绿色农产品标准化生产加工、"互联网+智慧旅游"等技术，大力实施水源涵养能力提升、绿色产业培育、精准扶贫脱贫和创新能力提升"四大行动"，统筹各类创新资源，深化体制机制改革，探索适用的技术路线和系统解决方案，形成可操作、可复制、可推广的有效模式，为落实2030年可持续发展议程提供实践经验。该示范区对促进承德市经济社会可持续发展具有里程碑意义，将对全国同类的城市群生态功能区实现可持续发展发挥示范效应。

省委省政府专门成立省级推进工作领导小组，于2020年7月审议通过了《关于支持承德市建设国家可持续发展议程创新示范区的若干政策措施》和《承德国家可持续发展议程创新示范区建设推进大会建议方案》。这些政策涉及生态环境建设、绿色产业发展、脱贫攻坚等五个方面，含金量高，突破性强。在省科技厅牵头组织协调下，省直各部门全力支持，形成了全省动员、全社会参与的良好氛围。承德市委市政府把示范区建设作为促进当地发展的重要平台，举全市之力谋划推进示范区建设，出台了十年规划、三年建设方案和36条支持政策，构建近期、中期、远期衔接配套的管理、督导、考核体系。突出创新引领，创新科技管理、精准扶贫、生态建设、多元投融资和社会参与等体制机制，探索水源涵养功能提升与民生福祉改善的系统解决方案，为全国同类的城市群生态功能区实现可持续发展提供可复制、可推广的"承德模式"。

示范区坚持问题导向、创新驱动、项目带动，在践行"两山论"、培育发展新动能、脱贫攻坚等方面取得明显成效。

一是围绕京津水源地建设，按照"生态涵水、工程治水、管理节水、环保净水、产业兴水、借力保水"的思路，推进全水系治理，建设覆盖全市1500条河流的可视化监控体系。2019年19个地表水国考、省考断面水质优良率达到100%，创历史最好水平。

二是全力推进转型升级、绿色发展，推动生态优势尽快转化为经济优势。大力构建"3+3"绿色产业体系，着力做大做强文化旅游医疗康养、钒钛新材料及制品、绿色食品及生物制药三大优势产业，积极培育、壮大大数据、清洁能源、特色智能制造三大支撑产业，全市绿色产业增加值占GDP的比重达到46.5%。积极探索一二三产业融合、生态立体化经营方式，着力推进产业生态化、生态产业化。2016年，承德市天然山泉水、文化旅游及医疗康养、清洁能源等十大绿色产业增加值占GDP比重达到34.3%，超过传统"两黑"（黑色金属采选、黑色金属冶炼）产业10个百分点[1]，承德主导产业完成绿色转变。

三是践行以人民为中心的发展思想，全力推进脱贫攻坚、全面小康。承德的山场林海培育出了全国最大的山楂生产加工企业、全国最大的山杏仁加工企业、全国最大的果壳活性炭生产基地。完善全景、全业、全时、全民旅游产品体系，精准实施乡村旅游富民工程。全市贫困人口由2014年初的75.17万减少到2019年底的4726人，贫困发生率由28.41%下降到0.18%。形成了多个创新性的精准扶贫模式，平泉的"三零"模式入选"2017全国精准扶贫十佳典型经验"。全省国土面积和林地面积最大的县——围场满族蒙古族自治县，依托784.2万亩林地资源，创新推广"一林生四金"生态脱贫模式，即林上要果、林中旅游、林下间作、参与护林，绿水青山成为群众脱贫致富的靠山。围场还先后被确定为中国马铃薯之乡、国家级无

---

① 李巍，张怀琛，李建成. 在燕赵大地续写绿色传奇[N]. 河北日报，2017-07-10.

公害蔬菜生产基地、全国商品牛基地县、中国旅游明星县，成为第一批国家农业可持续发展试验示范区。丰宁满族自治县通过实施退耕还林、京津风沙源治理和外援造林等一批生态建设骨干项目，原来一些被破坏的山体披上了绿装，有的被开辟成有机小米和有机牧草种植区。丰宁满族自治县县小北沟村将全村42.6平方公里荒滩、荒山折价入股企业，打造契丹部落乡村旅游项目，村民实现每年分红4700元，最高达2.68万元。[①]

---

① 张葳. "两山论"的河北实践[J]. 共产党员，2019（5）：28-29.

第四节　改善人居环境　建设美丽河北

习近平总书记来河北视察时多次指示"建设天蓝、地绿、水秀的美丽河北"，为美丽河北建设指明了方向、明确了路径。践行习近平生态文明思想，省委省政府团结带领全省干部群众，努力解决生态产品短缺这一最大短板，使城乡环境更宜居。实施河湖水系综合整治，提高环境质量，保护人民健康；推进以人为本的新型城镇化，实施城市生态修复、功能完善工程；在提高农业效益中强化绿色导向，因地制宜推进农村改厕、垃圾处理和污水处理，改善农村人居环境。目前，美丽河北的生态底色日渐亮丽，人民群众的生态环境获得感、幸福感和安全感日益增强。

全省11个区、市在提高环境质量、改善人居环境方面取得了显著成效，本节选取若干典型案例进行剖析。

一、衡水建设美丽宜居湖城的实践

衡水湖是华北平原上单体面积最大的淡水湖，素有"京南第一湖"之称，被誉为"京津冀最美湿地"。衡水湖国家级自然保护区是华北平原唯一保持沼泽、水域、滩涂、草甸和森林的完整湿地生态系统的自然保护区，总面积163.65平方公里，其中水域面积75平方公里。这在中国北方，特别是京津冀地区是稀缺资源，也是衡水市最大的生态优势。水利部指导河北省编制了《衡水湖综合治理规划》，省委省政府办公厅出台了《关于进一步支持和加强衡水湖保护与发展的意见》，王东峰书记要求衡水建设生态宜居的美丽湖城。

作为一座因水而活的城市，衡水举全市之力抓衡水湖保护与发展，像保护眼睛一样保护衡水湖，相继实施了"堵、拆、清、挪、搬"五大工程，坚决清除外围输入性污染，环湖开展高标准、园林式绿化，持续做好生态补水、水环境治理。衡水市取得立法权后的首部地方性法规《衡水湖水质保护条例》于2019年3月起正式施行，针对保护区域、管理体系、水质、水位等突出问题进行了多层次、全方位的规范。2020年衡水市发布公告，在原有禁渔期相关规定的基础上，在衡水湖新增划定全年禁航、禁捕、禁钓区域。经过持续治理，衡水湖水质由过去局部劣V类达到常年总体III类，回归了湿地本色，大气负氧离子含量高达4600个/立方厘米，鸟类由保护区刚建立时的286种增加到323种。2017年，国内外专家在衡水湖一次就观测到了308只青头潜鸭，这种世界极危物种在全球已不足1000只。

衡水把生态环境好、商务成本低、生活质量优作为在京津冀城市群中独有的竞争力来打造，全面对标雄安新区规划建设理念，制定了《衡水市空间发展战略规划（2018－2035年）》，坚持以水为魂、以湖为核、湖城融合，统筹生产、生活、生态三大空间布局，力争使良好生态环境成为人民幸福生活的增长点。在确定城市布局、开发边界、项目摆放时，首先考虑衡水湖生态保护需要，审慎落子，看不准的宁可留白。凭借"东亚蓝宝石，京南第一湖"的衡水湖品牌形象和日益完善的湖区设施，连续7年成功举办衡水湖国际马拉松赛，2019年被国际田联授予"金标赛事"称号，赛事的不断升级让衡水的国际美誉度不断提升。2017年，衡水湖畔举办河北省首届园林博览会，建设了北方最大的城市湿地园林，开启了河北园博会高端学术交流的先河。次年，衡水迎来后园博时代，生态环境建设品质和建设速度都进入快车道。衡水湖生态文明国际交流会至今已连续举办4届，旨在探索湿地公园与滨水城市发展之路。

二、唐山改善人居环境的范例

唐山是一个"以煤为根、以铁为命"的资源型城市、老工业城市，这里曾诞生中国第一座机械化采煤矿井，创造了我国近代工业发展史上的辉煌。资源型城市的发展往往存在缺乏系统的城市规划、基础设施不完善等问题和困难，从而影响城市人居环境的优化。唐山的特殊之处在于1976年经历了强震后重建，实现了这座凤凰城的第一次涅槃。遗憾的是，当时急于解决老百姓的住房问题，震后恢复建设的规划水平不够高，建筑样式雷同，地标性建筑不多。2016年7月28日，习近平总书记在视察唐山时指出，要借世园会推动绿色发展，把生态文明建设推上一个新台阶，要求"河北广大干部、群众要在治理污染、修复生态中加快营造良好人居环境。"

唐山人牢记习近平总书记的嘱托，近年来在城市改造、生态建设方面取得了日新月异的成果，生态环境保护实现了有记录以来的重大突破。在南湖采煤塌陷区治理、生态廊道、曹妃甸湿地保护恢复、矿山复绿等方面，接连创造出改善人居环境的范例。

1.南湖采煤塌陷区治理

唐山因煤而兴，也曾因煤而困。140多年的煤炭开采活动在城市中形成了大范围的采煤塌陷区。其中南湖30平方公里的沉降和塌陷区，杂草丛生、污水满沟、飞灰蔽日，多年来城市生活垃圾和建筑垃圾集中倾倒，形成了巨型垃圾山，成为距离唐山城区最近的"工业疮疤"。经过持之以恒的生态建设，昔日30平方公里的南湖采煤塌陷区已转变为全国最大的城市中央生态公园。唐山南湖公园先后获得了"中国人居环境范例奖""迪拜国际改善居住环境最佳范例奖"等称号，被授予首批"全国生态文化示范基地"，入选自然资源部组织的第二批生态产品价值实现典型案例，成为工业城市向生态城市转型的典范，促进了生态、文化、旅游、体育等多产业发展。

（1）**具体做法**

一是做好规划先行的顶层设计文章。唐山市委托中国地震局、煤炭科学总院唐山分院等单位，采集沉降区地质数据4万多个，深入开展采煤沉降区地质构造分析研究；聘请国内外著名设计院共同编制南湖生态城建设规划，实现了控制性详细规划全覆盖，制定采煤塌陷地治理、山水林田湖草系统修复"规划图"和"施工图"。优化布局居民搬迁安置区、生态修复区和新产业发展区，建设集生态旅游、文化创意、高端服务业和高新技术产业于一体的城市中央生态公园。

二是做好科学环保的生态修复文章。结合河道整治、城市排水与泄洪功能恢复、景观水体营建等，综合治理污水，实现南湖水环境的修复和水系循环贯通。采取低干扰、低成本、低能耗技术，将高达50米的历史积存的垃圾山进行封闭改造。将区域内剩余的大量粉煤灰加工用作地基的基础材料和地形堆叠。利用废弃的植物材料、枝干等，布置于湖滨以护岸、固土。通过科学生态修复，共清挖和综合利用存量垃圾800万立方米、粉煤灰800万立方米、煤矸石450万立方米，建成了凤凰台、市民广场、地震遗址公园等公共服务设施，持续推动南湖生态修复和综合治理。

三是推动"生态+文化"融合，促进生态产品价值实现。以"都市与自然·凤凰涅槃"为主题的2016唐山世界园艺博览会在南湖选址，这是首次利用采煤沉降地，在不占用一分耕地的情况下举办的世界园艺博览。博览会的主场馆如同矿石结晶，建筑周边环境如同抽象化的山川河流。博览会充分展示了南湖区域生态修复的成果，大幅提升了南湖的知名度，标志着唐山从工业化迈向后工业化，从工业生产城市转向创意生活城市。同时，建成了河北省首家集餐饮、演艺、文化等于一体的饮食文化博物馆——唐山宴，实现生态、饮食、文化等多要素融合发展。基于源起唐山的皮影文化，在南湖打造全国首家皮影文化主题乐园。推动"生态+体育"建设，建成南湖足球公园、足球城市广场和足球主题酒店，打造国内首个足球主题综合项目。推动"生态+旅游"发展，建成了国家5A级南湖旅游景区，建设植物馆、低碳生活馆等生态文化科普基地，增强游客游览体验。

（2）主要成效

一是让"工业疮疤"重现绿水青山，不断增加优质生态产品供给。昔日的采煤塌陷区、工矿废弃地已转变为唐山市区的"绿肺"和"氧吧"，220多种植物郁郁葱葱，绿化率达到65%，水域面积11.5平方公里，100多种野生鸟类栖息。南湖区域的气候更加宜人，城市更加宜居，环境更加优美。

二是通过"生态+产业"模式，实现绿水青山的经济价值。南湖区积极布局文化、旅游、体育产业，促进"吃住行、游购娱、体育运动、生态人文"等多要素集聚，推动湖产共融化、湖城一体化、生态产业化。2019年，南湖共接待游客700多万人次，实现游客数量、旅游收入的连续增长。随着生态环境的改善与配套设施的日益完善，逐步构建了以南湖为中心，产业融合、生态宜居、集约高效的国土空间新格局，不但带动了周边区域的土地增值，而且汇聚了人流、物流、资金流和信息流，形成了区域发展的新兴增长点，实现了生态产品价值的外溢。

三是造福民生，突显生态产品的社会价值。2018年4月，唐山南湖旅游景区对游客开放，良好的生态环境，宜人的居住环境，16.6公里的健身步道、光影水舞秀、文化博物馆等精品项目，让广大市民和游客有了休闲娱乐的好去处，实现了生态建设的共建、共治、共享。同时，生态产业的发展有效增加了就业岗位和居民收入，带动了城市餐饮、住宿、交通、娱乐等行业的发展，让当地居民在享受良好生态产品的同时，得到了实实在在的实惠，获得感和幸福感与日俱增，生态产品的社会价值日益显现。

2.开平区东湖片区打造唐山花海

唐山市开平区是中国近代工业的摇篮，以煤炭、钢铁为代表的重工业带动了开平经济的腾飞，也让开平付出了生态环境加速恶化的沉重代价。特别是开平区与唐山市区的交界处因煤矿无序开采，散乱污企业非法经营，形成了一道满目疮痍的"城市裂痕"。虽经多次治理，该区域的环境问题始终未能彻底解决。

2018年8月，唐山市委市政府站在生态优先、绿色发展的高度，要求以提高人民群众生活品质为根本目的，以整体开发为基本路径，"决心一次下足、措施一步到位、整治一次达标"，彻底缝合"城市裂痕"，全力推进东湖片区生态修复，坚定不移打赢生态唐山建设攻坚战。开平区迅速行动，启动了该区环保史上规模最大、触及利益最深、整治要求最高的生态修复项目。东湖片区开发战役中，打出了一套拆、清、治、用"组合拳"，一期生态修复工程采用EPC模式开发建设，同时，启动实施了PPP模式下总投资57.78亿元的后期加速推进的生态修复和产业导入项目。

经过400多个日日夜夜的攻坚克难，"路、树、湖、山"四大特色生态修复工程基本完工。唐山花海风景区建成后，将很好地缝合"城市裂痕"，使开平区与唐山市区完全连接在一起，同时，作为唐山市生态轴线中的一个重要节点，弥补了唐山市东北部没有大型城市公园的缺陷，成为当地群众引以为傲的新地标。以"英雄城市·花舞唐山"为主题的2021年第五届河北省园博会将在唐山花海举行。依托老工业基地特有的工业旅游资源和采煤塌陷区充足的土地，按照"产景融合、乐在景中"的发展思路，唐山花海项目正在加快引入文旅、影视、体育、创意、购物等产业。未来的开平东湖片区将成为"千顷花海、炫彩森林"，拥有中国北方最美的超级绿道、最大的田园花海、华北采煤塌陷区最靓的人工湖，还将拥有京津冀地区最繁华的国际古玩花卉城、再现历史的唐山记忆风情小镇、乐活花乡民俗民宿、"趣味化""体验化"的新型城市动物园，成为唐山名副其实的城市后花园。唐山花海项目的建设将成为唐山从传统工业城市转型为生态城市的强有力支撑，尤其在棕地修复、城市森林营建、工业遗址改造等方面，有着重要的示范意义。

3.唐山至曹妃甸生态廊道

2019年11月，唐山跨入全国森林城市行列。为了贯彻省委主要领导"规划建设从唐山市主城区到曹妃甸区之间近100公里的绿色屏障"的要求，也为了巩固、拓展国家森林城市创建成果，唐山市以只争朝夕、分秒必争的"抢补斗志"和打破常规的建设速度，高标准、高质量地推进生态廊道建设。2020年6月，唐山至曹妃甸生态廊道工程全线竣工。该廊道总长度约70公里，充分尊重现状，森林、村庄、鱼塘、稻田、湿地等生态本底条件，因地制宜设计"林田秋色、稻溏春光、湿地荻花、盐池听风"四个风景段落。这是唐山市迄今为止标准最高的国土绿化工程，是展示唐山生态文明建设成果的一条具有划时代意义的文化大道，也是国际滨海盐碱地生态修复的典范工程。

三、落实"绿色冬奥"理念

2022年冬奥会由北京和张家口联合举办，绿色办奥是2022冬奥四个办奥理念之首。2017年8月，习近平总书记做出了关于冬奥会筹办工作的重要指示：场馆、基础设施和配套服务设施建设是硬任务……要精心设计、精心施工……严格落实节能环保标准，保护生态环境和文物古迹，让现代建筑与自然山水、历史文化交相辉映，成为值得传承、造福人民的优质资产，成为城市新名片。2021年1月18日，习近平总书记考察国家高山滑雪中心时强调："要突出绿色办奥理念，把发展体育事业同促进生态文明建设结合起来，让体育设施同自然景观和谐相融，确保人们既能尽享冰雪运动的无穷魅力，又能尽览大自然的生态之美。"

在科技助推下，河北省将绿色办奥的理念落实到方方面面。

一是在场馆的设计和建设方面。位于张家口赛区的云顶滑雪公园在设计、建设和赛后利用过程中，始终秉承可持续发展理念。在规划设计阶段，充分研究原有山形地貌的特点，大幅减少场馆建设工程施工量。在施工过程中，充分考虑土石方挖填平衡，最大限度缩短运输距离，降低建设成本，减少施工过程中的碳排放。根据整体布局，新建一座10万立方米的蓄水池，将融雪水、自然降水进行高效回收存储，在雪季可作为造雪用水。

二是在赛区周边实施绿化造林，作为冬奥会碳补偿的重要措施。在赛事核心区，宜林荒山荒地实现绿色全覆盖，按照适地适树、丰富物种多样性原则选择树种。滑雪场和古杨树场馆群周边，面积1.39万亩的古杨树林成为冬奥赛场上一道靓丽的风景线，工程区内将形成"春花烂漫、夏日青葱、秋色斑斓、冬浸水墨"的四季景观效果。①

三是电力绿色化。张北柔性直流工程是世界上首个输送大规模风电、光伏、抽水蓄能等多种能源的四端柔性直流电网，将把张家口的清洁能源输送到北京，助力奥运史上首次实现场馆绿色电力全覆盖。"用张北的风点亮北京的灯"，这一颇具诗意的口号格外醒目。②2019年6月，首次组织开展了冬奥场馆绿色电力交易。2021年伊始，河北华电沽源风电有限公司成交3.016万张绿证，刷新了全国绿色电力交易的单笔交易额最高记录，完成2021年冬奥场馆绿色电力年度直接交易。③

---

① 吴东，饶强，卓然. 取于自然用于自然张家口赛区的绿色办奥理念[N]. 北京日报，2020-07-31.
② 王东. 绿色办奥无处不在[N]. 光明日报，2020-08-05.
③ 李会东. 华电沽源风电：促进绿证交易 助力绿色办奥[EB/OL]. 中国电力新闻网，2021-01-12.

四、海绵城市与"城市双修"试点

我国三十多年来高速城镇化和城市建设取得了举世瞩目的成就，同时，由于认识和能力的不足，在生态环境、城市品质方面留下了大量历史欠账。2013年12月，习近平总书记在中央城镇化工作会议上发表讲话，指出："城市规划建设的每个细节都要考虑对自然的影响，更不要打破自然系统。为什么这么多城市缺水？一个重要原因是水泥地太多，把能够涵养水源的林地、草地、湖泊、湿地给占用了，切断了自然的水循环，雨水来了，只能当作污水排走，地下水越抽越少。解决城市缺水问题，必须顺应自然。比如，在提升城市排水系统时要优先考虑把有限的雨水留下来，优先考虑更多利用自然力量排水，建设自然积存、自然渗透、自然净化的'海绵城市'。许多城市提出生态城市口号，思路却是大树进城、开山造地、人造景观、填湖填海等。这不是建设生态文明，而是破坏自然生态。"2015年12月，习近平总书记在中央城市工作会议上指出："城市发展不仅要追求经济目标，还要追求生态目标、人与自然和谐的目标。树立'绿水青山也是金山银山'的意识，强化尊重自然、传承历史、绿色低碳等理念，将环境容量和城市综合承载能力作为确定城市定位和规模的基本依据。"[①]

为了建设好让人民满意的高质量城市，河北省各市积极参与各类城市生态品质提升试点项目。石家庄、张家口、承德、秦皇岛、唐山、廊坊、保定等7市已成功创建国家森林城市。按照河北省政府《关于创新体制机制推进大规模国土绿化的意见》，到2030年，河北省各市将全部建成国家森林城市，所有市、县建成省级园林城市（县城）。张家口市在2017年入选第二批城市双修试点，保定市、秦皇岛市入选第三批试点；保定市、石家庄、秦皇岛被国家列为首批低碳城市试点；雄安新区参照"无废城市"建设试点一并推动。森林城市、海绵城市、城市双修等试点，对废弃矿山进行改造，矿山公园建设等，都是提升城市生态品质的具体行动。由于篇幅所限，下面仅就海绵城市和城市双修试点加以说明。

---

① 习近平关于社会主义生态文明建设论述摘编[G]. 北京：中央文献出版社，2017.

1.迁安海绵城市建设试点

海绵城市作为解决城市内涝的重要方式，既是城市建设模式的创新，更是城市发展理念的转变。2013年12月，习近平总书记在中央城镇化工作会议上提出："建设自然积存、自然渗透、自然净化的海绵城市。"2014年我国海绵城市建设试点工作正式启动，2015年10月，国务院办公厅下发了《关于推进海绵城市建设的指导意见》。

河北省迁安市2015年4月入选全国首批海绵城市建设试点。作为16个试点城市中唯一一个县级市，既无同类城市参照，也无现成经验可循。迁安市不断创新建设模式、投融资模式、监管运营模式，摸索出一套"专家引导、政府主导、部门推动、民众参与"的工作原则和"规划引领、生态优先、安全为重、因地制宜、统筹建设"的建设路径，解决了海绵城市怎么建、钱从哪里来等问题，探索出了令人瞩目的"迁安模式"。迁安市海绵城市建设基本实现了试点区域"小雨不积水，大雨不内涝，水体不黑臭，热岛有缓解"的目标，试点经验及系列技术成果已向全省推广，也为全国县级市海绵城市建设提供了一个可复制、可推广的"迁安样本"。①

海绵城市建设之初，迁安市首先邀请中国城市建设研究院、清华大学等知名院所作为技术支撑团队，高标准编制了《迁安市海绵城市建设区专项规划》，提出"渗""滞""蓄""净""用""排"多目标雨水控制为导向。按照"一个智库管到底"的方式，从规划设计到施工建设，由北京清华同衡规划设计研究院提供为期三年的全程技术服务。

迁安市海绵城市建设投资33.99亿元。为保证充裕的建设资金，有效撬动民间资本参与，迁安拓展了PPP项目实施模式，将189个海绵工程项目分解，分类确定建设模式。政府全额投入老旧小区、绿地广场改造等76个项目，113个项目由社会资本运营；对于新建、在建小区改造，生态停车场、绿化成本投入等，政府实行差额补贴；针对未开发建设地块，通过规划管控，让开发商、社会资本参与建设。

---

① 王小勇，汤润清，王育民. 以"海绵+"理念全面提升城市品位 打造海绵城市建设"迁安样本"[N]. 河北日报，2018-05-07.

海绵城市建设是一项综合工程、民生工程。迁安市创造性地提出"海绵+"理念，把海绵城市建设作为促进城市转型与可持续发展的重要抓手，同全国文明城市创建、国家园林城市创建、国家卫生城市复审工作结合起来，"四城同创、四城齐抓"，系统解决城市发展中面临的水资源、水环境、水安全、水生态和水文化问题。将海绵城市建设渗透到每一项民生工程中，建设重心向基础设施相对落后的老城区倾斜，向存在排水不畅、设施老化、雨污管道混接、配套设施不足等群众反映强烈的问题的区域倾斜，借海绵城市建设之机补足民生工程中的薄弱环节。这样的建设模式既提升了城市的"面子"，更优化了"里子"，一个"人水和谐"的魅力迁安呼之欲出。

截至2021年年初，迁安海绵城市建设已经进入大面积运营维护阶段。建立了海绵城市一体化信息平台，可以时刻监控水质、流量、液位等重要信息，为后期考核、运营提供依据。为保证后期管理，迁安设立海绵城市管理中心，专门协调和解决海绵城市建设和运营问题，加强维护运营人才储备，探索长效运作方法和路径，确保了城市不仅会呼吸，而且能够实现长呼吸。

2.张家口"城市双修"和海绵城市建设

在生态文明建设背景下，城市双修（"生态修复、城市修补"）成为城市高质量发展的主旋律。生态修复是指有计划、有步骤地修复被破坏的山体、河流、植被，重点是通过一系列手段恢复城市生态系统的自我调节功能；城市修补，重点是不断提高城市公共服务质量，改进市政基础设施条件，使城市功能体系及其承载的空间场所得到全面系统的修复和完善。城市双修的重点对象和措施需要因城施策，具体定制。

作为北京后花园的张家口成立了以市长为组长的"城市双修"工作领导小组，借助全力筹办冬奥会之机，拉开了城市大提质的序幕。张家口市在城市山体修复、生态水系建设、基础设施整修、历史文化保护等方面开展了一系列行动，比如畅通张家口行动、景观提升行动、保护历史文化行动、城市风貌塑造行动，抢抓增绿、治污、拆违三项工作，治理"城市病"，提升城市治理能力，打造体育之城、运动之城、活力之城、文明之城、康养之城，树立独具一格的塞外古城形象。

张家口市区三面环山，地面高差近100米，道路坡度大，雨水排放设施不健全，成为影响全市水源涵养和生态支撑的关键因素。《张家口市海绵城市专项规划（2017－2035年）》提出，到2035年，主城区（120平方公里）以海绵城市建设理念引领城市建设，以多样化的生态海绵公共空间为着力点，把张家口建设成安全生态、集约节约、和谐宜居的北方干旱地区的海绵城市建设典范。张家口市根据源头治理、关口控制、只收不排、综合利用的思路，采用获国内外众多发明大奖的道路JW生态工法，成为我国大陆地区引进并实施该工法示范建设面积最大、类型最多的城市。针对群众反映最强烈的民生问题，以海绵化改造为核心，与老旧城区修复、改造结合，补齐不同区域基础设施建设的短板。目前，桥东区龙泉广场、桥西区赐儿山等三处海绵城市改造示范项目已通过验收。在2018年经历了强降雨后，项目实施区域无内涝，小区内无积水，得到广大市民的称赞和认可。

五、滹沱河生态开发整治与修复

滹沱河是石家庄的母亲河，河两岸是石家庄历史文化发祥地。自20世纪70年代末以来，随着经济发展、上游水库的修建和过度的地下水开采，滹沱河逐渐断流、干涸，河道内黄沙裸露，其沙尘量一度占到石家庄城区总悬浮物颗粒的29%，河里垃圾遍野，污水横流，部分河道长期荒废，非法采砂破坏严重。1985年习近平同志在正定工作时指出，要恢复滹沱河两岸生态。2007年11月，石家庄市启动了滹沱河市区段综合整治这一空前浩大的工程。2012年7月，滹沱河市区段16公里全线蓄水。

党的十八大之后，石家庄在空间布局上推进滹沱河"北跨"战略，滹沱河生态修复工程进入全面提质、提速的新阶段。2017年8月，石家庄市规委会审议通过了《滹沱河生态修复工程规划暨沿线地区综合提升规划》，按照"安全为本、生态为基，蓝绿交融、景美民丰"的战略，全力进行滹沱河生态修复。石家庄市积极协调南水北调，引江水和岗南、黄壁庄水库向滹沱河生态补水，自2018年9月至2019年

10月底，共计补水9亿多立方米，河道水质长期保持在Ⅱ类与Ⅲ类，实现了兴水、景观、生态的叠加效应。石家庄市建设了周汉河湿地，由正定新区污水处理厂排出的污水经过汉河湿地的净化，水质明显改善。如今，滹沱河市区段已实现16公里河道全线蓄水，干涸了近半个世纪的滹沱河重现"上下天光、一碧万顷"的美景，春秋两季可以看到迁徙的各种鸟类，两岸打造了2000多亩花海，建成了集防护、观赏、休闲、健身和科普"五大功能"于一体的绿色生态景观长廊。自2019年夏天起，白鹭、天鹅等珍稀鸟类开始在滹沱河筑巢繁衍。

随着城市进一步转型、更新、发展，滨水空间越来越得到群众的认可，成为城市的名片。石家庄的民心河综合整治工程、太平河生态修复工程、滹沱河生态修复工程等仍在持续建设，省会市民"望得见山，看得见水"的梦想正在实现。

六、农村人居环境整治助力乡村振兴

2015年1月，习近平总书记到云南调研时指出："新农村建设一定要走符合农村实际的路子，遵循乡村自身发展规律，充分体现农村特点，注意乡土味道，保留乡村风貌，留得住青山绿水，记得住乡愁。"习近平同志在正定工作期间主抓过连茅圈的改造，深知农村土厕是严重影响农村生态环境和群众身体健康的大问题。党的十八大以来，习近平总书记多次强调要坚持不懈推进"厕所革命"，努力补齐影响群众生活品质的短板。2017年1月，习近平总书记为河北省张北县德胜村的规划支招，指出"改厕问题也要科学设计"。

河北省认真贯彻落实习近平总书记的重要批示精神，以实施乡村振兴战略为契机，深入开展农村人居环境整治行动。2017年，河北省837个村被住建部认定为首批绿色村庄，数量位居全国第五。2019年，全省农村生活垃圾处理体系覆盖率达到93.6%，2020年基本实现全覆盖。根据省委省政府出台的《农村人居环境整治三年行动方案（2018－2020年）》，整县推进农村人居环境整治工作，重点支持农村生活垃圾、生活污水、农村厕所改造和村容村貌提升等领域的基础设施建设。对于开展农村"厕所革命"，给整村推进的县发放奖补资金，支持和引导各地以行政村为单元，整体规划设计，整体组织发动，同步实施户厕改造、公共设施配套建设，建立健全后期管护机制。2019年，《河北省人民代表大会常务委员会关于深入推进农村改厕工作的决定》明确提出，县级以上人民政府应当将农村改厕纳入生态环境保护督察检查范畴，将改厕作为农村人居环境整治工作的重要内容，建立农村改厕工作协调机制，将改厕资金纳入一般公共预算，统筹推进厕所粪污分散处理或接入污水管网处理，逐步实现农村厕所粪污集中处理，同时，应当积极探索粪污肥料化模式，推动农村厕所粪污减量化、无害化处理和资源化利用。河北省农村"厕所革命"走上了依法推进的道路。

河北省美丽乡村建设的成效从正定县可见一斑。正定在2009年被认定为首批十三家国家可持续发展先进示范区之一，示范主题是农业可持续发展。正定县重点开展了农业产业化、农业循环经济、农业生态环境治理、节约型农业四方面工作，实施了农牧结合型循环经济示范工程、清洁生产型循环经济示范工程和农业-工业型循环经济示范工程等。近年来，正定县把良好生态环境作为最大优势和宝贵财富，大力发展绿色生态农业，小麦节水品种、测土配方施肥、全程绿色防控实现全覆盖，化肥、农药使用量实现负增长，农作物秸秆综合利用率达到100%，形成了秸秆-养牛-沼气-生产生物有机肥-无公害果蔬种植的生产模式，畜禽禁养区养殖企业全部搬迁。大力实施两河滩综合治理，着力打造滹沱河流域生态休闲农业示范区，在全县率先实现环省会经济林、美丽乡村环村林、县域所有道路绿化、高铁两侧绿化"四个闭合"，全县森林覆盖率达28.06%，被评为全国生态示范县。根据环境美、产业美、精神美、生态美"四美"要求，全县着力打造宜居、宜业、宜游美丽乡村，大力开展村内道路硬化、厕所改造、垃圾治理、民居改造、安全饮水、污水治理、村庄绿化等12个专项行动，全县清洁能源普及率达100%，改造厕所64892座，在全省率先消除连茅圈。2014年10月，全国爱国卫生运动委员会在正定县召开全国农村改厕工作现场推进会。正定县农村生活垃圾收集转运处理全部实现PPP模式，建成109个美丽乡村示范区，农村面貌发生了历史性巨变。

衡水市岳良村以全国"真空厕所第一村"为杠杆，使昔日脏乱差的村庄旧貌换新颜，是河北省整治农村人居环境的一个亮点。从2016年开始，衡水市冀州区按照"美丽乡村+文化旅游"的思路，着力将岳良村打造成独具历史文化特色的"皇家小镇"。岳良村农户房屋高度密集，街道狭窄，传统住宅地基脆弱，传统重力流污水管难以入村入户，成为制约"厕所革命"的一大技术难题。当地政府大胆创新，把高铁上的真空排导技术引入农户厕所改修和渗井改造。农民由不理解到理解，全村440户村民家里的旱厕和渗井实施真空化改造后，粪污排入公共管网，分离处理后的回水经过人工湿地成为景观用水，黑水通过资源转化设备转化为有机肥，既彻底解决了农村污水乱排、厕所脏乱差等问题，又为当地有机农业的发展拓展了空间。这种模式在亚洲也是少有的。虽然前期花费较大（每户需要投入大约2万元费用），目前难以在全国农村普及推广，但卫生与粪便转化利用有效结合的思路为农村厕改提供了启示。目前，岳良村按照"文旅小镇"的建设定位，积极推行"共商、共建、共治、共享"的生态文明建设新模式。针对村内坑塘垃圾杂物多、通行巷道窄、下水沟存在安全隐患等群众反映强烈的问题，村党支部充分发挥党员先锋模范作用，每月义务清理房前屋后、坑塘死角的垃圾，初步实现了从"环境美"到"发展美"，"一时美"到"长久美"的转变。

在农村垃圾处理方面，滦平县探索实施"环卫一体化"管理模式，结合北方山区地广人稀、临京生态保障任务重的实际，探索施行了购买服务和乡镇自管两种管理模式。在交通便利、人口相对集中的19个乡镇推行购买服务模式，覆盖人口27.7万，占全县人口的84.2%。县农工委负责实施绩效考评，并以每月承包金的5%作为绩效奖浮动金，强化日常监管。在较为偏远、人口较少的69个村推行乡镇（街道）自管模式，乡镇成立环卫队，配备专业保洁车辆、工具，人员享受养老、医疗等保险待遇，经费由县财政统一拨付。两种模式在不同的区域发挥各自优势，有效克服了以往"突击式""运动式"垃圾清理的弊端，可长期保持，效果良好。滦平县政府托管村垃圾处理经费每年1513.2万元，人均75.3元，其中，滦河托管保洁费为552万元。没有纳入托管范围的村，原则上每个村的垃圾处理资金标准不低于5万元，并对乡镇政府所在村、旅游景区村给予重点倾斜，一并由县财政承担。①

七、建设雄安新区绿色生态宜居新城

雄安新区作为国家新区的升级版，应承担起为其他新区生态文明建设创造经验、提供示范的重任。习近平总书记强调，规划建设雄安新区要"坚持生态优先、绿色发展"，"建设绿色生态宜居新城区"。

1.规划建设中的生态新城

《河北雄安新区规划纲要》第一章第二节指导思想明确指出，雄安新区建设将统筹生产、生活、生态三大空间，构建蓝绿交织、和谐自然的国土空间格局，着力建设绿色智慧新城，打造优美生态环境；提出了一系列生态环境建设的措施，包括科学的空间布局保障、区域环境协同治理、增强白洋淀生态自我修复能力、国土绿化与高品质生态环境建设，等等。在此基础上，《河北雄安新区总体规划（2018-2035年）》公布了生态保护红线，并对"建设绿色低碳之城"等内容进行细化、深化。按照规划，雄安新区的生产、生活方式和城市建设运营模式都是绿色低碳的，无不指向创造美好生活这一目标。绿色交通，坚持公交优先、慢行优先导向，优先鼓励步行和自行车交通，合理引导控制小汽车；绿色基础设施，包括生态海绵城市、绿色智能的供电系统，主要采用清洁能源，建设绿色储能设施，建设循环利用的环卫系统；绿色建筑，新区新建居住建筑全面执行75%及以上节能标准，新建公共建筑全面执行65%及以上节能标准。

2019年，中共中央国务院出台《关于支持河北雄安新区全面深化改革和扩大开放的指导意见》，提出贯彻习近平生态文明思想，践行生态文明理念，实行最严格生态环境保护制度，将雄安新区自然生态优势转化为经济社会发展优势，建设蓝

---

① 张敏，何菲，刘姗. 一心守护滦河水　两地得益生态美——河北省积极推进引滦入津上下游横向生态补偿机制[J]. 中国财政，2018（18）.

绿交织、水城共融的新时代生态文明典范城市，走出一条人与自然和谐共生的现代化发展道路。要创新生态保护修复治理体系，建立雄安新区及周边区域生态环境协同治理长效机制；要推进资源节约集约利用，建立资源环境承载能力监测预警长效机制；要完善市场化生态保护机制，创新生态文明体制机制，推进雄安新区国家生态文明试验区建设。

2020年8月，省委书记王东峰主持召开省生态文明建设领导小组会议，提出要深入谋划和推进雄安新区国家生态文明试验区建设，努力打造新时代生态文明典范城市。突出抓好白洋淀生态环境治理，深入推进唐河污水库治理等重大工程建设，科学稳妥开展内源污染治理，完善常态化补水机制，加快恢复"华北之肾"功能。突出抓好绿色智慧城市建设，高标准建设海绵城市、无废城市、雄安绿博园、"千年秀林"。突出抓好高端高新产业发展，有效承接北京非首都功能疏解。

河北省牢牢把握雄安新区"绿色生态宜居新城区"的首要定位，从新区成立之始，就将环境治理和生态建设统筹规划、同步推进，率先启动生态基础设施建设和环境整治，在科学管控、环境卫生和绿色生态等方面做了大量打基础、管长远的工作。在21个月的规划编制阶段，雄安新区率先启动生态基础设施建设和环境整治，包括持续开展散乱污企业集中整治，白洋淀生态修复攻坚治理，进行多轮环境卫生整治、"千年秀林"开工建设，确保在新区开局阶段系好第一颗纽扣。2018年4月投入使用的雄安市民服务中心是新区第一个城市建设项目。市民服务中心采用更加节能的"被动式建筑"，充分利用自然能源和内部热源，在保证较高舒适度的前提下，实现建筑低能耗运行。

省环保厅成立了支持雄安新区生态环境保护工作领导小组和工作专班，选派9名干部常驻雄安新区，履行环保管理职能。2018年5月，雄安新区生态环境局正式挂牌，这是我国生态环境部组建后挂牌的第一个地方生态环境局，也是全国第一家省级环保厅的派出机构。

2.白洋淀生态修复

有"华北之肾""华北明珠"之称的白洋淀是雄安新区的天然生态优势。白洋淀位于雄安新区的南部，污染物容易随径流汇集到地势低洼区域和淀泊。因此，白洋淀生态修复是否落地是雄安新区建设取得成功的前提和生态保障。2014年2月26日，习近平总书记在京津冀协同发展座谈会上专门提到白洋淀保护工作。把白洋淀修复好、保护好既是政治任务，也是民心工程。

在河北省政府和新区管委会的领导和指导下，《白洋淀生态环境治理和保护规划（2018－2035年）》编制并印发。作为雄安新区"1+N"规划体系的重要组成部分，白洋淀治理规划按照生态空间管控的最新理念编制，范围包括三个圈层：白洋淀及周边600平方公里，新区近2000平方公里，流域3万平方公里。它不仅站在京津冀高度，而且站在从上游太行山到下游渤海的大生态空间角度，将缺水、污染、生态系统破碎等问题的解决进行一体化规划，既采取调水措施，又有控源截污、河道治理、底泥疏浚、生态系统构建、生态河岸建设及环境综合管理等协同的综合手段，将是综合治理和生态保育的典范。规划确定的目标是，至2022年，白洋淀环境综合治理取得显著进展，生态系统质量初步恢复；至2035年，白洋淀综合治理全面完成，淀区生态环境根本改善，良性生态系统基本恢复；到21世纪中叶，白洋淀水质稳定达标，淀区生态系统结构完整、功能健全，白洋淀生态修复全面完成，展现白洋淀独特的"荷塘苇海、鸟类天堂"胜景和"华北明珠"风采。

2015年4月，环保部联合河北省政府约谈保定市政府，要求后者对白洋淀开展污染整治，确保3个月内全面整改到位。为了不让一滴污水流入白洋淀，河北省统筹白洋淀全流域、上下游、左右岸、淀内外，大力推进城镇污染治理、生态治理修复、河流综合整治等十大工程，对白洋淀流域38个县（市、区）开展专项督察和执法检查。关停污染企业，禁止过度捕鱼捞虾，推进生态林带建设，加大引黄济淀、引岳入淀等生态补水力度。在白洋淀中的纯水村、王家寨村投入使用污水一体化设备，实现了生活污水全收集、全处理，污水处理设施的修建充分考虑功能与景观相结合，在净化水质的同时打造一个新的景观带。截至2021年年初，白洋淀的生态系统持续恢复，水质由2017年的劣V类提升到2019年的IV类，达到近十年最好水平。2020年1至9月，白洋淀湖心区主要污染物化学需氧量同比下降5.28%。雄安新区生态环境局在"十四五"规划中提出实现连山通海，以便为白洋淀生物多样性的恢复创造条件。

位于安新县西南部的唐河污水库是为了处理保定市区工业污水而于1977年投入使用的临时性工程，原计划1979年停用。然而，由于多种原因，污水库一直超期运行，成为大型渗坑，残留着几万立方米的工业废水、电线电缆拆解废弃物和生活垃圾，对下游白洋淀水环境质量构成威胁。雄安新区设立后，将根治唐河污水库列为水环境治理"一号工程"。完成了含砷、铅等重金属的疑似危废的清理，使用一体化污水处理设备对库区存余污水30960立方米进行达标处理，完成库区生态修复面积50余万平方米。截至2018年6月底，唐河污水库一期污染治理主体工程基本结束，创造了"雄安质量"。[①]施工企业开发工程管理信息化平台，参考雄安市民服务中心、植树造林项目的BIM、CIM系统建设，强化大数据、区块链等信息化管理手段在环境治理类项目上的应用；实行固废运输车辆全程GPS在线管理，确保污染物去向可追踪，工程实施过程可追。水库分步治理的同时，建设地下水监测井，对污染风险进行长期监测，确保污染场地的长效监管。对河道污染物清理后进行复绿，生态恢复面积已达107万平方米。按照规划，生态恢复后的污水库将在白洋淀外围初步建成一条生态廊道，为雄安新区及周边居民提供休闲娱乐场所，未来可建设成为新区的城市名片。

3.先植绿、后建城

习近平总书记强调，先植绿、后建城是雄安新区建设的一个新理念。在雄安新区生态空间格局规划图上，蓝绿空间占比大于70%，这在全球大城市中是首屈一指的。按照雄安新区森林城市规划，2030年森林覆盖率将由现在的11%提高到40%以上，超过全国平均水平约1倍；起步区绿化覆盖率达到50%，实现居民3公里进森林、1公里进林带、300米进公园，街道100%林荫化；还制定了2025年建成国家森林城市示范区的目标。

和过去一些地方先建房再配绿、绿色只是装饰品不同，雄安新区设立后实施的

---

① 张伟亚. 生态修复范例：雄安新区昔日污水沟变身生态廊道[N]. 河北日报，2018-08-21.

第一个工程项目就是以建立城市森林为目标的"千年秀林"，意在通过造林形成小气候，发挥护蓝、增绿、通风和降尘等作用。雄安新区超前谋划造林树种，超前储备造林苗木，超前对接生态建设难题，于2017年11月启动"千年秀林"工程，到2018年4月底已经形成万亩森林。为了拥有稳定、健康、多层结构的生态系统，"千年秀林"改变了传统的造林方式，以异龄、复层、混交的近自然森林为主，这是首次在我国平原地区大面积培育近自然森林。为确保施工质量，从苗木选取、采挖、运输到栽植、管护，坚持全过程标准化管理，编制了《雄安新区造林工作手册》，规范了苗木采挖、运输、吊卸、栽植、浇水、修剪、管护等各个环节的作业行为。运用大数据、区块链、云计算等技术建立起大数据系统，系统里集成了每棵苗木的树种、规格、产地、种植位置、生长信息、管护情况等信息，既可以加强过程管理，也便于后期管护。林区建设者运用科学方法植树造林、运用信息化手段管林护林的做法得到了习近平总书记赞赏。

为体现"以人民为中心"的发展思想，雄安新区创新探索了一套适合大规模植树造林的合作造林新机制。政府鼓励中标的造林公司优先招募当地居民造林。大批当地农民参加免费造林技术培训，掌握种植技能之后，成为造林技术工人和林区管护人员，从造林护林中长久受益。①

4.绿色出行

《河北雄安新区规划纲要》提出，构建"公交+自行车+步行"的出行模式，起步区绿色交通出行比例达到90%，公共交通占机动化出行比例达到80%。目前全世界还没有一个地方完全达到这个标准，没有现成样本可供参考、借鉴。在现实落后、理念先进的雄安，绿色出行该如何操作？如何实现绿色交通的美好蓝图？

借鉴新加坡、东京和上海等人口密集区的优秀经验，雄安新区确定在离市民服务中心2.8公里的地方建设城市交换中心，以实现人流和物流换乘、能源利用方式

---

① 叶智. 关于雄安新区森林城市建设的几点思考——基于"以人民为中心"的理念[J]. 林业经济，2019（6）.

和交通理念的转变。雄安首个建成的大型建筑群——雄安市民服务中心率先推行绿色出行理念，禁止燃油车驶入园区，去服务中心的市民需换乘新能源摆渡车，或选择骑车、步行等绿色出行方式。雄安新区开通了3条新能源公交线路，分别从市民服务中心到奥威大厦、保定东站和白洋淀。在市民服务中心园区内，设有免费电动车可到达园区任何一个位置。经过几个月试行、调整，绿色出行已经化风成俗，访客会主动把小汽车停放在交换中心，换乘摆渡车，迈出了探索解决"大城市病"、打造绿色智能交通全国样板的关键一步。浙江某市考察团2022年将举办国际重大赛事，表示在运动员村和场馆区将学习、借鉴雄安新区的绿色出行经验，还要参照"雄安模式"来运营绿色公交。

2017年12月，百度与雄安新区管委会签署战略合作协议，宣布将共建雄安AI-City，打造智能城市新标杆。百度的无人驾驶小巴士Apollo已在雄安市民中心跑了几十万公里，无人驾驶扫路机、自动无人售货车、美团无人配送车、菜鸟驿站的无人送货车、京东无人车、移动的5G无人驾驶汽车、苏宁的无人"小黄车"等都已在雄安登陆。雄安市民服务中心没有红绿灯，园区内行驶的全是无人驾驶车。旨在通过强大的网、聪明的路、智慧的车，实现"全城没有红绿灯，所有车辆随便跑，交通事故零发生"的车路协同，使雄安成为中国智能交通和无人驾驶落地的第一城。①

5. "无废雄安"

雄安新区以制度体系建设为核心，打造"千年之城，无废雄安"。2019年12月，成立"无废城市"建设工作领导小组，进行高位推动。编制完成了《雄安新区关于加强城市生活垃圾分类工作实施方案》，印发了《建筑垃圾资源化利用的指导意见》《雄安新区"无废城市"建设试点工作制度》《河北雄安新区秸秆综合利用实施方案（2019－2020年）》等文件，初步构建起"无废城市"制度体系。2019年8月组织开展了"无废城市"百日攻坚行动，包括建筑垃圾、医疗废物、遗存工业固

---

① 张智. 百度、阿里、京东纷纷布局雄安：满园尽是无人车[N]. 华夏时报, 2019-03-23.

体废物、垃圾清理等在内，建设国际领先水平的垃圾综合处理设施，适应前端垃圾分类工作，最大限度实现废弃物协同处理。

亮点工作：一是市民中心"无废社区"试点。围绕市民中心垃圾分类，从组织端、场景端和行为端全面构建"无废社区"模式，垃圾源头分类率、全员参与率均高于全国平均水平。二是以雄县龙湾镇胡各庄村为重点，在原有提篮购物、垃圾分类及积分制度基础上进一步提升，探索具有新区特色的"无废乡村"模式，推动形成农村固废源头减量、就地就近利用模式。三是开发"无废城市"全周期信息监控系统平台。基于物质流和产品全生命周期理论，构建"无废城市"固体废物监控信息系统平台，实现全品类固废全过程动态监管和可溯。四是开展建筑垃圾综合利用示范。以"就近、就地资源化利用"为原则，将现场破碎和集中处置相结合，构建建筑垃圾产生、运输、处置、应用的全生命周期管控机制，实现建筑垃圾基本资源化利用，最大限度减少建筑垃圾外运。五是探索"以废治污"新途径、新方法，切实做好妥善储存、有序利用，率先在国内实现遗存工业固废全量化处理。六是建设园林有机废弃物堆肥细胞试点工程，构建零废弃全量循环模式。

6.雄安新区地热利用

雄安新区及周边区域地热资源丰富，仅雄县就有六成土地蕴藏地热资源，适合梯级利用。2009年，中国石化集团新星石油公司与雄县政府签订地热开发合作协议，把雄县打造成全国首座"无烟城"，依靠地热实现供暖全覆盖，并向自然村延伸。到2017年已经建成沙辛庄8万平方米地热供暖示范工程，从技术体系上形成了可推广、可复制的"雄县模式"，滚动发展至容城、博野、辛集等15个县（市、区），在河北供暖面积达1500万平方米。[①]

为了让地热资源更好地服务经济、惠及民生，雄安新区在2018年出台了《河北雄安新区地热资源开发利用专项整治行动实施方案》，对地热资源开发利用进

---

① 俞国明，段乔红. "雄县模式"助力雄安新区[N]. 中国石化报，2017-04-06.

行专项整治，关停、取缔违法违规地热井。《雄安新区地热资源保护与开发利用规划（2019－2025年）》和《雄安新区地质勘查规划（2019－2025年）》已印发实施，将为雄安新区依法开展地质勘查、地热资源保护与开发利用监督管理提供重要依据。

八、省会石家庄地下综合管廊和绿色交通建设

1.正定新区采用PPP模式建设国内最大的地下综合管廊系统

建设城市地下综合管廊是解决"拉链马路"和道路上方"蜘蛛网"的根本手段，是生态文明建设和新型城镇化的重要抓手。2015年，国务院办公厅出台《关于推进城市地下综合管廊建设的指导意见》。石家庄市于2016年被选为第二批地下综合管廊试点城市，将正定新区确定为地下综合管廊建设示范区，远期建设地下综合管廊120公里，近期建设36公里，以助推这座新城向着生态人文和谐的宜居之城方向发展。

若按照运营100年进行摊算，地下综合管廊物美价廉，但建设初期的一次性高投入让地方政府头疼，缺资金、推进慢、入廊难成了建设难题。经过多方努力，2014年正定新区地下综合管廊建设项目被财政部列入国家首批《政府和社会资本合作示范项目名单》，是首批30个政府与社会资本合作示范项目中唯一的地下综合管廊项目，2015年又入选河北省首批PPP重点推介项目。采用PPP模式，不但使资金问题迎刃而解，减轻了地方财政压力，而且有利于地下管廊在建设期和运营期的统一协调调度。

国内修建的综合管廊大部分为直线型和环型管廊，修建规模小、入廊管线少，不成规模，很难形成整体的服务功能。正定新区综合管廊系统是本着各种管线能入尽入、尽可能多地服务于周边地块的原则规划设计的，是全国最大规模的地下基础设施综合管网系统。该项目的维护与管理融入了互联网、大数据和人工智能等科技元素，打造出一套"智慧管廊"体系，为城市智能化运营管理水平的提升奠定了基

础。①2021年年初，正定新区的地下综合管廊已建成19公里，无论设计标准还是建设规模均在国内处于领先水平。正定新区道路崭新、通畅而开阔，主干道看不到老城区常见的"蜘蛛网"，快车道上也看不到路面的井盖。

2.绿色交通建设

石家庄市地势平坦开阔，街道横平竖直，城区中心化程度较高，是适合自行车通勤的理想城市。几十年来，自行车在人们的生活中有着重要的地位。2013年12月通过的《石家庄市城市步行和自行车交通系统规划》提出，2020年全市步行、自行车出行比例不低于55%。2017年共享单车进入石家庄后，对公共自行车的需求问题迎刃而解。针对共享单车堆积现象越来越严重的问题，2017年底，石家庄市城管委联合主城区五区城管局约谈5家共享单车企业负责人，要求其进一步规范停放秩序，并对共享单车投放量做出明确规定。2019年8月以来，石家庄市裕华区制定了《裕华区共享单车考核管理办法（试行）》，建立共享单车考核管理机制，并要求3家共享单车企业开放后台数据，对接区城市管理指挥中心，由城管数字管理平台进行统一监测。这项规定在全市推广。石家庄市还运用科技智能手段对共享单车的停放进行管理，试点建设了共享单车立体车架，极大地减少了共享单车占用道路资源量。

石家庄市于2012年被列入国家公交都市建设示范工程第一批创建城市。石家庄把优先发展公共交通作为治理交通拥堵、降低交通能耗和污染、回应民生诉求、提升城市品质的重要抓手，加大公交基础设施投入，实现了主城区500米上车、5分钟换乘，开通了旅游、定制公交、微循环、延时等特色公交线路，基本形成了"以轨道交通为骨干、地面公交为主体、慢行交通为延伸"的多模式公共交通出行体系，公共交通机动化出行分担率达到54.27%②，2020年被交通运输部定为国家公交都市建设示范城市。为减少尾气污染，石家庄早在2004年就引入了天然气公

---

① PPP模式助力搭建石家庄市正定新区"智慧管廊"——石家庄市正定新区地下综合管廊PPP项目见闻[N]. 中国财经报，2020-12-29.

② 李春炜. 石家庄打造"公交都市"，公共交通站点500米全覆盖[N]. 燕赵都市报，2020-04-30.

交车。2014年开始分两次大批量引入纯电动公交车，并在全国较早投用。截至目前，石家庄4042辆公交车中，纯电动车达2382辆，占比约6成，每年可减少尾气排放2400吨左右，其中一氧化碳约49吨、碳氢化合物约567吨、氮氧化合物约1784吨。[①]针对人车混行道路，石家庄还专门设计了行人报警系统，并在公交车上首次应用，避免公交车与行人发生剐蹭。《2019年第二季度中国主要城市交通分析报告》显示，石家庄地面公交出行幸福指数排名第二。

---

① 宋钧. 石家庄市新能源公交车跑出绿色"加速度"[N]. 石家庄日报，2020-12-15.

第五节　向绿色生产方式转型

生产方式的进步与变革是人与自然关系变化的决定性力量。2014年6月，习近平总书记在中国科学院、中国工程院院士大会上讲话指出："必须加快推动生产方式绿色化，构建科技含量高、资源消耗低、环境污染少的产业结构和生产方式，大幅提高经济绿色化程度，加快发展绿色产业，形成经济社会发展新的增长点。"河北省大刀阔斧地推进化解过剩产能、生产方式绿色化转型工作，为全国同类地区向绿色生产方式转型提供了现实样板。本节选取若干典型企业和典型模式加以总结，化解过剩产能的探索将在第四章第二节详细论述。

一、"黑色工业"变为"绿色工业"的样板

工业生产是重要的污染源，也是节能减排、建设美丽河北的主阵地。近年来，河北省在压减炼钢炼铁、水泥、平板玻璃产能的同时，自我加压，将焦化、火电行业也纳入去产能范围。"十三五"以来，累计压减炼钢产能8212万吨、煤炭5571万吨、水泥1194.9万吨、平板玻璃4999万重量箱、焦炭3144.4万吨、火电234万千瓦，全部超额完成国家下达的任务。[①]坚持关小促大、保优压劣，破除无效供给，为高效供给腾出空间。

1.通过环境规制倒逼企业转型升级

环境经济学和环境管理学的研究表明，严格的环境规制可以倒逼企业采取技术

徐运平，张志峰，张腾扬. 河北：打好蓝天保卫战[N]. 人民日报，2020-12-23.

创新手段进行转型升级。河北省加强实施环保、能耗、水耗等6类严于国家标准或行业平均水准的地方标准，把执行国家特别排放限值的地域范围扩大到全省，将污染物控制从原来的可吸入颗粒物扩大到二氧化硫、氮氧化物。依靠严格的环保标准和环保执法，使环保成为企业的生死线，倒逼不达标产能退出市场，促进经济结构持续优化，新动能加快成长。

在强大的环保压力之下，唐山规模较大的民营钢厂大多成立了由总经理牵头挂帅的环保办，每台设备、每道工序都有环保责任人和监督人。近年来，唐山市吨钢能耗指标逐年下降，吨钢污染物排放量逐年减少。比如，新兴铸管股份有限公司在"十三五"期间用于环保的投入高达十几亿元，每吨产品300元的环保投入换来了生存的权利和不限产的环保红利。随着环保不达标企业不断遭到淘汰，新兴铸管的市场占有率和利润不断上升，一跃成为国内和全球最大的铸管龙头企业。利润的增加使得企业有更多资金用于研发全球领先的新产品。他们研发的大口径离心球墨铸铁管，一根管子的销售价格比同规格的普通铸管贵6-8倍，仍受到国内外市场欢迎。

2019年，全省规模以上工业单位增加值取水量较2015年下降27.6%，单位增加值能耗较2015年下降约19.1%。[①]钢铁、建材等行业绿色工厂的工业固废综合利用率高于90%，远远高于国家《绿色制造工程实施指南（2016—2020年）》中关于工业固体废物综合利用率大于73%的要求，部分医药和电子信息企业分别达到99%和100%。仅以工业节水的成效为例。全省推广工业污水集中处理和中水回用等措施，化工园区污水集中处理率达到100%，中水回用率达到40%以上。部分建材企业的废水处理回用率达到100%，钢铁企业达到97%以上，远远超过GB/T 6924-2011《节水型企业钢铁行业》中废水回用率大于75%的国家标准。2019年全省单位工业增加值取水量16.3立方米/万元，相当于全国平均水平的2/5。重点行业单位产品取水量不断降低，部分重点钢铁企业吨钢取水量下降到3立方米以内，重点钢铁企业、化工行业、玻璃行业闭式工艺水重复利用率均达到90%以上。

截至2021年年初，河北省创建国家级绿色工厂的数量实现了跨越式提升，总

---

① 米彦泽. 河北工业绿色转型发展迈出新步伐[N]. 河北日报，2020-12-29.

量达95家，位居全国前列，其中钢铁企业获国家级绿色工厂20家，位居全国第一。河北安国现代中药工业园区、秦皇岛经济技术开发区、清河经济开发区等5家园区获评国家级绿色园区，数量位居全国第9。格力电器小家电、风帆电池、宇腾羊绒等20种产品被列入国家绿色设计产品名录，中信戴卡股份有限公司入选工信部工业产品绿色设计示范企业，新兴铸管、格力电器麾下2家企业中标国家绿色制造系统解决方案供应商，河北中煤旭阳焦化获评国家绿色供应链管理示范企业，中航上大被工信部评为唯一的"国家稀有金属再生利用示范工程"，11家服务机构和118家企业列入国家工业节能诊断服务行动计划。

河北省涌现出一批绿色标杆企业。比如，河钢邯钢厂区第一原料场成为国内首家全封闭机械化原料场，投运后实现了"用矿不见矿"，对内陆型钢铁企业转型升级起到了良好的示范作用，其生产技术在全行业普遍推广应用。邢台德龙钢铁、首钢股份公司迁安钢铁公司入选2020年重点用水企业水效领跑者，首钢迁安公司成为国内首家全流程实现超低排放的钢铁联合企业。河钢唐钢将"全流程绿色制造"理念嵌入生产的各个环节，"十三五"期间环保投入超过20亿元，废水实现"零排放"，焦炉煤气、余热蒸汽、高炉煤气实现"零放散"，入选国家工业和信息化部公布的第一批绿色制造体系示范工厂，先后荣获"中国生态文化示范企业""中国钢铁工业清洁生产环境友好企业"等多项荣誉称号，被誉为"世界最清洁钢厂"。该企业提前完成了2016—2017年压减产能任务，同时以客户结构高端化推动产品升级，成功下线世界首卷2000兆帕级别热成型汽车钢，锚拉板钢材实现对世界最重转体桥独家供货，桥梁钢助力首届中国国际进口博览会顺利举办。河北金隅鼎鑫水泥烟粉尘、能耗等多项指标国内领先，并超过欧盟标准。河北华泰纸业有限公司被列入国家级节水型企业。作为国内最大的全水漆生产企业，晨阳水漆以先进的生产技术引领涂料行业走进绿色时代。与同等产能规模的传统油漆厂相比，晨阳水漆每年可以减少VOC排放110万吨，节约石油220万吨，节约标准煤314.4万吨，减排二氧化碳786.5万吨，相当于110万辆轿车1年的尾气排放量。

2.唐山的产业绿色转型

素有"中国近代工业摇篮"和"华北工业重镇"之称的唐山市因产业结构偏重和环保压力持续增加，一直努力探索转型升级、节能减排的高质量发展之路。市委十届四次全会把建设生态唐山、实现绿色发展作为首要任务，本着"抓生态建设就是讲政治，就是抓民生福祉，就是抓创新发展、绿色发展、高质量发展"的理念，全力建设生态唐山。成立了以市委书记和市长任双组长的生态唐山建设领导小组，坚持每月一调度、每月一督导、每月一通报，推动"点上治标"转向"全面治本"。启动污染企业关停并转，从根本上解决"钢铁围城、重化围城、污染围城"问题；对钢铁、焦化、水泥、电力等重点行业加大治理，企业排放指标对标国际标准，执行严于现行标准的"唐山标准"。鼓励高附加值的特种机器人等产业做大做强，延伸钢铁上下游产业链条，2017年被列为全国首批"国家装配式建筑示范城市"，唐山制造的高速动车组、铁路客车、城轨车、城际列车等产品出口到20多个国家。2015-2019年，经历转型之痛最大的唐山市，GDP从6100亿上升到6890亿，并未因环保而出现经济倒退。

在环保推动下，当地传统污染企业或转产，或升级，或延伸产业链，走出了多样化的路径。比如，迁安第一家民营钢铁企业较早地认识到"钢厂越开越多，环保越查越严，早转型，早受益"的趋势，建立了英诺特（唐山）生物技术有限公司。津西钢铁集团2018年签约北京一家知名的钢结构设计企业，成为国内唯一一家具备钢结构全产业链的钢铁企业。河钢唐钢公司的高强汽车板、首钢迁钢公司的取向硅钢等都是去产能后钢企延伸产业链开发的新产品。

京津冀协同发展战略实施以来，唐山紧紧扭住"建设环渤海地区新型工业化基地"这个核心，加快建立"京津创造、唐山制造"的协同创新模式。唐山市与北京合作建设了中国科学院唐山高新技术研究与转化中心、北京中关村(曹妃甸)高新技术成果转化基地、京津冀钢铁联盟(迁安)协同创新研究院、唐山领航创业大学等一批高水平的协同创新平台，仅2018年就引进京津技术成果、科技项目和科技机构等35项。唐山市发挥重点园区产业聚集优势，以特色模式和个性化服务吸引京津产业落户，实现多点开花。北京同仁堂项目落户玉田县中华老字号基地，带动了王致和、红螺食品、甜水园、白玉豆腐等13家北京中华老字号企业入驻；滦南大健康产业园实施异地监管政策，成为京冀两地共建、共管、共享的战略性、标志性示范平台。截至2018年底，唐山累计实施与京津合作的亿元以上项目392个，完成投资1523.8亿元，其中先进制造业、现代服务业等战略性新兴产业项目超过六成。[1]比如，2016年北京金隅集团与唐山冀东水泥集团完成战略重组，双方朝着消除同业竞争、提升盈利水平、实现深度融合不断迈进。

2019年，唐山战略性新兴产业增加值同比增长25.1%，年均增速超过30%。2020年9月，北京九天微星科技发展有限公司卫星研发制造基地在唐山开工建设。为了给这一高精尖项目落地创造优良条件，唐山市开通绿色通道，从公司注册到项目开工仅用了5个月时间。该基地是国内第一条智能化、脉动式的卫星工业生产线，有望带动千亿元级产值，让卫星产业成为唐山这座重工业之都的新名片。[2]

依托丰富的工业遗产，唐山建设了中国机车铁路源头游、汉斯·昆德故居博物馆、开滦国家矿山公园、启新1889水泥博物馆等一批工业旅游项目。2017年，唐山组建了文化旅游投资发展集团有限公司，发起"中国工业旅游产业发展联合体"。这既表明唐山发展工业旅游、促进城市转型的决心，也标志着中国工业城市的集体觉醒。2017年，唐山第三产业对经济增长的贡献率超过一、二产业之和，达到61.8%。

3.邢台市德龙钢铁有限公司为代表的民营钢企绿色转型

邢台市德龙钢铁有限公司是该市重点排污企业之一，如今成为全国民营钢铁企业环保治理的行业标杆。其"前期排污、后期治污"的蜕变成为邢台这座重工业、重污染城市绿色转型发展的缩影。

德龙钢铁2000年建厂之初，边生产边排放，黑色烟尘严重污染当地环境，深受其害的村民多次举报无果。2013年11月、2014年4月，德龙钢铁两次因违规偷

---

① 刘凤贵，汤润清. 392个超亿元合作项目提速[N]. 河北日报，2019-02-19.
② 白波. 年产100颗卫星，重工业之都唐山将变"卫星之城"？[N]. 北京日报，2020-11-26.

排、超标排放而被环保部门处罚。此后，德龙钢铁按照严格的环保标准进行改造和治理，五年时间里投巨资建成封闭料场、水处理中心、高炉平台除尘和生产能源指挥中心等，完成了超低排放改造，做到了生产洁净化、制造绿色化、厂区园林化、建筑艺术化，把一间生产型的钢厂做成了标准4A级景区。在水处理方面，实现了水资源循环利用和废水零排放，深度处理后的循环水优于国家一级饮用水质标准，用水指标达到国际领先水平，进入工业和信息化部等四部门公布的"2020年重点用水企业水效领跑者"名单。[1]

二、全省绿色矿业发展之路

作为矿业大省，河北省矿产资源种类多，储量丰富，矿山最多时有2万多个，矿业曾是全省重要的支柱产业。多年的大规模、高强度矿业开发，遗留下沉重的矿山环境问题。经过多年的资源整合和政策性关闭，截至2015年，河北省固体矿山企业有3373个，比2010年减少了32.76%。但由于历史欠账多，综合治理任务十分艰巨。据勘查，截至2015年，河北受矿山开采影响、破坏面积达782平方公里，其中责任主体灭失的矿山迹地累计破坏面积达220平方公里。太行山、燕山一带大量露天开采的超贫磁铁矿、建材矿对地形地貌景观、山体植被的破坏尤为严重，推进矿山生态修复迫在眉睫。

2014年，河北省启动矿山地质环境大调查，于2016年完成了《河北省矿山地质环境综合研究报告》，走在全国前列。河北省把矿山地质环境治理与资源开发利用统筹推进，将矿山环境整治作为大气污染防治和"推进京津冀生态环境支撑区建设"的重要内容，以露天矿山为重点，大范围、大规模、大力度开展矿山环境综合治理，同时引导各地大力发展绿色矿业，构建齐抓共治的"河北模式"。借助政策支持、先进的技术手段和资金投入保障，燕赵大地曾经满目疮痍的"金山银山"正逐步变成充满生机的"绿水青山"，走出了一条资源安全与生态保护相统筹、矿山

---

[1] 邢台环保局长喝钢厂处理后污水：客人来参观，我都先喝这水[EB/OL]. 澎湃新闻网，2017-01-26.

建设与绿水青山相协同的绿色矿业发展之路。

秦皇岛市栖云山结合城市规划推进矿山环境综合治理模式，唐山市椅子山矿山环境治理的新技术、新方法试验成果，廊坊三河市引入社会资金治理露天矿山的经验，邯郸武安市尊重群众意愿综合整治矿山环境的做法，紫山矿山环境综合治理经验等矿山综合治理成功案例，在全省总结推广。峰峰矿区南响堂矿山生态修复项目、秦皇岛栖云山生态修复项目、三河东部矿区矿山地质环境治理示范工程、邢台尧山灰岩区矿山地质环境治理项目、唐山市南湖公园生态修复项目、唐山花海生态修复项目，被纳入国家自然资源部组织评选的全国生态保护修复典型案例初选名单。

全省绿色矿山发展之路，有如下关键节点：

1.党政部门统筹 建立长效机制

从2014年起，河北省先后组织开展了矿山环境治理攻坚、露天矿山污染深度整治、矿山环境综合治理等专项行动。2016年1月，中央环保督察组督察发现，河北省共有7000余处待治理矿山开采点，河北省明确2015年完成632座矿山环境治理，但实际仅有80余座完成治理并通过验收。督察意见反馈后，河北省对照矿山环境治理攻坚行动任务表，大力实施露天矿山污染深度整治专项行动。

2018年，省委省政府把露天矿山环境治理作为打赢蓝天保卫战的重要组成部分，要求各级以最坚决的态度、最务实的作风、最有力的措施，全力打赢露天矿山环境治理攻坚战。矿山治理涉及面广、情况复杂。与过去主要由国土资源部门推动矿山地质环境治理不同的是，河北省明确各级党委政府为矿山环境综合治理工作的责任主体，统筹协调自然资源、生态环境等有关部门，把矿山综合治理由原来国土资源部门"一家管"上升为党政统筹"齐心抓"。省政府把矿山环境整治列入对各市政府的年度考核，省纪委把矿山环境整治列入"一问责八清理"范围，形成了党委领导、政府负责、自然资源部门牵头、其他部门协同的党政统筹、齐抓共治的新局面。

强化政策支持。2018年，省委省政府先后印发《关于改革和完善矿产资源管理制度加强矿山环境综合治理的意见》《关于严格控制矿产资源开发加强生态环境保护的通知》等文件。省发改、环保、国土、财政、安监等多部门联动，进一步明确了加强源头把控、鼓励关闭退出、支持转型发展、创新治理模式等综合配套的政策措施，力度之大、要求之严、措施之强前所未有。河北省出台了《河北省绿色矿山建设工作方案》，编制了绿色矿山建设规划，逐步构建起加强矿产资源管理和生态环境建设的长效机制和政策保障。当年开始实施露天矿山污染持续整治三年作战计划，标志着全省推进露天矿山污染专项整治进入实质性攻坚阶段。

2016-2018年，全省投入治理资金9.48亿元，修复绿化责任主体灭失露天矿山迹地624处（面积3133公顷），矿山环境得到有效改善。2019－2025年，河北将对剩余的3706处（面积17193公顷）责任主体灭失露天矿山迹地进行综合治理，全面完成责任主体灭失矿山迹地的治理工作。[①]

2.推动企业加强科技创新，促进矿产资源节约利用

我国北方气候条件差，雨水少，石灰岩、白云岩地区的山体水土保持和植被生长难度大，不合理开采造成的高大、陡立掌子面让矿山环境治理难上加难。为突破技术难关，省自然资源部门组织成立了"河北省矿山环境治理技术服务队"，为各地治理工作提供技术指导服务；按照"因地制宜、综合整治"的原则，编制了《河北省矿山环境治理参考模式》，归纳整理了矿山复绿、农业用地、建设用地、空间再用、休闲公园、文化造景、边采边治、矿山公园共8种矿山环境治理模式，初步形成了矿山环境恢复治理的技术方法体系。2020年，全省50%左右的大中型固体矿山达到绿色矿山标准，实现了环境生态化、开采方式科学化、资源利用高效化、企业管理规范化、矿区社区和谐化。

3.政策"红利"吸引市场目光，实现合作共赢

矿山生态修复治理项目往往集中连片，需要投入大量人力、物力。特别是历史

---

① 申延同，梁小珍. 管出新风满矿山——矿产资源开发利用管控的河北经验[N]. 中国矿业报，2019-11-22.

遗留的矿山修复完全靠财政投入基本是杯水车薪，需要创新模式，调度企业、社会组织和公众参与治理的积极性。2020年3月，按照党的十九大关于"构建政府为主导、企业为主体、社会组织和公众共同参与的环境治理体系"的要求，河北省印发了《河北省关于探索利用市场化方式推进矿山生态修复的实施办法》，将矿山生态修复和后续资源开发利用、产业发展统筹考虑，按照"谁破坏、谁治理""谁治理、谁受益"的原则，着力构建政府主导、政策扶持、社会参与、开发式治理、市场化运作的矿山环境治理新模式。通过赋予一定期限的自然资源资产使用权等政策，鼓励和引导各类市场主体通过公开竞争等方式参与矿山生态修复，探索矿山环境治理与土地开发、旅游、养老、养殖、种植等产业融合发展。比如，在责任主体灭失矿山废弃地修复绿化过程中，对适宜复垦的矿山废弃地，新增耕地可用于占补平衡，指标收益可用于矿山环境恢复治理；矿山废弃地复垦后腾出的建设用地指标，可调剂到异地使用；对有残留资源的废弃采石场进行地质环境治理，可以回收残留资源，用其收益完成治理。这些政策措施既破解了财政资金不足的难题，又协同考虑到矿山企业面临的存量建设用地无法盘活、新增建设用地获取难的问题，实现了合作共赢。

三、承德市创建绿色矿业发展示范区

承德是典型的资源型城市，矿业占据全市经济的半壁江山，是国务院批准确定的"国家钒钛产业发展基地""国家钒钛新材料高新技术产业化基地"。2016年，承德市被国土资源部列为国家绿色矿业发展示范区。承德市政府领导认为，建设水源涵养功能区与发展绿色矿业不是非此即彼的选择题，承德可以坚持生态优先、绿色发展，走出一条绿色矿业发展之路。

一是引导144家矿山企业向绿色产业转型。比如，矿石由采区运到破碎车间原来通过汽车运输，造成大量扬尘及道路拥堵。2012年承德市第一条"皮带廊"建成，使矿石运输过程实现了污染物零排放，节约运输成本千余万元，各矿山企业纷纷效仿。全市总长41公里的封闭运输长廊管线正在建设。

二是对废弃采区、堆渣场、矿区道路等破坏区域，按照宜林则林、宜耕则耕、宜草则草、宜建则建、宜景则景的原则，推动矿山环境治理与绿化。2016年以来，全市矿山共栽植树木等1.2亿棵（株），修复治理矿山面积40余平方公里，累计达到62.44平方公里，实现占一座山、还一片田、建一个园。①

三是整合压减矿权413个，关停取缔矿山企业280家，引导现有矿山企业向新能源、文化旅游、矿泉水开发等绿色产业转型，80家矿山企业已成功转产。②比如，承德县原石安矿业矿山建成了旅游景点，营子区原承钢石灰石矿灭失地建成了矿山公园景区。

四是积极探索尾矿资源利用路径。到2019年底，承德市共有尾矿库870余座，尾矿累计存积量30亿吨，采矿剥岩、干选等形成的矿山废石约16亿吨，生态环保压力巨大。针对尾矿资源综合利用技术水平偏低、缺少高附加值利用等问题，省工信厅、承德市政府牵头组建了固废工程技术研究院进行攻关，尾矿制备新型建材产品已形成涵盖路面材料、墙体材料、保温材料、装饰材料、砂石骨料等10大系列50多种产品。全市累计实施尾矿制备新型建材项目120余个，尾矿制备砂石骨料项目60多个，年消纳尾矿5000多万吨。③

2018年，市委市政府召开联席会议，研讨《承德市建设国家绿色矿业发展示范区三年攻坚行动实施方案（讨论稿）》。指出要提高政治站位，充分认识建设国家绿色矿业发展示范区是担负建设京津冀水源涵养功能区历史使命的政治要求，是践行习近平生态文明思想的具体行动，是关乎承德创新发展、绿色发展、高质量发展的大事。市县两级要成立领导小组，各职能部门要协调联动，齐抓共管，坚决打一场绿色发展、矿业整治攻坚战，全力建设好国家绿色矿业发展示范区。

四、邯郸市矿企转型

邯郸有丰富的铁矿和煤炭资源，钢铁产业是支柱产业。2013年左右，其钢铁

---

① 李建成，尉迟国利. 让绿色成为矿业底色—承德全力创建国家绿色矿业示范区探访[N]. 河北日报，2020-11-23.
② 矿山环境整治的河北样本[N]. 中国国土资源报，2017-10-11.
③ 李建成，尉迟国利. 让绿色成为矿业底色—承德全力创建国家绿色矿业示范区探访[N]. 河北日报，2020-11-23.

产业发展到顶峰，环境污染问题日益严重。经过痛苦的转型，邯郸市主导产业已由过去的钢铁、煤炭、电力、建材"老四样"，变成精品钢材、装备制造、食品工业、新材料、现代物流、旅游文化的"新六强"。申煤变申美，是邯郸市大力推进产业转型升级的一个缩影。

随着煤炭去产能工作深入推进，2017年8月，拥有60多年历史的河北磁县申家庄煤矿正式关停。申煤作为磁县最大的国有企业，矿井关停带来转型之困。为支持申煤转型发展，邯郸市委市政府领导多次到矿调研，现场办公，磁县也成立领导小组对口帮扶。申煤人数十次到外地考察，邀请100余名专家学者组成顾问团队研讨企业发展战略。[①]留在申煤工作的300多名职工经职代会讨论，全票通过转型升级方案：不上污染环境的项目，不上投资大、风险不可控的项目，打造一家绿色可持续发展的新企业。不久，申煤组建了申美集团，开始自主创业。

申美集团本着"活化利用资源"的思路，一方面对关停的矿井设备进行公开拍卖或租赁外包，实现资源再利用价值最大化；另一方面，决定以旅游度假、生态农业、节能环保产业为重点支撑，长短线项目交替跟进、多点开花、互补发展。

申美集团将煤矿转型与生态修复、全域旅游、乡村振兴、太行山绿化相融合，把天宝寨田园综合体景区开发作为转型的主战场。一年半来，100多名申美职工靠手抬肩扛，建成2000米悬崖栈道、3公里水泥山路、4.5公里引水管网、10公里登山步道，种植近50万棵树木，绿化荒山4000余亩，种植贝母、射干等中草药400余亩。多数施工材料来自矿井里的槽钢、枕木、铁链、支柱，仅悬崖栈道一项就节省工程造价4500万元。以往矿井下的钻杆、支架、铁链、小火车等矿山物资被搬上山头，改造为独具特色的旅游基础设施。短短三年，这个位于太行山深处的矿区换了妆容，成为市旅发大会的承办地之一。

申美集团还在天宝寨山脚下开发当地特有的物产资源，以农为本，发展投资小、见效快的关联产业，为景区开发建设起到积极的促进与补充作用。申美集团注册了"磁州天宝寨"商标，系统开发林果、高档山菌、土蜂蜜等太行山区系列有机

---

① 转型升级 申煤预计5年变"申美"[N]. 经济参考报，2019-02-25.

农副产品；积极鼓励职工与微商、网商对接，与附近山区百姓共同打造包括野韭菜、金小米等在内的无公害农副产品品牌。2019年，申美集团被认定为全国四星级休闲农业与乡村旅游企业。①

此外，申美集团在原厂区盖了多个大棚，种植无公害蔬菜、食用菌和药材。与国家"千人计划"专家合作成立了节能环保科技公司，研制国际领先的数字节能流体阀门。通过产业拓展，500多名矿工转型入职景区开发、农业种植、节能环保等新工作岗位。

五、矿山修复的"迁安模式"

迁安市是一个依矿而起、因钢而兴的钢铁重镇。半个多世纪的铁矿开采利用成就了迁安的辉煌，也造成了15万亩左右废弃矿山的生态欠账，资源枯竭后的田园风光不再。2005年，迁安市启动矿山修复工作。党的十八大以来，迁安市委市政府在"两山"理念指引下，检视问题，聚焦短板，把矿山生态修复和综合治理作为生态文明建设的突破口，作为推动全市高质量发展的内在要求和根本大计，聚力攻坚，通过工矿废弃地治理、固废资源利用、土地整治复垦、矿山修复绿化、矿山存量再开发5种模式，积极探索具有迁安特色的生态发展之路。

建立长效治理机制。制定了《迁安市矿山生态修复及综合整治规划（2020－2035年）》，对全市所有矿山实行台账化管理，一矿一策，明确责任主体。

构建政府主导、社会参与、市场化运作模式。制定了绿色矿山建设规划，统筹兼顾矿产资源勘查开发、生态环境保护、涉矿群众利益，实现矿产资源的绿色开发。紧紧抓住国家级工矿废弃地复垦利用试点的大好机遇，通过工矿废弃地复垦，盘活全市存量建设用地1401亩，极大地缓解了新增建设用地指标不足的瓶颈问题。将矿山生态环境修复治理与工矿废弃地复垦有机结合，以启动国有矿山复垦为抓手，引导和带动其他有主矿山主动投资，最大限度增加复垦耕地指标，实现企

---

① 成军刚，刘敏："两山理论"在河北邯郸的生动实践[N]. 邯郸日报，2020-08-12.

地双赢。

将生态环境治理与产业转型有机结合，积极探索"矿山+休闲旅游、+现代农业、+绿色建材、+矿山公园"等模式。比如，金岭矿山生态修复旅游观光项目将土地复垦、矿山废料再利用和生态公园建设相结合，大力发展新型建材、现代农业、生态旅游等产业，争取利用5至10年时间，将金岭矿山生态修复区打造成世界级矿山生态公园。[①]

六、循环经济的"磁县模式"

发展循环经济是落实习近平生态文明思想的重要举措。邯郸市下辖的磁县是一个煤炭资源大县。过去，大部分原煤直接销售，产品附加值很低。借助国家加快循环经济发展的东风，磁县以经济开发区为平台，以发展循环经济为抓手，引进煤炭上下游加工企业，探索出一条由煤化工循环产业向新材料、新能源产业转型的高质量发展之路。循环经济成为磁县工业强县、发展经济的新引擎。

2009年磁县经济开发区在建园之初，就按照公辅设施共享、产业链型发展、循环配套衔接的模式，完成了园区"三规一环评"，明晰了顶层设计和产业规划，循环经济理念成为招商引资的法宝。在开发区的黑猫公司厂区里矗立着一块展牌，精心设计了园区循环产业网络图和产品树，成为客商考察的首选和必到之地。这张网络图在招商引资工作中发挥了奇效，引来了产业链下游的一个个项目。仅7年时间，昔日的荒山岗坡厂房林立，园区项目越聚越多，产业链条越延越长。[②]截至2021年年初，凭借明确的产业链条招商优势、在行业内的知名度和美誉度，磁县经济开发区招商工作已经实现了由"招"到"选"的逆袭。

从内在功能上，构建"企业之间小循环、产业之间中循环、区域之间大循环"的三重循环发展新模式，园区各种资源实现了"吃干榨净"、变废为宝式的最大

① 姜慧婕，王爽：河北迁安以"矿山修复+"治生态育产业[N]. 中国自然资源报，2020-08-11.
② 方尚俊，齐雄，王远飞. 磁县循环经济成工业强县新引擎[N]. 河北经济日报，2019-09-11.

化利用，有效解决了能源浪费和环保压力问题。"小循环"是指企业层面的生产协作，比如上游企业的副产品煤焦油和焦炉煤气提供给相邻的企业作为生产原料，后者再从中提炼出蒽油和炭油，提供给相邻的公司作为生产炭黑的原料，炭黑生产过程中产生的尾气又可以用来发电，提供给其他企业使用。"中循环"指产业之间的循环。园区形成了煤焦油、苯、煤气综合利用、精细化工4个产业链条，每个产业链条都是一个闭合循环。所谓"大循环"，即所有入园企业实现了水、电、煤气、蒸汽等综合循环利用。目前，开发区形成了一个以煤炭为起点，拥有几十种高附加值产品的循环经济产业园区。道路两侧的各企业之间通过管廊连接，实现了"原料空中走，结算电脑来"，大大降低了生产、销售、运输等成本，增加了经济效益。

从组建形式上，开发区内企业间互相参股，合作开拓新项目，资源、资金、技术、土地等要素有机结合，形成了一个大型的块状经济带和集群经济联合体。园区内龙头企业由不同出资人合作建设，新上项目由上下关联企业共同出资建设。"联体联利"的项目建设模式既能分担风险，又实现了快速筹资、多个项目齐头并进。比如，在煤焦油链条中，鑫盛、鑫宝、黑猫三家企业不但形成了完整闭合的循环产业链条，而且形成了一个互相参股、联体联利的经济链条。

磁县经济开发区还积极搭建平台，促进校企联姻和科技成果的转化。目前，开发区拥有2个国家级实验室，6项专利填补国内空白，为转型发展奠定了坚实的人才和技术基础。随着环保政策趋严和行业准入门槛提高，焦化行业早就进入低谷期。开发区产业项目的下游增值利润可观，有效地弥补了上游焦化项目的亏损，实现了节能减排、降耗增效。

第四章

河北省生态文明制度创新的经验与启示

党的十八大以来，我国生态文明建设制度完成了顶层设计，一批具有标志性、支柱性的改革举措陆续推出。河北省在改革大潮中大胆探索，取得了一些在全国具有示范效应的宝贵经验。

第一节　开展环境经济政策试点

环境经济政策作为一种调控环境行为、促进理性选择的政策工具，是绿色发展的重要手段和核心内容。进入新时代以来，河北省环境经济政策体系建设进入快速发展期。推进排污权、用能权、用水权、碳排放权市场化交易，实施了绿色金融、环保税、环境污染第三方治理等多项试点，自主探索市场化造林模式，环境经济政策在环境质量改善中的调控效用日益明显。

一、排污权交易试点

2007年以来，国务院有关部门组织包括河北省在内的11个省份开展排污权有偿使用和交易试点，强化了环境容量的稀缺性和环境资源占用有价理念。自2009年起，河北省排污权交易试点在唐山和保定满城县进行，在污染物排放总量控制的前提下，促进了造纸产业的上档升级和平稳过渡。2011年，河北省被财政部和环保部批准为排污权有偿使用和交易试点省，明确要求以电力行业为试点，重点开展二氧化硫和氮氧化物的排污权有偿使用和交易；以沿海隆起带（秦皇岛、唐山、沧州三市）为试点区域，重点开展化学需氧量和二氧化硫排污权有偿使用和交易。2011年5月，河北省主要污染物排放权交易服务中心成立，沧州、邯郸和衡水等市则成立了市级排污权交易管理机构。试点效果良好，促进了火电行业的污染减排工作，有效推动了秦皇岛、唐山、沧州三市的交易，为全省开展排污权有偿使用和交易积累了经验。

按照2015年印发的《河北省排污权有偿使用和交易管理暂行办法》，现有排污单位逐步实行排污权有偿取得。新建、改建、扩建项目新增排污权，原则上要以有偿方式取得，为环境治理的市场化开启了大门。排污单位对有偿获取的排污权，在规定期限内具有使用、转让和抵押等权利。排污权交易价格由双方协商或通过公开拍卖方式确定，但不得低于政府指导价格。排污权指标来源于政府储备，拍卖底价不低于初始排污权出让标准。这一制度在全国居于前列。"实施方案"规定，排污权交易的前提是"通过淘汰落后产能、清洁生产、污染治理、技术改造升级"之后产生的"削减量"部分，可以在市场上出售。这就从源头上防止了指标倒卖、腾挪，乃至偏离减排目的的排污权交易，让经济手段更有效地发挥作用。

二、市场化造林模式

针对国土绿化用地不足、社会力量造林积极性不高、投融资机制不活等问题，河北省政府办公厅先后印发了《关于加大改革创新力度鼓励社会力量参与林业建设的意见》、《关于创新体制机制推进大规模国土绿化的意见》，创新造林模式，广泛动员社会力量投入植树造林，加快解决制约生态保护修复的体制机制问题。具体做法概括如下：

一是创新国土绿化用地机制。沧州市采取"政府出资主导土地流转、企业营造林"模式，流转大运河沿线和城区周边土地44.8万亩，确保了大运河绿化和环城林建设用地。

二是创新造林主体培育机制。河北省在土地开发、财税金融、林木采伐等方面出台了22条支持措施，明确社会造林主体完成预定绿化目标后，在优先享受造林工程补助、公益林补助、林业贷款贴息等政策的基础上，可按一定比例在非林地搞基础设施建设。将示范带动作用强的专业造林公司、合作社认定为省级新型造林主体，允许财政项目资金直接投向新型造林主体，对达到新造林质量标准的予以奖补，对造林规模5000亩以上的给予一定比例建设用地指标，对捐资造林达到一定规模的授予绿地、林木冠名权。廊坊市通过政策鼓励，吸引216家公司、企业、大户参与造林绿化，成为推动国土绿化的新型造林主体。

三是创新造林投融资机制。（1）创新财政投入方式，采取以奖代补形式对林业重点工程给予补贴。衡水市深州、武强等市、县制定了每亩每年500元以上、连续补贴2年以上的优惠政策，发挥财政资金"四两拨千斤"作用，撬动中勘石油、聚美康等企业发展3万亩经济林基地。（2）创新社会融资模式，采取PPP、特许经营等模式，吸引社会资本、金融资本投入重点工程建设。总结推广了政府租地、公司化经营，公开竞标、企业（大户）承包，群众造林、财政补贴，龙头带动、农户参与等多种模式，坚持政府主导与市场运作相结合，运用政府掌握的规划、土地、政策等，带动更多的社会力量参与造林绿化。唐山市对荒山荒地实行公开竞标，引导企业转方式、调结构，全市参与造林绿化的企业、造林大户达300多家。亿利资源集团通过生态产业基金、PPP等模式，在生态建设、生态基础设施建设、市政基础设施建设等领域持续发力，相继在张家口市完成了崇礼冬奥绿化工程、G6迎宾廊道绿化工程、坝上退化林改造工程等重点项目，有力推动了冬奥会和京津冀绿色协同发展。（3）最大限度地争取社会各界为冬奥会绿化捐款。积极联系老牛基金3万亩冬奥碳汇林项目（预算1.86亿元）、中国建行崇礼造林项目（投资4000万元），联合中国绿色碳汇基金会启动了网络植树活动，在国家林业局网站平台上设立了捐款栏，在中国绿化基金会设立了绿色张家口专项基金，成立了中国绿色碳汇研究院张家口分院。

四是创新林木管护机制。各地积极探索市场化造林管护机制，坚持造管并举、建管同步，提高造林成活率。张家口大力推行造林工程招投标制、合同管理制和工程监理制，中标企业不仅负责林木栽植，还要确保林木成活率，根据苗木成活率分期兑现施工费用，既保证了绿化质量，又缓解了资金压力。

三、碳普惠制试点

低碳社会的创建需要全民行动，国际上以碳中和项目为主。我国广东省首创的碳普惠制，通过对市民和小微企业的节能减碳行为赋予价值，给予奖励，使低碳权益惠及公众。和碳中和相比，碳普惠制对用户的驱动力更大，对提高公众的绿色低碳意识、促进绿色发展具有重要意义。

目前，碳普惠制成熟模式较少。2018年，《河北省碳普惠制试点工作实施方案》将石家庄、保定、沧州、张家口和承德5个市作为首批省级碳普惠制试点城市，提出到2025年在全省推广并建成较为完善的碳普惠制度。经过一年多运行，经省生态环境厅评估，5个试点城市基本建立了对低碳行为正向激励的闭环通路，部分试点城市能够形成可复制、可推广的碳普惠经验。①

1.聚焦不同场景，建立减碳行为量化平台

目前，河北省5个试点城市均通过微信公众号、微信小程序等形式，建立了碳普惠制推广平台。这些平台既具有传播低碳知识、资讯、产品等的宣传功能，又初步具备了对注册用户低碳行为痕迹化、量化、数据化的功能。5个试点城市从低碳出行、低碳旅游、低碳社区和垃圾分类等方面着手，设计出具体的减碳场景，部分项目具备了可复制、可推广的基础。

比如，在2022年冬奥会的主办地崇礼区，太舞小镇通过张家口低碳普惠微信小程序加入"低碳一族"，游客绿色出行、绿色住宿、垃圾分类、减塑光盘等低碳行为都可以积累"碳积分"，在小镇店铺消费之前出示积分即可获得优惠，游客还可以将碳积分捐献给冬奥会。石家庄市以绿色出行为切入点，编制了《石家庄市交通行业绿色出行碳普惠制行为识别量化奖励标准》，通过"石碳惠"微信服务平台，分行业、分领域记录并核算注册用户的减碳量，根据减碳量为用户的低碳行为提供奖励。保定市以绿色出行和低碳景区为主要突破口，景区大部分覆盖太阳能路灯，景区门口和步行道设立低碳宣传栏，鼓励游客低碳游览、垃圾回收。

2.探索多形式下的碳普惠奖励机制

沧州市公众获取碳币覆盖了生活多个层面，比如节水节电、垃圾分类、低碳出行、旧衣捐赠等行为。"沧州碳普惠"微信公众号注册用户已达4000余人，累

---

① 张铭贤. 减碳可量化，低碳得实惠——河北试点推进碳普惠项目建设，推动城市绿色发展[N]. 中国环境报，2020-07-29.

计发放碳币80余万个，线上、线下低碳联盟商家规模不断扩大，丰富了公众兑换碳币优惠的渠道。沧州市建设绿色出行碳普惠专线，公交车上有碳普惠宣传画和二维码，并在"沧州碳普惠"微信公众号上开通绑定公交卡，发放碳币奖励功能。

《承德市景区、林业碳普惠实施方案》确定了普惠景区和酒店名单，探索形成了公众减碳即时普惠的小型闭环模式。在承德市盛华大酒店，客人自备"六小件"、减少布草洗涤、分类投放垃圾等减碳行为，都可累积碳积分，积分在酒店内可直接兑换成大桶饮用水。承德市营子林场开展林业碳普惠试点，促进了森林生态产品价值化。

3.持续深化碳普惠制试点建设

河北省生态环境厅进一步强化监督管理，督促各市按计划完成碳普惠制小程序开发、低碳场景识别、减排量核算、商家联盟奖励等工作。同时，拟对碳普惠制落地实施的低碳社区、景区、酒店、公交线路、项目单位等进行授牌，扩大碳普惠制的知名度和辨识度，引导公众随时随地参与减碳行动。

下一步，河北省将在总结试点经验的基础上，在全省统一推广碳普惠制工作。碳普惠产生的碳减排量有望被纳入碳交易市场系统，从而为碳普惠的持续深入开展提供保障，助力河北绿色发展、低碳发展。

四、积极推行污染第三方治理

2014年末，国务院办公厅发布《关于推行环境污染第三方治理的意见》。2020年3月，国务院发布了《关于构建现代环境治理体系的指导意见》，明确要求创新环境治理模式，积极推行环境污染第三方治理，开展园区污染防治第三方治理示范，探索统一规划、统一监测、统一治理的一体化服务模式。

河北省出台了污染第三方治理的实施意见，在城镇污水、垃圾处理、工业企业除尘、脱硫脱硝、废水处理、污染源在线监测等领域引入第三方治理，取得了一定成效。截至2014年底，河北省已建的241座污水处理厂（城市201座、村镇40座），有33%实施了BOT、TOT、托管等第三方投资、建设、运营模式，其中不乏成功案例。比如，唐山城市排水有限公司作为自负盈亏的企业，采用第三方治理模式建设、运营污水处理项目7个，污水处理能力28万吨/日，运营服务费收入满足正常运行需求。高阳县为破解纺织印染企业废水处理难题，吸引民间资本5亿多元建设、运营20万吨级污水处理厂，使全县生活污水和印染企业废水实现了集中处理。

这里，仅介绍河北省两个工业园区环境污染第三方治理典型案例。

1.衡水工业新区环境污染第三方治理试点

为提高园区环保管理水平，衡水工业新区循环经济园区通过招标，引进污染治理第三方服务工程单位，主要负责2个污水处理厂、2个污水回用项目和衡水市污泥集中处置一期工程建设任务，开展对园区企业的环保管家服务。衡水工业新区探索出了引进专业公司、建设专项工程、搭建专门平台的"三专"模式，大幅改善了区内环境质量。

（1）模式创新

服务模式创新。第三方治理单位以"环保管家"的身份开展园区企业废弃物治理服务。从环境咨询规划、环境监测、环境风险控制到水、气、固环境治理工程的实施、环保设施运营，为园区公共环境和企业"三废"治理提供全面的环境解决方案。针对重点排污企业，推行"一厂一管、一厂一策、一厂一标、一厂一价"的服务模式。

实施模式创新。以环境质量改善为目标，从园区环境普查着手，分析影响环境的各种因素，以此为基础开展生态环境规划，规划出环境质量改善的工程项目，整体规划，分步实施。

建设模式创新。充分利用社会资本，多种建设模式并举。对环保公共基础设施建设采用PPP-BOT模式（如污水处理厂），对没有收费来源的公共服务项目采用EPC模式（如环境监测项目），对存量改造项目可采用TOT模式或EPC+O模式等。

收费模式创新。园区污水处理厂采用来水可视化的"一厂一管"模式，每根排水管道安装有自动在线监测装置和电磁阀，定期进行人工校准，企业废水必须达到纳管标准才准予排放，根据排放废水的水质进行阶梯收费，并建立第三方支付平台，进行统一征收、支付和运营。这一措施有利于强化对园区企业的排污监管，减少对污水处理厂的冲击。

技术管理创新。初步建立了园区环境监控平台，平台涵盖大气、水环境、污染源及排放、环境预警预测等内容。为解决化工园区无组织超标排放恶臭气体的环境问题，选取氨气、氯气、硫化氢等特征因子传感器，安装在厂界、车间门窗等合适的位置，监测无组织废气排放，一旦超过预警值，就向企业发出预警，督促整改。

（2）综合效益

从环境效益看，阶梯水价、可视化"一厂一管"、综合化环境监控等措施，有效降低了工业新鲜取水量，保障了污水处理厂正常运营，提高了达标排放率，加强了园区环境监管预警能力。通过环境排污收费与治理分离，排污企业与治污企业互相监督制约，加速环保产业的进步和发展。治污责任向环保公司转移和集中，减少了环保部门的监管对象。

从经济效益看，衡水工业新区采用的污水处理与资源化项目打包建设模式，不仅提升了园区循环经济综合发展水平，还提高了资金使用效率，缩短了投资回收期。项目建成后，通过治污集约化、产权多元化、运营市场化、环境服务公司专业化，降低了污染治理成本。把排污者的直接责任转化为间接的经济责任，免除了企业环保的后顾之忧，主要精力放在企业经营管理活动中。园区生态环境显著改善，吸引更多投资商进驻园区。

从社会效益看，环境质量的提高，提高了居民生活质量。

2.邢台清河经济开发区水环境污染综合治理

2015年3月，邢台清河经济开发区管理委员会与第三方服务机构——中持水务股份有限公司签订了《清河经济开发区污水处理厂投资改造和委托运营项目特许经营协议》，由第三方服务机构投资1500万元，对开发区污水处理厂进行技术改造和第三方专业化运营，服务期限20年。案例实施当年，出水水质即稳定达到《城镇污水处理厂污染物排放标准》（GB18918-2002）一级A标准，年减排COD 524吨、氨氮35吨。

本案例是工业园区污水处理厂ROT（改扩建－运营－移交）模式的典型代表。通过污水处理厂的改造和采用智能排水管控系统，既实现了园区污水处理稳定达标排放和有效监管，又从技术手段上保障了第三方运营单位的收费权益，对类似园区污水处理设施改扩建项目具有借鉴意义。

（1）经营/管理/服务模式创新

IES模式是一种以防控环境风险、改善工业园区水环境为目标，覆盖工业园区污水产生、治理和回归水环境全流程的一体化综合服务模式，适合政府采购的环境公共服务。相较于传统的园区集中式水污染治理，IES模式以充分调研、试验、评估工业园区水环境为前提，从工业治污领域的全局视角和价值理念出发，审视治理痛点，识别风险，注重各个独立业务单元和分支领域间的有机联系与整合，不仅注重流程管控，更加关注问题解决的成效，以形成不断优化的反馈机制。在空间上，通过上游企业排污管控和技术升级（上游企业）、污水集中处理厂升级改造（污水厂）、河道监控（下游水体）的建立及收费机制的保障等措施，围绕服务理念、商业模式和技术支持三个方面进行持续性创新与实践，促进环境管理的价值转化，最终实现管理、技术和财政三方面可持续的治理目标。

1）IES服务模式创新——管理可持续

建立园区企业排水档案，实施"一厂一策"的差异化管理、精准服务和管控。

建立环境协管制度。政府明确企业排污标准并对其进行监督，同时授权中持水务协管人员定期进入企业污水处理站取样分析、比对测试，据此对企业污水处理站运行情况进行监督，书面上报政府主管部门，杜绝偷排。

"一厂一管"，建立智能排水管控系统。要求园区内主要排污企业有且只有一个经过政府相关部门确认的排污口。同时，企业排污口均安装排污总量自动监控系统，便于环保部门在线监测，可对超标水样自动留样和远程取样。当在线仪表检测到出水量超过设定值或环评批复水量时，出口电动阀门自动关闭，确保企业无法外排超标污水。

2）IES服务模式创新——技术可持续

清河县经济开发区污水厂设计规模2万吨/天，接纳园区企业生产废水及生活污水。改造前，污水厂内现有处理工艺缺乏针对性，处理效率低，出水COD、色度等考核指标不达标。2015年3月，中持水务与清河开发区管委会签订ROT协议。中持水务针对污水处理厂缺陷进行技术改造，增加了水解调节池、高效澄清池和臭氧脱色等工艺单元。改造后，出水水质稳定达到《城镇污水处理厂污染物排放标准》（GB18918-2002）一级A标准。中持水务还对园区主要排污企业的污水处理站开展了一系列技术改造和委托运营，既拓展了其盈利空间，又保证了来水预处理效果。

建立"企业－污水处理厂－河道"三级水质在线监控系统。主管部门通过三级水质监控，对企业排污、管网重点污染物排放、污水处理厂运行、丰收渠水质等情况进行实时监控和水质水量双向控制。截至2021年年初，已实现企业排污控制与清河IC卡总量控制系统监控中心对接。

建立污泥等有机废物集中处理中心。在污水处理过程中产生的大量污泥，经过传统压滤脱水后含水率仅能降低到80%左右，无法满足填埋场处置的要求。中持水务向清河县政府提出了建设污泥集中处理设施的方案，污泥集中碱性稳定干化，干化后产品可做为路基土、填埋场覆盖土等使用，实现资源化利用。

3）IES服务模式创新——财政可持续

推动建立健全排污智能收费体系及预售排污权保障机制。将收费重点转移到供水环节，融合成熟的智能水表和远程管理技术，根据企业的生产和生活用水情况确定相应的排污量，预售排污权，采用单因子超标付费制度。截至2015年10月，所有涉水企业的IC卡排污总量自动控制系统基本建成并投入使用。排污企业通过IC卡充值缴纳污水处理费，当污水排放超过所购排放量时，控制阀门自动关闭，污水无法外排，有效解决了排水收费难问题。

（2）治理效果

1）上游企业管理效果。污水厂上游48家涉水企业完成安装排污总量自动监控系统后，排水水质、偷排漏排现象明显改善。对比发现，污水厂进口污染物浓度稳定。

2）丰收渠治理效果。随着对排污企业的严格排污管理和污水处理厂的稳定达标运行，丰收渠河道清淤整治的效果凸现，河水水质明显变清。

3）污水厂改进和运营效果。2015年，清河县通过实施工程已削减COD 524吨、氨氮35吨，超额完成了邢台市下达的削减COD 78.52吨、氨氮21.8吨的任务。

第二节　探索市场化方式"去产能"机制

　　河北省是全国去产能工作的主战场，去产能既是中央赋予河北的一项重大政治任务，也是河北调结构、转方式、治污染、促转型的关键之举。2017年，习近平总书记在张家口考察时指出，去产能，特别是去钢铁产能，是河北推进供给侧结构性改革的重头戏、硬骨头，也是河北调整优化产业结构、培育经济增长新动能的关键之策。河北要树立知难而上的必胜信念，坚决去、主动调、加快转。要在已有工作和成效的基础上，再接再厉，推动各项任务有实质性进展。习近平总书记强调，去产能如同逆水行舟，不进则退。决不允许弄虚作假，决不允许已化解的过剩产能死灰复燃，决不允许对落后产能搞等量置换，决不允许违法违规建设新项目。要在采取必要行政手段的同时，利用环保、质量、技术、能耗、水耗、安全等标准，按市场规律和法律法规办事，形成化解和防止产能过剩的长效机制。要培育新产业、新产品，加快发展装备制造业、战略性新兴产业、现代服务业，推动产业结构实现战略性转变。要做好职工安置工作，对涉及的职工数量要心中有数，安置措施要到位，确保职工有安置、社会可承受、民生有保障。[①]

　　河北省严格遵照习近平总书记的指示，采用市场化和法治化手段向积攒多年的家底开刀，特别是采用市场办法探索过剩产能退出长效机制。

一、煤炭产能置换指标交易

　　2017年6月以来，河北省发挥公共资源交易平台优势，在全国开煤炭产能置换

---

① 习近平春节前夕赴河北张家口看望慰问基层干部群众[N]. 新华社，2017-01-24.

指标市场化交易先河。通过4次煤炭产能指标的公开挂牌交易，105处煤矿的2633万吨产能指标成功转让，获得收益45.2亿元，全省提前超额完成国家下达的去产能目标，还节省了大量财政奖补资金，实现了优胜劣汰，走出了一条市场化配置约束性资源的新路。其跨省交易方式、定价协商原则为全国其他地区提供了经验借鉴，也为妥善安置职工、填补债务资金缺口提供了一种解决方案。

1.市场化去产能背景

2016年下半年，国家发布了一系列煤炭市场去产能政策，意在多渠道筹集去产能所需资金，减轻财政奖补资金压力，降低过剩产能退出难度。河北省通过广泛调研和一年多的精心准备，于2017年6月组织完成了第一次煤炭产能置换指标公开交易，实现61处煤矿、1138万吨产能指标交易转让，出让均价达到181万元/万吨，获得收益20.6亿元。此次交易受到了退出煤矿的普遍欢迎，一次性为山西、陕西、内蒙古7家企业项目解决了产能置换指标。

2.产能指标市场化交易的做法

（1）超前谋划、反复对接。由参与交易的煤矿企业出具参与产能指标交易委托书，每个交易煤矿进行甄别、核实。为保证产能置换指标合规、合法，对分年退出未达关闭条件的煤矿、退出煤矿股东方不能形成决议、债务债权问题影响关闭的煤矿不组织公开交易。与企业测算资金收益平衡点，探寻交易价格底线，提出挂牌起价意见；与意向购买产能指标大户沟通，摸查购买方愿望，寻找契合点。及时向国家发改委、国家能源局汇报，解决政策理解一致性，加强宣传推介，为实现成功转让奠定坚实基础。

（2）抢抓机遇、迅速行动。国家规定2016年6月底前购得产能指标可以按150%放大使用，过期不再给予优惠。6月底前是购买方最为急迫、竞争最为激烈的时期，也是指标转让价格最高、出让方获益最多的时机。为满足购买方一次性购置需求，尽快完成产能指标打包，将规模小、难以变现的散户和担心变故多、对接风险大的民营煤矿和国有大矿一道打包转让。河北省发改委把散户产能聚拢起来，把指标购买方招过来，搭建平台、积极撮合，起到背书作用，从而有力推进产能指标顺利交易。

（3）公开挂牌、公平竞争。对参与指标交易的企业，坚持企业为主、自愿申请、各市申报、联合审核，交易收益全部归企业。对政策把握、交易规则、收益分配等问题，事先由各市去产能牵头部门和部分企业商议，报省领导审定。交易事项在省发改委和省公共资源交易中心网站公示，选用"公开挂牌、集中竞价""公开挂牌、限时报价"两种交易方式，全程透明，邀请省纪委驻发改委纪检组全程跟踪监督。公开竞价时，邀请国家有关部门领导现场指导监督，确保交易活动公开、公平、公正、透明、依法依规。

3.市场化产能交易取得的成效

河北省煤炭产能指标市场化交易是在政策有支持、市场有需求的背景下进行的。通过政府积极组织服务，牵线搭桥，搭建平台，实现了多赢。

（1）节省了大量财政奖补资金。河北省参与产能指标交易的105处煤矿，若执行国家和省政府奖补政策鼓励退出，估算需财政资金11亿元以上。通过市场化公开交易，筹集到45.2亿元，既节约了财政资金，又有效弥补了关闭退出煤矿职工安置、债务处置和转型发展等资金不足，也引导了未退出煤矿纷纷加入退出行列，为超额完成去产能目标任务奠定了基础。

（2）充分发挥市场在资源配置中的决定性作用。利用公共交易平台开展指标交易，通过竞价交易的方式形成价格，解决了指标交易的定价难题。提高工作透明度，有效维护交易双方合法权益，为推动政策落地提供了实践参考。

（3）市场化产能交易机制起到引领示范作用。政府部门主动为企业服务，让产能指标出让煤矿和需求购买企业通过公共资源交易平台实现对接，不断探索、完善竞价方式、抽签排序方式、价格折扣优惠等规则，形成成熟的交易模式和工作机制，在全国率先树立市场化去产能交易的风向标，为其他省份开展去产能工作提供了经验借鉴。

（4）加快落后产能退出和先进产能释放。指标交易的出让方多为产能规模较小、资源枯竭、长期停产停建的落后煤矿，而购买方属于晋、陕、蒙等主要产煤地区的优质产能煤矿。通过产能置换指标交易，落后煤矿顺利退出，先进煤矿产能有序投入，有利于加快产业结构调整、优化布局，实现行业发展新旧动能转换。

二、钢铁产能指标交易

1.背景

武安市是钢铁重镇，县域内有16家民营钢铁企业，每7个人中就有一个人从事钢铁行业。2013—2014年，当地压减了基本闲置产能，2015年开始触及产业的看家设备。一旦到达深水区，化解过剩产能就面临多重难题。从企业层面看，民营企业有很多群众参股和注资，压减装备相当于巨大的企业资产损失；从政府层面看，支柱产业的快速压减会导致区域经济下滑、大量劳动力失业，引发区域性金融风险，带来巨大的社会稳定压力；从操作层面看，过去做通业主思想工作的办法已经行不通了，外地的先进经验在武安也水土不服，企业会认为有猫腻。

为破解难题，从2016年起，武安把去产能的任务进行"货币化"，创造性地建立了全国首个县级钢铁产能交易平台，"让不拆炉子的出钱、拆炉子的得到补偿"。

2.主要做法

首先，将省里布置的压减任务按比例分解到16家企业。之后，按每万吨铁、钢各100万元的标准缴纳钢产能指标置换交易金，形成一个资金池，专项用于补偿承担压减任务的企业。利用这笔交易金，武安搭建起产能交易平台，由平台统一调配和出售富裕产能，让企业各取所需。在市场这只看不见的手作用下，既解决了优势企业千金难买产能指标的问题，又解除了一些企业闲置高炉、转炉的负担，从而实现了资源优化配置，企业各得其所，多方共赢。

市场竞争力强、效益好的优势企业在保证装备都为优势产能的前提下，上缴交易金便可以将压减任务转移给其他企业。绝大多数中等规模的企业可根据自身发展需求、财务成本、装备情况等，自主选择"交钱保设备"或"去装备领钱"两条路径。发展空间受限、竞争力较弱的企业只能封存设备、整体退出，但能获得补偿。高炉拆除之后，除可获得国家、河北省给予的补偿外，还能从武安钢铁产能指标置换交易金中获得每万吨100万元的补偿，领到的交易金用于解决欠薪、职工集资和供货商欠款等难题。

2016年钢铁价格上涨，曾一度亏损严重的钢铁企业出现回暖现象。为了将交易互助金定得科学、合理，武安市发改局局长频繁赴企业调研。2017年武安市压减钢铁产能指标交易互助金的标准定为每万吨铁、钢各200万元，比上一年提高了一倍。

3.效果

武安市圆满完成了钢铁去产能任务，受影响职工全部妥善安置，钢铁行业质量、效益提升，政企关系没有因此形成对立，反而进一步深化了互信共信。县域经济稳中向好，没有出现经济断崖。武安市"钢铁产能指标交易"的经验做法已在全省推广。

4.经验与启示

（1）必须将地方实际与上级政策相统一，创造性地开展工作。提高政治站位，强化政治担当，自觉把钢铁去产能问题置于党中央、国务院推进供给侧结构改革的政治大局、发展大局中去把握、研判和决策，深刻认识到去产能不仅仅是落实上级交办的重要政治任务，更是地方经济发展到现阶段的必然选择，早去早主动，越晚越被动。

（2）行政化去产能和市场化去产能有机结合，形成工作合力。首先，根据产能情况把压减任务分摊到每家企业，让每一家企业都承担任务和责任，都有压力。其次，通过产能交易互助金制度，各企业之间形成"去产能共同体"。在政府和企业之间，进一步加深了互信共信的良好政企关系。牢牢把握"公平"二字，为企业提供多路径选项：对于压减装备的企业，财政动用调剂金补齐"缺口"，确保应补资金第一时间兑现到位；对按时足额缴纳交易金的企业，视为完成阶段性压减产能任务；对已完成压减任务，还有意愿进行超量减压的企业，仍可得到相应的交易金；对既不缴纳交易金，又不压减装备的，严格执行差别水电价和最严格的环保政策，直接压减到位。

（3）绿色发展涉及方方面面，平衡好政府、企业、群众三者的关系需要很大的智慧。必须将就业稳定与结构调整统筹考虑，把风险解决在可控范围之内，确保经济和社会两个大局的平稳。

第三节　推进京津冀生态共建共享

　　建立京津冀生态共建共享机制是解决京津冀社会经济发展与脆弱生态环境之间矛盾的客观诉求，是区域生态文明建设的重要任务。《京津冀协同发展规划纲要》把生态环境保护作为率先突破的三大领域之一。河北省作为京津冀一体化的生态屏障和缓冲地带，其自身生态环境质量和区域协同发展的生态要求之间存在着突出矛盾，是京津冀生态建设和环境治理的主战场。河北省积极拓展生态空间、扩大环境容量，推动京津冀区域生态环境共建共享机制。

一、积极推动和落实生态保护合作项目

1.与北京合作开展密云水库上游生态清洁小流域建设项目

　　河北省境内的潮白河流域水文网与北京市的延庆、怀柔、密云相连，作为同一个流域单元、同一个水资源系统，张家口、承德开展生态清洁小流域建设严重滞后于北京。河北省政府借力京津冀协同发展重大战略，将京冀共建水生态项目列入京冀合作"6+1"合作文件，多次组织省直相关部门进行协调。河北省水利厅多次邀请北京市水务局座谈沟通，并在海河水利委员会和北京市水土保持部门的指导下，编制了《河北省密云水库上游张家口、承德市两市五县生态清洁小流域建设规划》。通过科学谋划，先行破局，促成了共建生态清洁小流域试点项目。

　　2014年11月，京冀首个合作水生态项目试点在密云水库上游的滦平、丰宁、兴隆、赤城和沽源5县率先启动，引进北京市多年生态清洁小流域建设的成熟经验和先进技术，按照"同一治理目标、同一治理标准"的原则组织实施，北京市出资约占建设资金的一半，形成了京冀共同投入、合力推进水土保持和生态环境建设的

新格局。项目启动以来，河北潮白河水系流入北京的水量明显增加，并稳定在二类水质，实现了清水下山、净水进京入库的目标。在保障首都居民用水安全的同时，河北省的项目实施区域生态环境明显改善，为美丽乡村建设及当地群众脱贫致富奠定了坚实基础。2018年11月，京冀两地又签署了《密云水库上游潮白河流域水源涵养区横向生态保护补偿协议》。

2.积极构建京津冀生态环境支撑区

省政府印发《河北省建设京津冀生态环境支撑区规划（2016—2020年）》，以国家重点造林工程为带动，努力构建"一核四区"生态安全格局，即京津保城市生态空间核心保障功能区、坝上高原防风固沙生态修复功能区、燕山-太行山水源涵养与综合治理功能区、冀东沿海生态防护功能区、冀中南平原生态修复与高效林业功能区。京津保平原生态过渡带自2016年开始建设以来，累计造林绿化261万亩。五年来，京冀生态水源保护林建设合作项目累计营造林50万亩，京津风沙源治理二期工程建设面积共计122万亩。河北省与中央、北京市等合作完成张家口坝上地区退化林分改造，实现了高质量造林绿化。防沙治沙重点区域内的张家口、承德市，森林覆盖率分别达到39%和56.7%，由沙尘暴加强区变为阻滞区。

河北省还提出与北京市共同建设具有生态保障、水源涵养、旅游休闲、绿色产品供给等功能的环首都国家公园。2020年上半年，国家发展改革委发布了《北京市通州区与河北省三河、大厂、香河三县市协同发展规划》，指出统筹山水林田草系统治理，共建北运河潮白河生态绿洲，全面提升综合环境质量，构筑首都东部生态安全格局。

二、推动建立跨区域水权交易和生态补偿长效机制

1.探索引滦入津上下游横向生态补偿机制

早在2012年，河北省与天津市着手启动引滦流域跨界水环境补偿工作，编制了《引滦流域跨界水环境补偿方案》，并呈报原环保部、财政部。之后近四年间，

两省市有关部门对引滦入津水环境生态补偿事宜进行反复沟通、协商。在财政部、原环保部组织协调下，冀津两地于2017年签订《关于引滦入津上下游横向生态补偿的协议》。三年试点期间，两地财政各出资3亿元，设立引滦入津上下游横向生态补偿资金，专项用于引滦入津水污染防治工作。中央财政依据考核目标完成情况确定奖励资金，拨付给河北用于污染治理。第一期补偿协议至2018年12月履约到期，河北省全面履行协议中的义务条款，全面启动清理、取缔潘家口和大黑汀水库网箱养鱼等工作，圆满完成各项治理任务。网箱养鱼清理后，经环保部门检测，大黑汀水库水质中总磷下降了90%以上，2018年以来大黑汀水库水质每个月均能满足Ⅲ类水质要求，潘家口水库水质始终保持在Ⅲ类及以上。与2015年底相比，滦河上游流域水质明显改善。

2020年年初，河北省政府与天津市政府签署《关于引滦入津上下游横向生态补偿的协议（第二期）》，通过深化跨界流域横向生态补偿机制，推进生态环境综合治理，确保水质基本稳定并持续改善。与第一轮合作相比，第二期协议实现了四方面的突破和创新。一是水质考核目标提高，自2020年起，考核断面水质月均值达标率要提高到100%或年均值达到地表水Ⅱ类标准，增加总氮奖惩指标。二是补偿标准上，天津市设置了浮动奖惩资金，如考核断面总氮指标降低，河北省每年可多获得补偿金。三是主要任务上，在单一由河北开展保护和治理的基础上，增加了天津市联防联控任务。四是在协调联动上，丰富了冀津两地的合作内容，通过联合调研、联合执法、联合监测等，共同解决水环境保护突出问题。冀津两地还制定了《引滦入津上下游横向生态保护补偿实施方案（第二期）》，明确了两地的主要任务，河北省将潘家口、大黑汀水库纳入生态红线保护范围并加强管控，在流域内深入推进涉污企业、尾矿砂、农业源、生活源等专项治理工作，确保水质达到考核目标。冀津两地还将持续探索流域治理的区域协同新模式。

2.探索跨区域水权交易

多年来，北京市采用行政手段从河北省调水，对供水地缺乏有效的补偿机制。为贯彻落实中央关于市场要对资源配置起决定性作用的精神，水利部于2016年出台了《水权交易管理暂行办法》，国家级水权交易平台——中国水权交易所挂牌运营。为保障首都供水安全和周边地区社会经济共同可持续发展，在国家相关部委的推动下，向首都输水的方式从以往的倚重行政手段进行审批调度和集中输水改为水权交易。2016年6月，在永定河上游集中输水基础上，河北友谊水库、响水堡水库与受让方北京官厅水库代表签署水量交易协议。本次交易以《21世纪初期首都水资源可持续利用规划（2001－2005年）》《永定河干流水量分配方案》为政策依据，创造了"高位协调推动+专业平台"介入的成功经验。

2016年7月，河北云州水库与北京白河堡水库管理处通过协商达成输水意向，10月签署交易协议。首次交易期限为一年，交易水量按照集中输水实施方案测算，交易价格按永定河上游集中输水统一价格执行，即放水0.06元/立方米、收水0.35元/立方米。当年12月，集中输水工作顺利完成，经统计，河北云州水库放水1385万立方米，北京白河堡水库净收水量为987万立方米，收水率为71.3%。本次水权交易建立了由水利部海河水利委员会、两省一市有关单位、水权交易所共同参与的新的输水工作机制，为未来集中输水工作进一步市场化奠定了制度基础，为保障交易相关方权益、体现水资源真实价值做出了有益探索。

三、与京津携手治霾

针对京津冀区域大气污染问题，河北省跳出"一亩三分地"，积极与京津进行联防联控。

1.开展跨区域碳排放权交易

2014年12月，北京市和河北省宣布在全国率先启动跨区域碳排放交易试点建设，承德市作为河北省的先期试点，其境内纳入碳交易体系的重点排放单位将完全以平等地位参与北京市场的碳排放交易。丰宁满族自治县大滩镇孤石村、二道河子村等6个村共1544户村民成为河北省因林业碳汇交易受益的首批林农。运行一年后，丰宁千松坝林场碳汇造林一期项目完成交易69191吨，平均交易价格每吨

36.73元，实现交易额254.14万元。

2.在大气联防联控中自觉承担责任

河北省不但落实好属地责任，对各类大气污染源采取严格控制措施，而且协同京津制定、实施区域性污染物排放限值标准，在环境空气质量标准、应急预案标准方面和京津实现统一。河北省积极参与京津冀生态环保协同立法，历时一年半，于2020年1月制定出台了《机动车和非道路移动机械排放污染防治条例》，在法规名称、体例结构、核心条款、基本标准、关键举措及重要表述上最大限度和京津保持一致。河北省全力打造张家口可再生能源示范区，积极谋划建设"张家口-雄安新区"等可再生能源电力输送通道，为京津优质、清洁能源供应提供保障。

第四节　深入开展地下水超采综合治理

河北省是典型的资源性缺水省份，也是全国唯一没有大江大河过境的省份。作为世界上地下水开发范围最广、规模最大、强度最高的地区，华北地下水开采量远大于补给，造成严重超采。经过持续近50年的超采，华北地区地下水超采面积达18.1万km²，成为全国最大的地下水漏斗区、地下水超采和地面沉降最为严重的地区，引发了河道断流，湿地水面萎缩、地面沉降、地裂缝、海水入侵、水质恶化等一系列"并发症"。地下水超采问题使海河流域失去了安全用水储备，成为华北地区生态文明建设和京津冀协同发展的突出短板。

2014年2月，习近平总书记就保障水安全做出重要讲话。他精辟论述了治水对民族发展和国家兴盛的重要意义，提出了一个振聋发聩的问题，"原油可以进口，世界石油资源用光后还有替代能源顶上，但水没有了，到哪儿去进口"。他深刻分析了我国水安全新老问题交织的严峻形势，提出"以水定城、以水定地、以水定人、以水定产"和"节水优先、空间均衡、系统治理、两手发力"的发展思路。2016年7月28日，习近平总书记在唐山市考察工作时指示："要深入开展地下水超采综合治理，努力实现采补平衡，使华北平原这一世界上最大的地下水漏斗区得到有效控制和改善。"

2014年，中央一号文件明确要求"开展华北地下水超采漏斗区综合治理"，先期在河北省开展试点。河北省委省政府将地下水超采治理作为一项打基础、利长远的民生工程、命脉工程来抓。试点工作领导小组由省长任组长，编制了《河北省地下水超采综合治理规划》和分年度的《地下水超采治理试点工作方案》，经财政部、水利部、农业部、国土资源部等领导和专家充分论证后印发，探索形成了"确权定价、强化管控、内节外引、综合施策"的综合治理模式。2019年1月，水利部、财政部、国家发展改革委、农业农村部制定了《华北地区地下水超采综合治理行动方案》，这是我国乃至世界首次提出的大区域地下水超采综合治理方案，将为全球地下水超采治理提供中国样本。《方案》明确了"节、控、调、管"四项治理措施，即强化节水、实行禁采限采、调整农业种植结构、充分利用当地水和外调水置换地下水开采。其中，强化节水是前提，禁采限采是保障，种植结构调整、当地水和外调水置换是关键，也最为迫切。

河北省按照"一减、一增"的思路，采取"节、引、调、补、蓄、管"六大综合措施，整体、系统推进地下水超采治理。"一减"，主要是强化节水，减少对地下水的开采；"一增"，是指建立常态化的生态补水机制，通过扩容增蓄提高经济发展的水资源承载力。

一、压减地下水超采量

河北省认真践行习近平总书记"节水优先、空间均衡、系统治理、两手发力"的治水思路，将节水作为解决水资源短缺、水生态损害、水环境污染三大水问题的重要举措。以强化水资源承载能力刚性约束为抓手，以实行水资源消耗总量和强度双控为关键，以重要行业和领域节水为重点，强力推进社会节水工作。2019年8月印发《河北省节水行动实施方案》，2020年2月印发《河北省推进全社会节水工作十项措施》。

在压减地下水超采量过程中，河北省创新机制，采取了以下做法：

1.注重发挥市场作用，激发群众节水的内生动力

（1）推进水权交易。长期以来，由于水权归属不明晰，造成了喝"大锅水"现象严重，占全社会用水总量70%以上的农业用水的效率和水分生产率在低层次上徘徊。2014年，以地下水超采综合治理试点工作为契机，河北省政府办公厅印发了《河北省水权确权登记办法》，发放水权证1033万套，为开展水价改革奠定基础。2016年，出台《河北省农业水权交易办法》《河北省工业水权交易办法》，探

索实施取用水户间自主交易、产权流转交易中心平台交易、委托用水合作组织交易和政府回购等多种形式的水权交易方式，在中国水权交易所平台上实现了全国首单农业水权额度内的水权交易。

（2）不断创新水价形成机制。制定出台《农业水价综合改革实施意见》和《农业水价改革及奖补办法》，全面推行农业用水"一提一补""超用加价""终端水价"等改革模式；工业用水实行差别水价制度，城市居民用水实行阶梯水价制度，城市非居民用水实行超额累进加价制度。印发《关于建立健全水价调整补偿机制意见的通知》，创新性提出建立水价动态调整机制。在2017—2019年过渡期内，南水北调受水区9市92县实施城市水价调整补偿政策，水价基本达到补偿成本水平，以增加江水使用量，减少地下水开采使用。

（3）不断深化水资源税改革。在全国率先实行水资源费改税，构建了具有河北特色的"1+15"水资源税政策体系，形成了"水利核准、纳税申报、税务征收、联合监管、信息共享"的新型征管模式。

2.强化政府管控

制定出台了《河北省地下水管理条例》《水功能区管理规定》《地下水压采效果评估办法》等法律法规，推进依法治水。印发《河北省实行最严格水资源管理制度红线控制目标分解方案（2016—2020年）》《河北省水资源消耗总量和强度双控实施方案（2016—2020年）》，明确了省、市、县三级用水总量和用水效率"红线"控制指标体系，并将各市用水总量、万元GDP用水量、万元工业增加值用水量、农田灌溉水有效利用系数等总量、强度"双控"指标纳入重点考核内容。以"三条红线"用水总量控制指标为上限，落实最严格水资源管理制度。强力组织关停井，已关停4164眼城镇自备井，张家口坝上、黑龙港等旱作雨养地区关停农村灌溉机井3300多眼。

3.采取农艺节水、调整结构等综合措施

按照中央确立的"以水定产"原则与要求，发展旱作雨养农业，实施农作物

轮作休耕，严格控制地下水灌溉面积和灌溉水量，实现地下水资源可持续利用。投资17.9亿元，在石家庄、沧州、衡水等8个市33个县（市、区）实施农村生活水源置换项目，受益人口336万人。投资9.3亿元，实施21个农村灌溉水源置换项目，利用南水北调水、滦河水和当地水库水，置换地下水灌溉面积50万亩。30万亩旱作雨养全部完成，536万亩小麦节水品种种植全部落实到县、落实到地块。[①]在农业农村部组织和支持下，在地下水漏斗区开展季节性休耕试点，鼓励农户在休耕期间种植绿肥作物，不浇水，不收获，下茬作物播种前翻耕入田，提高土壤肥力。2014年以来休耕960万亩次，休耕区年减少地下水开采量3亿立方米以上。优化种植结构，调减小麦、蔬菜等高耗水作物生产，争取到了农业农村部调减河北省2020年粮食播种面积目标任务220万亩。

4.创新项目建管机制，提高社会参与压采工程建设和管护的积极性

鼓励运用PPP模式进行农田水利工程建设、运营和维护。邢台市威县建立"建管服一体化"管理模式，沧州市献县委托公司负责地表水工程运行、维护和管理。针对节水灌溉系统缺乏专人和专业机构进行后续管护，导致设备损毁严重、使用年限大大缩短、效益低下，河北省积极鼓励推行委托、承包、租赁、购买公共服务等市场化、专业化、社会化水利工程管护方式，发展各类灌溉服务组织2200余个。

经过以上措施，2015—2019年，全省用水总量从187.2亿立方米减少到182.3亿立方米，同时支撑GDP增长了29%；人均用水量由252立方米下降到240立方米，累计下降4.8%；万元GDP用水量由70.9立方米减少到53.4立方米，在全国排名第12；万元工业增加值用水量由22.5立方米减少到16.3立方米，在全国排名第5；农田灌溉水有效利用系数由0.67提高至0.674，在全国排名第4，仅次于京沪津。河北省用全国0.6%的水资源生产了全国5.6%的粮食，养活了全国5.4%的人口，支撑了全国4%的国内生产总值，用水效率达到全国领先水平。[②]

---

① 全国最大地下水漏斗区地下水位下降趋势减缓[EB/OL]. 新华网，2019-11-27.

② 11月27日河北举行"河北省'十三五'节约用水成效"新闻发布会[Z]. 河北省人民政府新闻办公室，2020-11-27.

二、扩容增蓄

通过南水北调水、适度增供引黄水等进行生态补水，推进水源置换，替代地下水的利用。

南水北调中线、引黄入冀补淀等工程相继建成后，缓解了河北省水资源供需矛盾，也为生态补水的实施创造了条件。2018年9月，河北省政府联合水利部启动了滹沱河、滏阳河、南拒马河三条河道的生态补水试点，将生态补水纳入河（湖）长制考核内容。2020年，以上游水库水和再生水、雨洪水等非常规水源为补充，将补水河湖扩展到21条。抓住南水北调中线工程加大流量输水的有利时机，有序安排省内重点河道生态补水。2018年以来，河北省累计引调江水达74亿立方米，其中生态补水达34亿立方米；加大引黄工作力度，突破过去四月引黄的惯例，做到全年能引尽引，2018年以来，累计引调黄河水达29亿立方米；科学调度本地水库水，最大限度拦蓄雨洪水。通过统筹外调水与本地水库水，向滹沱河、滏阳河等42条河道及3个湖泊实施生态补水，累计达到53亿立方米。经过连续3年的调水、补水，促进了地下水回补和地下水生态涵养，华北地区"有河皆干、有水皆污"局面逐步改观。[①]

2014年以来，河北省地下水位下降趋势有所减缓，2019年浅层地下水相对回升0.88米，深层地下水相对回升3.32米，年沉降大于50毫米的严重沉降面积由2015年的1.79万平方公里减少到2019年的0.93万平方公里，形成了可复制、可推广的综合治理模式。

河北省地下水超采是经济社会高速发展、高强度水资源开发利用、气候环境变化等多种因素相互交织、不断累积的结果，是长期性、累积性和结构性的问题。要将节水作为一项战略方针长期坚持，把节水工作贯穿于国民经济发展和群众生活的全过程，全面建设节水型社会。

---

① 常钦. 华北地区河湖生态补水深入推进[N]. 人民日报，2020-11-29.

第五节　加快推进能源生产消费革命

能源安全是关系国家经济社会发展的全局性、战略性问题。我国已成为世界最大的能源生产国和消费国，面临着能源供求关系紧张、能源生产和消费对生态环境损害严重等挑战。党的十八大以来，以习近平同志为核心的党中央提出了"能源革命"的战略思想，并做出系统规划。2014年6月，中央财经领导小组第六次会议上，习近平总书记首次提出推动能源消费、能源供给、能源技术和能源体制四方面的"革命"，全方位加强国际合作，实现开放条件下的能源安全。"四个革命、一个合作"的重要论述阐明了能源生产消费革命作为生态文明建设基础性工程的重要意义，是保障国家能源安全、促进人与自然和谐共生的治本之策。

河北作为能源生产大省和消费大省，能源"三低一重"问题日益突出，推动能源革命尤为必要和迫切。一是安全保障能力低。河北省能源消费弹性系数连续多年高于能源生产弹性系数，能源供求形势从1980年的供过于求，到1989年基本持平，再到2008年以后的供不应求，能源省外依存度越来越高。2015年，煤炭、石油、天然气省外净调入量分别达72%、65%、88%。二是供需结构层次低。2017年煤炭占全社会能源消费比例达83.6%，比全国平均水平高出23个百分点。三是综合利用效率低。河北省单位GDP能耗由2005年近2亿吨标准煤下降到2008年的1.727吨标准煤/万元，但仍大幅高于全国平均水平（1.102吨标准煤/万元），2015年降低到0.961吨标准煤/万元，但仍高于全国（0.869吨标准煤/万元）；2017年下降到0.87吨标煤，仍比全国平均水平高出47%。四是生态环境污染重。在能源结构上，河北省煤炭消费占比由1999年的90%降至2017年的83%，但清洁能源占比仍然较低，燃煤成为大气污染和二氧化碳排放的重要源头。

另一方面，河北具备推动能源革命的客观条件。比如，河北是华北地区地热资源最丰富的省份，地热储藏量在全国仅次于西藏和云南。张家口、承德市是全国太阳能资源二类地区。河北省是我国七个千万千瓦级风电基地之一，早在2012年风电装机容量已位列全国风电装机总量的前三位。围场满族蒙古族自治县、平山县、承德县、张北县、藁城市因可再生能源开发利用基础较好、成绩突出、目标明确、管理体制健全，入选国家能源局、财政部、农业农村部授予的首批108个绿色能源示范县。

为贯彻落实习近平能源革命战略思想，依据国家《能源生产和消费革命战略（2016—2030年）》《京津冀能源协同发展规划（2016—2025年）》等，河北省先后出台了《"十三五"能源发展规划》《可再生能源发展十三五规划》，明确积极推进能源生产革命、能源消费革命、能源技术革命、能源体制革命、能源战略合作和能源惠民共享等6个方面重点工作，本着安全可靠、绿色低碳、多元互补、节约高效的基本原则，力图达到控制总量、优化供给、调整结构、提高效率、降低排放、改善民生的目标。

目前，全省推进能源革命，加快构建新型现代能源体系，在以下几方面的前沿创新尤为突出：

一、张家口可再生能源示范区建设

张家口市是我国华北地区风能和太阳能资源最丰富的地区之一，市域内可开发风能资源储量达4000万千瓦以上，太阳能可开发量超过3000万千瓦，生物质资源年产量200万吨以上，具备建设世界级大型风电场和太阳能发电场的良好自然条件。同时，张家口位于京津的上风口，是国家西电东送和北电南送的咽喉要地，是500千伏输电大通道。张家口市已建成全国首个"双百万千瓦级国家风电示范基地"，总装机量位居全国前列。

2015年7月，张家口获国务院批准设立首个"可再生能源示范区"，示范区省部协调推进工作领导小组组长由国家发改委、河北省政府、国家能源局主管领导共同担任。国务院批复的《河北省张家口市可再生能源示范区发展规划》指出："将示范区建设成为可再生能源电力市场化改革试验区，可再生能源国际先进技术应用引领产业发展先导区，绿色转型发展示范区，京津冀协同发展可再生能源创新区，为我国可再生能源健康快速发展提供可复制、可推广的成功经验。"

截至2021年年初，示范区规划提出的"三大创新（体制机制创新、商业模式创新、技术创新）、四大工程（规模化开发工程、大容量储能应用工程、智能化输电通道建设工程、多元化应用示范工程）、五大功能区（低碳奥运专区、可再生能源科技创业城、可再生能源综合商务区、高端装备制造聚集区、农业可再生能源循环利用示范区）"建设任务均取得突破进展。

就硬件设施建设而言。为加快风力发电的消纳，张北建设了世界上首个集风电、光伏发电、储能系统和智能输电于一体的示范工程——国家风光储输示范工程，和沽源"奥运风光城"多能互补集成优化示范工程入选国家首批多能互补集成优化示范工程。全世界电压等级最高、输送容量最大的柔性直流电网工程——张北±500千伏柔性直流示范工程已开工建设。张家口市基于绿色数据中心能源灵活交易的能源互联网试点示范项目和张北县"互联网+智慧能源"示范项目入选国家能源局首批56个"互联网+"智慧能源（能源互联网）示范项目。

就体制机制创新和商业模式创新而言，张家口首创的"四方协作机制"开创了全国首个将可再生能源电力纳入市场直接交易的成功范例，拓宽了传统电力的"发-输-用"单一化交易渠道，建立新型的多对多交易机制，形成了变"弃风弃光电"为"低成本经济电"新模式。从根本上降低可再生能源电力使用成本，促进可再生能源多元化应用，推动清洁电力的大规模消纳，实现了政府要绿、企业要利、居民要暖的多赢。这一做法不但服务于"绿色冬奥"，而且为京津冀地区推广绿电铺路，为国家推进北方地区冬季清洁能源供暖、突破可再生能源消纳瓶颈提供了可复制、可推广的成功经验[①]，被列入国务院第五次大督查发现的130项典型经验做

---

① 张家口"四方协作"机制使电供暖用户享0.15元/kWh电价与燃煤集中供热成本基本持平[N]. 张家口日报，2019-01-03.

法，给予通报表彰。[①]

为深入贯彻落实习近平关于"推进北方地区冬季清洁取暖"和视察张家口重要讲话精神，充分发挥张家口可再生能源示范区先行先试的政策优势，张家口市于2017年2月首创"政府+电网+发电企业+用户侧"共同参与的"四方协作机制"。即由政府牵头，与电网公司合作建立可再生能源电力市场化交易平台，风电企业将最低保障收购小时数之外的发电量通过挂牌和竞价方式在平台开展交易，通过市场化交易将清洁电力直接销售给电供暖用户；同时，通过风电企业让利和降低输配电价政策，使电供暖成本与燃煤集中供热基本持平，促进可再生能源多元化应用，提高就地消纳比例。2017-2018年采暖期，张家口共完成6次可再生能源市场化交易，电供暖用户可享受到0.15元/千瓦时的优惠电价，较正常的低谷电价0.28元/千瓦时降低了近一半，为清洁能源供暖推广扫清了障碍。2019年，张家口市共组织12次可再生能源电力市场化交易，交易电量6亿千瓦时，同比增长170%，为电供暖用户、高新技术企业等节省电费支出约1.5亿元。[②]2018年底，省发改委出台《张家口零碳冬奥绿色电力交易实施办法》，为绿电交易的规范有效推进奠定了政策基础。2019年，张家口首次将2022年冬奥赛区场馆及配套项目纳入可再生能源市场化交易，为筹办绿色冬奥会保驾护航。

二、高质量推进"双代煤"工程

推进北方地区清洁取暖，实施气代煤、电代煤（以下简称"双代煤"）是党中央做出的重大决策部署，是深化京津冀大气污染防治的一项决策部署，也是一项民生工程。从2015年起，河北省实施气代煤农村"能源革命"，累计完成石家庄、雄安、廊坊、保定、衡水、唐山等地农村气代煤改造工程70万户，惠及300余万农村

---

① 张家口"四方协作"机制使电供暖用户享0.15元/kWh电价与燃煤集中供热成本基本持平[N]. 张家口日报，2019-01-03.
② 王宁，孙军：2019年"四方协作"机制再结丰硕成果 累计交易电量突破10亿千瓦时[EB/OL]. 张家口新闻网，2020-04-30.

百姓。[①]气代煤改造工程带来了清洁取暖和厨房革命，更为打赢蓝天保卫战提供了坚实的保障。2017年，全省共完成"双代煤"253.7万户，可减少散煤燃烧634.25万吨，削减二氧化硫排放4.06万吨、氮氧化物排放1.27万吨、烟尘排放7.14万吨，减排效果明显。2017年12月1日至12月15日的监测数据显示，"双代区"空气质量明显好于"非双代区"，"双代煤"对空气质量改善的贡献率占30%左右。[②]

在农村"双代煤"执行过程中，由于地方政府层层加码，2017年曾出现实际完成数大大超出计划而引发大规模气荒问题。河北省气代煤电代煤工作领导小组办公室等三部门于2018年8月发布《当前双代工作亟需解决的问题》，提出严格落实燃气特许经营制度，规范市场秩序；妥善处理收缴燃煤炉具问题，将保障群众温暖过冬作为推行清洁取暖的首要任务；严格掌握政策界限，坚决防止违规实施、弄虚作假等行为。河北省"十四五"规划《建议》提出"积极稳妥推进冬季清洁安全取暖"，增加了"安全"两字和"积极稳妥"这一前置词，表明河北省及时纠偏、稳步推进能源革命的决心。

三、启动大规模光伏扶贫项目

光伏扶贫是我国发展产业扶贫、资产收益扶贫的崭新尝试，是精准扶贫世界首创的中国方案。"在具备光热条件的地方实施光伏扶贫，建设村级光伏电站，通过收益形成村集体经济，开展公益岗位扶贫、小型公益事业扶贫、奖励补助扶贫。"2017年6月，在深度贫困地区脱贫攻坚座谈会上，习近平总书记的关心与肯定为光伏扶贫的发展指明了方向、提振了士气。

河北省因积极性高、配套政策完备，于2015年被国家能源局、扶贫办选为首批光伏扶贫试点省。河北省研究制定了工程建设、竣工验收、运维管理、收益分配等一系列规范文件，出台电价补贴和全额收购政策，增加扶贫收益，调动社会各界积

---

① 杨文娟，刘子涛，毛慧. 聚焦河北首批"气代煤"农村地区：300余万农村百姓受益[EB/OL]. 人民网-河北频道，2020-08-01.

② 段丽茜. 我省"双代煤"工程效果明显[N]. 河北日报，2018-01-07.

极性。在随后光伏产业遇冷的低迷期，河北省发改委印发《全省分布式光伏发电建设指导意见(试行)》，提出以实施"煤改气"为契机，建设"光伏+热源"供暖项目，在有条件的地区发展屋顶分布式光伏扶贫，到2020年力争实现分布式光伏发电规模翻倍。这一做法提振了本省光伏产业士气，为未来几年省内光伏产业的发展指明了方向，对于全国光伏产业的发展有着积极的参考意义。2019年，河北省发改委、省扶贫办以全省35个有易地扶贫搬迁（"空心村"治理）任务的贫困县的406个集中安置点为重点，按照"宜建则建"原则组织开展屋顶光伏项目建设，有效增加集体和农户收入。自2015年开始试点到2019年底，河北省建成光伏扶贫电站装机容量达392.3万千瓦，装机规模居全国首位，电站分布在43个国家级贫困县，实现了具备建设条件的建档立卡贫困村全覆盖，可连续20年发挥扶贫作用，年收益约8.7亿元。[①]

亿利集团在张北县小二台镇德胜村垫资建设的集中式农光互补光伏扶贫电站，功率达5万千瓦，电站的收益归集体分配，优先帮扶重度残疾、重大疾病、无劳动能力人群等深度贫困户，户均补助3000元；对一般贫困户，按每人每月500-1000元优先提供日常的电站清洗维护等公益性岗位；光伏板下的土地可由贫困户承包，种植蔬菜、土豆、灌木苗圃、蘑菇等，企业下订单回购。2018年1月24日，习近平总书记到张家口考察调研，在亿利集团张北县光伏扶贫项目点做出重要指示：希望把切实可行的事抓紧做起来。河北省丰宁满族自治县在2020年2月成功脱贫摘帽，其中光伏精准扶贫发挥了重要作用。通威公司捐赠修建了5KWp和30KWp的独立太阳能光伏电站，开展了配套设计的温室大棚、灌溉和绿化工程建设，有效解决了蔬菜、药材、沙棘等高附加值作物种植的灌溉问题，每年为当地村民增加收入数十万元，使当地农牧民的生活和生态进入良性循环。

光伏扶贫虽然具有覆盖面广、收益稳定、持续时间长的优势，但也面临电网改造难、市场管理混乱、光伏电站后期运营维护缺乏保障等困难。河北省政府已经意识到这些问题，不断出台有针对性的配套政策。新的乡村光伏生态必将助力能源系统重构，减轻生态压力，实现人与自然的和谐共生。

---

① 孔思远. 河北光伏扶贫电站发电装机容量达392.3万千瓦 居全国首位[EB/OL]. 河北新闻网，2020-11-12.

第六节 完善生态环境治理体系

环境治理既靠政府主导，也靠社会各界积极参与。河北省加快完善生态文明建设制度体系，力求规范，管住长远。明确政府在环境治理中的职责，重视发挥社会组织和公众在生态文明建设中的作用。

一、用最严密法治保护生态环境

在现代社会，能够约束人们行为的规范，一是法律法规，一是伦理道德。法律是治国之重器，良法是善治之前提。近年来，在生态环境保护领域，河北省人大常委会先后制定、修订地方性法规16部，批准设区市人大常委会相关立法28部，批准自治县单行条例2部，占同期全部立法项目的40%，相继出台《河北省大气污染防治条例》《关于加强扬尘污染防治的决定》《河湖保护和治理条例》《河北省绿化条例》《生态环境保护条例》《河北省促进绿色建筑发展条例》，修改了《河北省陆生野生动物保护条例》《河北省实施〈中华人民共和国森林法〉办法》等多项地方环境法规。

2015年通过的《河北省国土保护和治理条例》是全国首部关于国土保护和治理的综合性地方法规，明确规定实行自然资源有偿使用制度、建立生态补偿制度和黑名单制度，最大的亮点是针对国土治理制定了刚性惩罚规定：县级以上人民政府应当建立国土资源环境损害责任终身追究制。条例加重了国家机关及其工作人员不作为或乱作为的法律责任，加大了行政处罚力度，对向耕地排放或倾倒废水、废气、固体废弃物的，按日累积处罚和按面积处罚。

2016版《河北省大气污染防治条例》启动了史上最严治霾法规。2018年9月1

日起施行的修订版《河北省水污染防治条例》是水污染防治法实施后全国首部修订的水污染防治地方性法规，也是河北历史上最严水污染防治法规。

环境气象工作被省政府纳入《河北省大气污染防治工作计划》，相关职责被写入《大气污染防治条例》《大气污染防治责任追究办法》等地方法规和规章，在全国范围内率先将环境气象工作上升到气象部门依法履职、落实政府公共服务事权的高度，提升了气象部门在大气污染防治工作中的影响力。

在全国率先组建省、市、县环保警察队伍，在河北省高级人民法院、省人民检察院分别设立环保审判庭、生态环境保护检察处，出台加强环境保护行政执法与刑事司法衔接工作的实施意见，建立"案件移交考核通报制度"，开辟生态环境部门向公安机关移交刑事案件的"绿色通道"。

1.《河北省生态环境保护条例》

2020年3月通过的《河北省生态环境保护条例》对标对表中央和河北省生态环境保护重大部署，突出立法的完整性、统一性、创新性、实效性，对构建现代生态环境保护治理体系和提升治理能力做了制度创新，提出了生态环境保护法治化、制度化、规范化的"河北方案"，为以法治思维和法治方式解决群众反映强烈的生态环境问题、加快建设天蓝地绿水清的美丽河北奠定了坚实的法治基础。

坚持整体保护、系统治理，建立完整的生态环境保护制度体系。条例基于生态环境的整体性、系统性特点，吸收生态文明建设、生态文明体制改革最新成果，借鉴生态环境保护前沿理论，做了整体保护、一体推进的制度设计。将《河北省环境保护条例》名称修改为《河北省生态环境保护条例》，体现了完善生态文明制度体系，突出生态环境的整体保护这一价值取向。从保护和改善生态环境到防治污染和其他公害，从公众参与到区域协同，从绿色生产、绿色生活、绿色消费到绿色采购、绿色金融、绿色科技，从绿色农村、绿色农业到绿色矿山、绿色能源、蓝色海洋，从生态环境保护责任清单到生态文明建设目标评价考核等，形成了体系完备、科学规范、严格有效的生态环境保护法律制度。在保护和改善生态环境一章中，增设了限期达标、"三线一单"、生态恢复、生物多样性保护、生态补偿等规定，极大地丰富了生态环境保护的制度内容和方法举措。

遵循法制统一、衔接有序，具化实化了生态环境保护重要法律制度。条例坚持上下衔接、横向兼顾，既与上位法的规定相一致，又与河北有关地方性法规相衔接，保障制度的系统性、整体性和协同性。在对接现行法律、行政法规时，不照搬照抄，在体现制度内涵的基础上，细化具体规定，力求可操作、能实施、真落地。比如，条例健全了环境影响评价制度，增加了环境影响后评价实施的规定；规范了生态环境监测制度，对生态环境监测机构提出了资质管理、质量管理等要求；完善了生态保护补偿制度，明确了共建共享、受益者补偿和损害者赔偿的原则，拓展了补偿的方式方法；完善了重点污染物排放总量控制制度，提出了等量、倍量替代措施，对重金属污染防治实施总量控制；充实了企业生态环境管理责任制度，列举了企业应当建立的管理责任体系，规定了管理措施；制定了重点排污单位管理制度，对自动监测提出具体要求；完善了环保"三同时"、环境统计、垃圾分类管理等制度。

突出科学精准、规范有效，创设了一系列生态环境保护的新制度、新举措。条例坚持顶层设计和法治实践相结合，突出目标导向、问题导向、结果导向，聚焦河北大气、水、土壤、海洋等污染防治实践中的突出问题，及时把中央最新精神和文件要求转化为法规规定的具体措施，将地方成熟经验、有效做法总结、提炼为制度成果，着力构建导向清晰、决策科学、执行有力、激励有效、多元参与、良性互动的环境治理体系。条例对接国家构建现代环境治理体系重大部署，做了相应的制度设计。建立了部门生态环境保护责任清单制，新增了生态环境保护督察、约谈、区域限批、挂牌督办等制度，推动健全环境治理领导责任体系。专设信息公开和公众参与一章，实行强制性环境治理信息披露制度，完善举报投诉等制度，着力健全环境治理全民行动体系。鼓励和支持环境污染第三方治理，探索开展小城镇生态环境综合治理托管服务，对企业生态环境信用评价做出制度安排。

条例用最严格制度、最严密法治保护生态环境。在条款设计上，注重强制性法律规范构成要件，明确条件，规束行为，严格责任，充分发挥预测、引导、评价、教育、惩戒等功能。条例规定了政府和有关部门在生态环境保护中的法定职责，明确了不依法履职、滥用职权、玩忽职守、徇私舞弊行为的法律责任，形成协同联动推进生态环境保护的强大合力。条例新增了对违反排污许可管理、环境管理台账记录弄虚作假等违法行为的处罚，规定了生态环境监测机构篡改、伪造监测数据或出具虚假监测报告的法律责任，创制了拒不执行重污染天气应急减排措施的处罚条款，充实了按日连续处罚的行为种类。用两个条款分别规定了生态环境公益诉讼和生态环境损害赔偿制度，完善了对环境污染、生态破坏追责方式，体现了环境有价、损害担责的理念。

2.《河北省水污染防治条例》的修订

2018年修订的《河北省水污染防治条例》是水污染防治法实施后全国首部修订的水污染防治地方性法规，也是河北历史上最严的水污染防治法规。亮点在于：

首先，首次将环保督察的成熟经验上升为地方性法规予以固定，在我国环保督察法制化进程中走在了前列。在丰富监管的方式方法上，条例对约谈和限批制度以立法的形式进行了规范和固定。强化地方政府水环境保护责任是"水十条"中的亮点之一。

其次，首次将河（湖）长制写入其中，推动河（湖）长制从"有名"向"有实"转变，有利于强化党政领导对水污染防治的责任。条例把省里有关规定和各地的实践经验以立法的形式固定下来，在四级河（湖）长制的基础上将村级纳入其中，创新五级河（湖）长制组织体系，乡级以上设"总河（湖）长"。

再次，采取最严格措施治理突出水污染问题。比如，修订后的条例列出专门条款对水污染物排放标准进行规定，明确了重点流域需执行相应排放标准的限值标准；明令禁止在饮用水水源二级保护区内从事网箱养殖等可能污染水体的活动，严于国家法律的饮用水保护措施；条例的第六十九条、七十条、七十一条、七十二条规定较水污染防治法的处罚金额更高。[①]

最后，对区域水污染防治协作专设一章，提出建立京津冀水污染防治协作机

[①] 周迎久，张铭贤．环保督察首次写入地方性法规[N]．中国环境报，2018．

制，并把全流域跨界断面水质目标责任考核、生态补偿机制两项机制以立法的形式固定下来，有利于统筹上下游、加强区域联动协作。

3.《河北省河湖保护和治理条例》

2020年3月起施行的《河北省河湖保护和治理条例》具有以下特色和亮点：

坚持规划先行，强化刚性约束。条例专章规定编制全省河湖保护和治理规划，规划内容应当符合国土空间规划、水域岸线管控、水资源消耗总量和强度双控等要求，依法划定河湖管理范围并与"三条红线"相衔接，严格规划审批、变更程序，增强规划执行刚性。条例规定，河湖管理范围划定应当与生态保护红线划定、自然保护区划定等相衔接，依法纳入国土空间规划，作为编制河湖保护和治理规划的基本依据。为提高规划实施的针对性，加强水源地保护和重点河湖专项整治，创新确立了河湖保护名录制度。

条例针对河北省河湖水资源短缺、水生态脆弱等突出问题，将节约优先、保护优先、自然恢复为主的方针贯穿条例始终。坚持跨区域统筹和全流域、全过程系统治理，强调统筹兼顾群众生产生活和河湖生态保护需求。对非法排污、设障、捕捞、养殖、采矿、围垦、侵占水域岸线等活动加大清理、整治力度，明确在河湖管理范围内禁止的八种行为。

推进"两区"建设和大运河保护。条例专门规定承德、张家口市应当按照要求采取水土保持、地下水超采综合治理、多源引水、保护湿地等措施，提升水源涵养功能，改善生态环境。条例规定大运河沿线设区的市、县级人民政府应当做好大运河文化保护传承利用、河道水系治理管护、生态保护修复等工作，实现大运河沿线区域绿色发展。

4.探索环境执法新举措

借助科技手段破解环境执法难题。2012年以来，河北省环保部门在智慧环保体系建设中，创新性安装、应用了污染源远程执法抽查系统，研发了工业污染源超标报警系统，自动监控数据，及时报告。在线监测和远程执法双管齐下，初步实现了对重点监控企业全天候、不定期、不定时的随时抽查，有效解决了环境执法中"进门难、抓现行难、取证难"的"三难"问题。实施"远程执法+现场取证"的环境执法新模式，既保证企业排污状况实时处于生态环境部门监管范围，为生态环境执法提供精准线索，又减少了对企业生产的无谓打扰，推动监管执法由被动向主动转变。2020年，平台实时监控发现张家口市宣化区某钢铁公的一个备用脱硫塔出口烟尘数据异常。系统报警后，企业并无反馈，平台系统默认属实，要求现场核实。宣化区生态环境执法大队立即赶赴现场，发现企业超低排放改造未完成，污染物超标排放，遂对企业罚款并责令限期整改。这是通过信息化手段实现精准执法的一个典型案例。2017年以来，省环保厅多次利用无人机航拍取证，查处多起环境违法案件。

实行执法人员定期轮换制度，建立健全内部监督机制。建立环境问题清单，依据清单调度地方整改，实行日调度、周督促、月通报。2017年第四季度，河北省连续3个月执法检查企业总数、日均执法检查人数和日均执法检查企业数均居全国第一。2018年以来，河北省环境执法人员针对不达标企业采取"一厂一策"的监管方式，将针对性强、简明实用的法律法规政策做成"综合大礼包"送给企业，编制具有可操作性的整治、提升方案，是河北省环境执法创新、科学、实用之举。生态环境部发文对河北省环境执法工作取得的显著成效给予通报表扬。

二、完善生态文明建设治理体系

结合法治河北建设，完善生态文明建设政策体系，推进生态文明建设治理体系和治理能力现代化。

1.深入落实生态环境保护目标责任制

确定可衡量的具体目标是国外学者公认的中国治理空气污染的成功经验之一。河北省严格按照国家《大气污染防治行动计划》各年度设定的具体目标，实行目标倒逼，夯实目标责任。2016年初，在全国率先制定并出台了《河北省环境保护督察实施方案（试行）》，将环境保护督察作为推动地方党委和政府环境保护主体责任落实、全面改善生态环境质量的重要抓手，明确两年对辖区的城市督察一遍。河北在全国率先完成省以下环保垂直管理体制改革试点，按照巡查、驻点相结合方式，逐步建立起"督政"的体制机制。

河北省生态环境保护委员会由省委书记、省长任双主任，发挥牵头抓总、统筹协调、督导检查作用；还将省中央环境保护督察整改工作领导小组调整为省委书记、省长双组长制，建立了生态环境保护工作省市县领导干部包联制度。2017年，省生态环境保护委员会印发了《河北省生态环境保护责任规定（试行）》，坚持"党政同责、一岗双责、责权一致、齐抓共管"的原则，明确党委、政府及有关部门、中直驻冀单位、金融机构、人民法院和人民检察院等55个部门负有生态环境保护责任，责任条款共计248项。这是当时我国出台的生态环境保护责任规定中，涉及部门最多、范围最广、职责划分最细的一份责任规定。与已出台相关文件的省份相比，河北省责任主体突出，增加了审判、检察机关的环保工作职责。系统完整、边界清晰的《责任规定》是河北省生态文明绩效考核和生态环境监督问责的依据，推动全省生态文明建设形成各部门分工合作的"大合唱"局面。在此基础上，河北编制了《河北省政府职能部门生态环境保护责任清单》，对26个政府部门的151项监管职责逐项列出了追责、问责的情形；印发《河北省生态文明建设目标评价考核办法》，将生态政绩考核纳入干部考核管理体系，健全为制度化安排。2020年6月，省委书记王东峰主持召开河北省生态环境保护委员会会议，审议了《河北省生态环境保护委员会工作规则》《河北省污染防治攻坚战成效考核指标评分细则（讨论稿）》，逐步构建起条块结合、各司其职、权责明确、保障有力、权威高效的环境保护管理新体制。

在建立生态环境监管体制方面，河北省在全国实现了多个率先：率先开展省内环保督察，率先将环保督察制度写入地方性法规，率先召开省、市、县、乡四级干部参加的全省生态环境保护大会，率先划定生态保护红线，在重点流域区域率先制定生态环境保护规划和"三线一单"，率先实现乡（镇、街道）环保所全覆盖，率先实现县级空气质量自动监测站全覆盖，率先实现"天地一体化"立体监测省域环境（利用卫星遥感技术监测大气、水等环境状况），率先启用排污许可证后监管系统，率先出台钢铁焦化行业大气污染物超低排放标准，率先出台严禁生态环境领域"一刀切"的指导意见、差异化错峰生产绩效评价意见等文件。

2017年12月，芦台经济技术开发区西部园区被河北省撤销省级开发区资格，成为全国第一个因未完成"水十条"规定的硬任务而被"摘牌"的工业园区。河北省动真碰硬的做法为各地采取果断措施，补上工业集聚区水污染治理的短板起到了表率作用。

2020年3月至9月开展的"走遍保定"生态文明教育实践行动中，保定市生态环境局联合市场监督管理局、自然资源和规划局等多部门聚焦、聚力蓝天、碧水、净土三大攻坚战，通过实施生态环境保护大走访、城乡环境大整治、生态环境保护大宣传、生态环境保护机制大建设四项措施，实现横向到边、纵向到底的系列大走访、大排查，彻底摸清各类污染源底数，找准症结，对症下药，切实建立起全社会共同参与和维护的"大生态"格局，确保生态环境质量从基础上、根本上、源头上得到全面提升。截至2021年年初，保定市地表水水质考核断面全部达标，劣Ⅴ类水体全部消除，提前一年完成蓝天保卫战确定的目标。

作为京津的生态防护带，廊坊市将生态作为城市首要的功能定位，把环境当作"传家宝"，全力打造城市的"绿色竞争力"。作为我国第一个在全市辖区内通过ISO14001环境管理体系认证的城市，在新时代到来之际，廊坊深入推进全市域ISO14001认证向纵深发展，着力构建"大环保"管理体系。廊坊落实"环保第一审批权"，坚决否决了硫酸厂、屠宰场、水泥厂等不符合环保要求的项目，换来了良好的生态环境和高科技、高附加值项目落户热潮。

2.提升企业环保主体责任意识，力促企业实现自我监督、自我提升

进一步健全完善生态环境信用体系建设，促进企业严格守法自律，把生态环境保护制度优势更好地转化为治理效能。党的十九大提出，要健全环保信用评价、信息强制性披露、严惩重罚等制度。2017年12月，省环境保护厅等四部门印发《河北省企业环境信用评价管理办法（试行）》，对推动生态环境信用管理做了有益探

索和尝试。2019年6月，省政府印发《关于进一步加快社会信用体系建设的实施意见》，对社会信用管理工作提出新要求。省生态环境厅与省社会信用体系建设领导小组联合制发的《河北省企业生态环境信用管理办法（试行）》从2020年3月起正式施行，将所有重点排污单位纳入企业生态环境信用管理范围，建立了良好、守信、一般失信、严重失信和"黑名单"五个生态环境信用等级体系，构建起守信联合激励和失信联合惩戒机制。对一年内因同类违法行为被生态环境部门实施三次以上行政处罚的，或有其他六种情形之一的，直接纳入生态环境信用"黑名单"。对频繁超标、连续异常的市县，坚持先查事，后查人。

增强服务意识，努力实现环境改善与经济发展双赢。在重污染天气应急预案编制工作中，企业对一些问题反映较为强烈，比如部分行业污染治理、验收没有明确的标准，企业不知如何整改；启动重污染天气应急响应时，个别地方环保管控出现"一刀切"现象，不够精准合理，等等。针对企业反映的问题，廊坊市环保局积极整改，项目审批实行ABC（按污染程度）分类管理，消减会议审查层级三分之二以上；取消环评审批前环评咨询服务卡；对非辐射类建设项目环评审批权限调整下放……①环保执法人员在依法处罚的同时，积极宣讲法规，帮助企业想办法解决问题。廊坊市大气办对空气质量排名连续靠后的乡镇和企业进行公开约谈时，采取"服务式约谈"方式，除了指出问题、要求整改外，还帮助其诊断"病灶"，提出合理化整改建议。

3.领导干部自然资源资产离任审计试点

"探索编制自然资源资产负债表，对领导干部实行自然资源资产离任审计"②是2013年11月中共中央十八届三中全会做出的重大决定。2015年，中共中央、国务院印发《生态文明体制改革总体方案》，提出将领导干部自然资源资产离任审计纳入完善生态文明绩效评价考核和责任追究制度，离任审计的内容包括土地、水利、

---

① 廊坊:完善环保管理机制服务企业发展[N]. 河北日报，2018-07-02.
② 中共中央全面深化改革若干最大问题的决定[Z]. 北京:人民出版社,2013.

森林、矿山等资源的保护、开发、利用情况，当地领导干部贯彻执行中央生态文明建设方针政策、决策部署，遵守自然资源资产管理和生态环境保护法律法规等情况。2017年6月，习近平总书记主持中央全面深化改革工作领导小组会议，审议通过了《领导干部自然资源资产离任审计规定（试行）》。中办、国办明确从2018年起，领导干部自然资源资产离任审计由试点阶段进入全面推开阶段。

作为全国首批生态文明先行示范区之一，2015年，承德市入选全国首批自然资源资产负债表编制试点城市。2016年，承德市公布《2010年至2013年自然资源资产负债表》，成为全国首个向社会亮出自然资源资产家底的设区市。通过核算，截至2013年，承德市自然资源资产总量约为19.4万亿元。2016年起，河北省在秦皇岛、衡水市开展领导干部自然资源资产离任审计试点，同时，秦皇岛、衡水市每年对下属的两个县实行审计试点。2017年，河北省审计厅选择衡水市进行领导干部自然资源资产离任审计试点。由于自然资源和生态环境的涉及范围广、审计内容繁杂、重点分散，河北省审计机关充分考虑被审计领导干部所在地区的主体功能定位、自然资源资产禀赋特点、资源环境承载能力等，针对不同类别自然资源资产和重要生态环境保护事项，分别确定审计内容。河北省审计机关创新审计技术方法，摸清了自然资源资产的数量及分布情况，对发现的问题提出了切实可行的整改建议。

通过试点实践来看，自然资产离任审计制度在促进自然资源资产节约集约利用和生态环境安全、推动领导干部切实履行自然资源资产管理和生态环境保护责任等方面的作用逐渐显现。一是有助于摸清自然资源资产家底，为把住资源消耗的红线奠定了基础。二是摸清自然资源资产的近期增减情况，发现问题及时整改，对林业等资源部门的工作是一种促进。三是增强领导干部保护自然资源资产的意识，使其在部署建设项目时更加考虑生态因素，不能只把经济效益作为唯一指标。比如，丰宁满族自治县进行领导干部自然资源资产离任审计发现一家大型养牛场存在青储窖防渗不达标情况。当地举一反三，着手建立长效机制，防止此类问题再次发生。①

---

① 曹智，王海文. 算好生态账，更好保护绿水青山[EB/OL]. 河北新闻网，2018-03-27.

在总结试点经验的基础上，省审计厅代省委省政府起草了《领导干部自然资源资产离任审计规定（试行）》的贯彻落实意见，为自然资源资产离任审计确定了严格、统一的标准。量化评估自然资源资产，需要建立一套科学可行的计算方法。河北省审计厅积极利用大数据技术，选取国土、自然保护区等重点资源，利用规划图、现状图及卫星图等数据进行比对分析，确定审计重点，查找问题，提高了审计效率。截至2021年年初，河北省审计机关正在探索运用大数据审计方法，充分利用遥感、地理信息系统、全球定位系统等技术，对河北省自然资源资产和生态环境质量状况变化情况进行测算和核实，以摸清底数，揭示问题，分析、查找原因并提出建议对策。

三、动员全社会力量建设生态文明

2014年11月通过、2015年1月起施行的《河北省环境保护公众参与条例》是全国首部环境保护公众参与地方性法规。条例施行几年来，河北省在环境信息公开、公众参与环保管理等方面稳步推进。2017年，河北省委省政府制定了强力推进大气污染综合治理的18个专项实施方案，前所未有地将宣传工作作为一个独立的专项实施方案加以推进。时任省委书记赵克志在全省大气污染综合治理大会上指出，要全党动员，全民动手，全社会参与，齐心协力打好大气污染综合治理的人民战争。

1.畅通公众对环境污染的监督渠道

河北省各市生态环境局在官网、官微、微信公众号等媒体定期公开企业超标异常处置信息，便于其他相关部门和公众查询、监督。随着人们对环境的日益关注，12369环保热线作为举报环境污染的"绿色通道"，激发了公众参与环境保护的热情。环保热线如同环保部门的"顺风耳"，在日常环境执法及APEC等特殊时间段，提供了大量的信息支持。河北注重发挥社会力量的作用，要求环境信访举报要事事有结果、件件有回音，所有查处结果都要公开。针对大气污染的证据很容易消失的特点，河北省规定县级环保部门接到举报后要在两小时之内到达现场，24小时之内反馈办理的初步结果，执行不力的将被追责。2015年，河北省对涉及水污染的举报做出了同样要求。环保部门充分发挥全省10298名环保义务监督员的作用，请他们帮助核实一部分信访事项的真实性。随着这一制度的实施，2014年，全省的环境信访事项查证属实率由之前的四成多上升至近七成，避免了环境执法人员"空跑"，降低了执法成本，也加快了对污染问题的查处。仅2015年1月1日至3月15日，短短两个半月时间，河北省12369环保热线受理了3499件环境信访事项，所有受理事项均及时查处或转交各市进行查处。①

截至2021年年初，河北省所有县（市、区）都设有12369环保热线，24小时接受公众举报。据统计，2014年，全省各级环保部门共受理有效信访举报25421件，而2013年是14000多件。举报数量的增加说明群众参与环境保护意识的提高。2014年，原环保部12369热线接到的关于河北的投诉量为87件，居全国第六位，而在之前的5年时间内，涉及河北的投诉量一直居全国前三。河北加强对环境污染举报的查处力度，大量的环境信访化解在基层，老百姓就不到原环保部投诉了。2015年，原环保部和河北省分别开通了微信12369举报平台，受理网上投诉，举报件办理进度、结果实时推送到举报人手机，便于举报人跟踪办理情况，实现共同监督。截至2021年年初，微信举报平台、12369环保举报热线做到了24小时畅通，及时处理，及时回复，确保群众投诉的各类环境污染问题得到及时解决。

2.民间"河（湖）长"活动

为进一步凝聚社会力量，拓宽治水渠道，河北省河（湖）长制办公室自2019年起公开招募民间"河长"，2020年增加了企业"河长"，从参与竞聘的19家社会公益团体、21家企业组织中遴选出10家民间"河长"和9家企业"河长"给予授权。民间"河（湖）长"主要由热心环保公益事业、关心河湖保护的各类公益团体和企业担任，承担巡查员、宣传员、参谋员的职责，企业"河长"还要当好示范员。截

---

① 段丽萼. 河北12369百姓环保举报热线落地 微信举报平台将开通[EB/OL]. 河北新闻网，2015-03-26.

至2021年年初，河北省初步建立了省级规范授权、群团分级管理、"河长"依规履职的民间"河长"组织体系，组织开展了多种形式的志愿巡河护河活动。"官方河长+民间河长"两手发力，民间"河长"成为对五级"河长"工作的有效补充。比如，中国野生动物保护协会志愿者联盟石家庄二队的民间"河长"在黄壁庄石津灌渠发现有人电鱼，进行违法捕捞。民间"河长"立即通过微信工作群向省河（湖）长制办公室反映，情况被转至相关"河长"办后，问题很快得到解决。张家口市区清水河大桥下的生活垃圾、元氏县槐河偷排污水等90个问题，由于民间"河长"与官方"河长"的紧密对接和无障碍沟通而得到了快速解决。

民间"河长"活动实现了群众的评议权、参与权、监督权，使全省河湖管护工作更加贴近地域实际，发挥广大志愿者的主观能动性，带动更多的人践行环保，形成"开门治水，人人参与"的工作格局，成为全民参与环境保护的良好开端。

3.全民义务植树

习近平总书记在参加首都义务植树时指出，各级领导干部要率先垂范、身体力行，以实际行动引领、带动广大干部群众像对待生命一样对待生态环境，持之以恒开展义务植树，踏踏实实抓好绿化工程，丰富义务植树尽责形式，人人出力，日积月累，让我们美丽的祖国更加美丽，为全民义务植树发展指明了方向。

河北省自2007年起，将每年全国"两会"结束后的第一个星期六作为省级领导义务植树日。省级领导率先创办绿化点，四大班子领导每年在植树节这一天几乎全员参加义务植树活动，真正起到了示范作用。义务植树是一种活动方式，也是一种宣传形式。河北以全民义务植树为契机，开展多种形式的宣传，极大地激发了广大干部、群众参与义务植树的积极性，有效地增强了全社会绿化意识、生态意识和责任意识，开创了一条符合中国国情、具有河北特色的国土绿化之路，也为全社会大力弘扬生态文明、携手共建美丽河北提供了有效途径，是河北国土绿化史上的一大创举。

（1）健全管理体制，创新造管机制。2017年出台《河北省绿化条例》，进一步强化省绿化委员会职能，理顺了义务植树组织管理体制，丰富了义务植树尽责方式，强化了有关法律责任。为提高义务植树成效，确保绿化成果，河北省首先做好义务植树基地的规划工作。各地每3至5年对义务植树基地规划一次，确保集中连片，规模见效。随着经济林、苗木产业的发展，河北通过确权让利，明确义务植树林地权属，明晰林地经营主体，不栽一棵无主树，不造一亩无主林，充分调动了群众植树造林积极性。在稳定林地所有权，放活林地、林木使用权和经营权的前提下，探索完善了竞价拍卖、招标承包、租赁经营、股份合作等四种义务植树基地开发模式，增强了基地后续发展能力。

（2）创新植树形式，活化尽责形式。发动社会各界，营造公仆林、巾帼林、幼儿林、家庭林、夕阳红林、共产党员林、青年林、五四林、三八林、记者林、劳模林、八一林等形式多样、特点突出的纪念林。积极探索造林绿化、抚育管护、自然保护、认种认养、基础设施、捐资捐物、志愿服务等履行植树义务的有效途径，义务植树尽责形式由单一到现场参加义务植树劳动，向参加劳动、以资代劳、爱绿护绿、认种认养等多形式发展，既解决了组织管理难题，又为公民尽植树义务提供了便利。不断深化互联网时代全民动手、全社会搞绿化的多元化方式，把"互联网+义务植树"与山水林田湖草生态修复、太行山绿化攻坚、京津保生态过渡带建设等重点工程相结合。特别是疫情防控期间，探索创新义务植树便捷化、信息化、精准化、网络化管理新模式，使义务植树更加方便群众、贴近群众、走进群众。

全民义务植树已成为推进国土绿化事业的重要力量。截至2019年底，河北省累计参加义务植树人数达12亿多人次，植树41.55亿株，建立义务植树基地9800个，初步形成了全党动员、全民动手、全社会办林业，多主体、多层次、多形式绿化的新格局。[①]

4.形式多样的生态科普教育活动

开展森林城市建设，"让森林走进城市，让城市拥抱森林"，是适应中国国情和发展阶段、推进城乡生态建设的大胆创新。2016年1月，习近平总书记在研究森

---

① 田桂兰，徐赤峰，孙阁. 河北：以义务植树为契机吹响国土绿化进军号角[J]. 国土绿化，2020（3）.

林生态安全问题时强调"四个着力",其中之一就是"着力开展森林城市建设"。

河北省将义务植树作为衡量国家森林城市创建工作的主要指标贯穿始终。创建国家森林城市的过程也是普及生态文化的过程。以省会石家庄为例。为满足群众日益增长的生态需求,2010年,石家庄市提出创建"国家森林城市、建设幸福石家庄"目标。一是营造全天候、全覆盖的宣传态势。植树造林的公益广告和宣传标语随处可见,市林业局印发了"创森"主题的背心、围裙和书本免费发放给市民,将打造绿色石家庄的理念渗透到每个家庭、每个角落、每个人的心中。二是开展"创森"巡回宣讲演出、书画摄影展等多种文艺活动,充分展示森林城市建设成就及务林人精神风采。三是在全市中小学校开展"森林城市·绿色校园"创建主题活动,通过"小手拉大手"形式向市民发放"创森知识宣传材料及调查问卷"10万份。四是全面加强生态文化科普基地建设。每年结合植树节、爱鸟周、梨花节、红叶节等生态节日,先后举办生态科普展50余次。通过多形式、多层次的生态科普教育活动,大力宣传森林与人类的依赖关系,凝聚了全社会"植绿、护绿、爱绿、兴绿"的生态文明意识,形成了"同呼吸、共造林"的社会共识。2015年11月,石家庄荣膺国家森林城市称号,市民对森林城市建设的支持率和满意度达到95%以上,实现了"大地植绿"和"心中播绿"两大目标。

为引导社会各界广泛参与到大气污染综合治理行动中来,河北省大气办、省委宣传部联合开展"最美蓝天卫士"推选展示活动,将其纳入"美丽河北"主题系列活动中。各市也开展了形式多样的活动。比如,2013年12月,在大力开展整治大气污染行动的关键时刻,衡水市文明办、衡水日报社联合发起"绿风车"公益行动。50多个孩子手持绿风车,头戴白口罩,在衡水市休闲广场拉起"抗击雾霾,人人有责""我们要呼吸""绿色出行让湖城天更蓝,水更绿,人更好"的条幅,在现场散发《抗击雾霾绿色出行倡议书》,在市民中引起强烈的共鸣。衡水还举行了《抗击大气污染人人有责》有奖征文活动,面向社会征集个人如何更好地参与到环境治理中的办法与措施,使更多人关注和参与进来。

第五章

进一步学习贯彻新时代生态文明思想的思考

从浙江余村策源、在更宏阔实践中不断发展并被反复检验的习近平生态文明思想为新时代社会主义生态文明建设提供了动力源泉和强大的思想武器。河北省在新时代生态文明思想指导下，取得了环境质量明显改善的成效，但距离美丽和谐河北，距离人民对美好生活的向往还有一定距离。进一步学习贯彻新时代生态文明思想，需要对这一思想进行更深入的理解和阐释，并找准践行践径。

第一节 加强对新时代生态文明思想的学习和宣传

习近平生态文明思想的宣传与践行包括政治传播、思想政治教育与生态教育几重含义。

一、充分发挥新时代社会主义生态文明思想的实践价值

我国生态文明建设要发挥出后发优势，需要以清醒的思想认识和有力的政治能力为前提。如果我们没有真正认识到传统工业文明的消极面，没有主动解决工业文明问题的决心和意志，生态文明将是难以实现的。我国在生态文明建设中制定了各种制度，如果没有文化的跟进使人们产生自觉地遵循制度、服从制度和信守制度的心理、伦理和文化自觉，制度就会沦为稻草人，必然发生制度失灵现象。因此，要积极探索和遵循生态制度约束与生态文化培育相互促进的规律，以制度与文化相互渗透、相互促进来推进生态治理现代化。

习近平生态文明思想是以习近平同志为代表的当代中国共产党人关于生态文明及其建设的理论思考与政策实践，具有鲜明的时代契合性和实践推动性的内在特质。一是时代契合性。恩格斯指出："每一时代的理论思维，从而我们时代的理论思维都是一种历史的产物，在不同的时代具有非常不同的形式，并因而具有非常不同的内容。"[①]习近平生态文明思想从中国特色社会主义建设进入新时代的历史方位着眼，站在改革开放四十年辉煌成就的基础上，将生态文明建设提升到民族千秋大业的高度，体现了对事物认识的本质规律性、方向趋势性，具有原创性和前瞻性特

[①] 马克思恩格斯选集第三卷[M]. 北京：人民出版社，1972:465-467.

征。二是实践推动性。习近平生态文明思想不仅是对古今中外人和自然关系的历史总结和理论革新，而且是在深入实际、深入基层、深入群众的调查研究中对生态建设规律的正确把握，是对中国现实生态问题和国际经济发展困境的积极回应，是中国共产党的治国理政实践与马克思主义基本原理相结合的产物。因此，它不仅来源于生态实践，而且在具体的实践过程中不断演绎、检验、修正与补充，逐步发展和完善，在中国特色社会主义生态文明建设中发挥着重要的推动作用。

党的十八大以来，以习近平同志为核心的党中央把生态文明建设上升为国家战略，谋划开展了一系列根本性、长远性、开创性工作，推动我国生态环境保护从认识到实践发生了历史性、转折性和全局性变化。战略部署不断加强，出台"史上最严"的新环保法，中央生态环境保护督察制度逐年开展，阻碍绿色发展的体制和制度坚冰逐个消融。在顶层设计的引领下，一场从观念到制度、再到文化的广泛而深刻的变革自此开启，人与自然和谐共生的现代化新格局自此铺展。

各地以壮士断腕的勇气向污染发起总攻，污染防治攻坚战的阶段性目标圆满完成。与2015年相比，2019年全国地表水优良水质断面比例上升8.9个百分点，劣V类断面比例下降6.3个百分点，PM2.5未达标地级及以上城市年均浓度下降23.1%，全国337个地级及以上城市年均优良天数比例达到82%。2019年，全国完成造林面积比2012年增长25.3%，稳步推进25个山水林田湖草生态保护修复试点工程建设，绿色版图持续扩大。人民群众普遍感到天更蓝、水更清、山更绿了，对生态环境质量改善的获得感、幸福感、安全感显著增强。

以国家公园为主体的自然保护地体系加快建立，国家公园体制试点工作在理顺管理体制、加强生态保护修复等方面取得阶段性成果。河（湖）长制全面建立，江河湖泊有了专属守护者。初步划定生态保护红线并推动评估和勘界定标。建设绿色美好家园迈出坚实步伐。在四批175个国家生态文明建设示范市县中，河北省兴隆县（第三批）和唐山市迁西县（第四批）入选；全国52个"绿水青山就是金山银山"实践创新基地中，河北省的塞罕坝机械林场（第一批）和石家庄市井陉县（第四批）入选。各地持续探索绿色发展之路，循环经济产业链成型，多种能源资源节约取得局部进展，生态红利不断显现。全社会生态环境保护意识全面提升，社会关系和自然关系迈向和谐。

我国生态文明建设之所以取得历史性成就、发生历史性变革，最根本的原因在于有习近平生态文明思想的科学指引。习近平总书记明确地把生态文明作为继农业、工业文明之后的一个新阶段，指出生态文明建设中有很大的政治，关乎人民福祉、共产党执政基础的巩固和中华民族伟大复兴中国梦的实现。作为习近平生态文明思想的核心，缘起于浙江、践行于全国的"两山"理念从余村首提到省域实践，再通过一些具体样板，成为指引整个国家前进方向的新发展理念的重要组成部分，成为全党、全社会的共识和行动，引领中国大地发生深刻变化，并上升为人类命运共同体层面的经验。

当前，各级领导干部学习新时代中国特色社会主义生态文明思想的热情十分高涨，相关理论研究、学习宣传工作格局逐渐形成。要把深入学习宣传贯彻习近平生态文明思想作为长期重要政治任务，做到入耳、入脑、入心，做到学思用贯通、知信行统一，将学习的成效转化为认识问题、研究问题、解决问题的立场和能力，勇做新时代社会主义生态文明思想的坚定信仰者、忠实践行者和不懈奋斗者。

二、发展观的变革

理念是指基于一定理论抽象出来的、包含了该理论精髓的理性观念。理念是思维活动的结果，是对事物本质性认识的升华、提炼和概括。马克思指出，理念的变革是现实变革的先导。理念不同，对事物的看法便不同，行为表现也就不同。发展理念是战略性、纲领性、引领性的东西，是发展思路、发展方向、发展着力点的集中体现，是管全局、管根本、管方向、管长远的行动指引。发展理念是否对头，从根本上决定着发展成效，乃至成败。先进、科学、充满张力的发展理念具有活力和生命力，对发展实践具有指导和推动作用，而落后、僵化、封闭的发展理念往往具有保守性和教条性，对发展实践起到阻滞作用。

党的十八届五中全会创造性地提出了"创新、协调、绿色、开放、共享"五大发展理念，明确指出这是"关系我国发展全局的一场深刻变革"。新发展理念是习近平新时代中国特色社会主义经济思想的"灵魂","创新、协调、绿色、开放、共享"五大发展理念是一个具有内在联系的整体，相互渗透，相互促进，不能割裂开来，更不能顾此失彼。其中，绿色发展代表着未来发展的方向和主色调，为其他发展理念提供引领、导向和基础。若缺失了绿色发展，创新发展就会加剧自然困局，协调发展就是畸形发展，开放发展就是病态开放，共享发展就是低品质的共享。绿色充斥于我国经济社会发展的每一个层面，像一条无形的纽带把各个发展理念紧密串联在一起。同时，绿色发展要广泛汲取其他发展理念的支持。创新为绿色发展提供动力，协调为绿色发展提供方法和目标，开放为绿色发展提供更大的视野、机遇和路径，共享是绿色发展的归宿。

推动形成绿色发展方式和生活方式是发展方式的深刻转变，也是发展观的一场深刻革命。从战略上协同融合习近平经济思想和习近平生态文明思想的内在逻辑，协同推动经济高质量发展与生态环境高水平保护，要将如下基本法则内化到发展观之中：第一，必须认识到人类的福利既需要来自经济系统的人造资本，又需要来自自然系统的自然资本，生态系统与经济系统是包含与被包含、互补性的关系，而不是独立的和可替代的关系。第二，必须认识到经济系统的物质规模增长是有限度的，社会福利发展才是发展的根本目的。进行经济决策时，首先考虑自然资本供给的容量，比如，提高城市化的最大土地供给能力、工业化的最大能源消耗水平、消费水平的最大水资源消耗规模，从而让经济社会发展目标与自然资本承载能力相适应，而不是相反。第三，在物质规模受到限制的情况下，对效率的关注需要从传统的劳动生产率和资本生产率转移到自然生产率上来，还要关注生态公平，考虑非帕累托效应的分配，即降低富人非基本的过度物质消耗，为穷人的基本需求提供发展空间，以达到社会福利最大化。

在路径上，一要对现有经济系统进行全面绿色化改造，激活"绿色动力"，加快发展绿色产业；二是倡导绿色生活方式，从城市到乡村，从机关、家庭、学校到社区，都应大力提倡节约、绿色、环保，以降低生活能源消耗和碳排放强度，在满足人类自身需求的同时尽最大可能保护自然环境。

第二节 "两山论"的辩证思维和实践路径

中国特色社会主义进入新时代，生态产品已经成为重要的民生产品。"两山论"对于确保中国脱贫攻坚、全面建成小康社会发挥了不可替代的作用。习近平生态文明思想提示我们，绿水青山和金山银山绝不是对立的，关键在人，关键在思路。绿水青山和金山银山之间是辩证统一的关系。从联系和发展的视域来看，绿水青山是金山银山的强大支撑；从区别的方面看，绿水青山并不直接等于金山银山，绿水青山的形成需要消耗一定的金山银山，"两山"之间需要可持续、成规模的转化方式。首先是全力修复、保护好绿水青山这一最宝贵的公共产品，设法将绿水青山转化为金山银山。塞罕坝荒原变林海等实践表明了绿水青山与金山银山相互转化的现实图景。要顺利实现双向转化，各地须因地制宜，在典型经验的示范、引领之下，找准"两山论"的实践路径。

一、正确认识新时代经济发展和环境保护的关系

在工业文明及其之前的历史时期，囿于观念局限、技术不成熟等因素，人类简单地用绿水青山换取金山银山，即所谓"靠山吃山、靠水吃水"的生产方式。随着环境破坏日益加重和人们生态意识的增强，要在理念进步和技术发展的基础上，从根本上改变人类作用于自然的实践方式，变卖矿石为卖风景，变"靠山吃山"为养山富山，变美丽风光为美丽经济。习近平生态文明思想实现了环保理念从污染治理到自然修复的转变，将保护生产力提升到与解放生产力和发展生产力等量齐观的高度，这是绿色发展理念历史路标作用的重要体现。

当前，我国已进入高质量发展阶段，绿色应成为高质量发展的鲜明底色。大力

建设生态文明是与推动经济高质量发展相辅相成的，可以从以下几个方面来理解：

其一，"绿水青山"是一种生态资产，是生态扶贫的基础资源，也是提升区域竞争力的重要武器。生态是最基本的生产要素，良好生态本身蕴含着无穷的经济价值，能够源源不断地创造综合效益。自然资本的存量越大，经济社会发展的安全系数就越大，人民生活幸福的指数就越高。生态好，发展才会有后劲，从这个意义上说，改善生态环境就是发展生产力。鉴于中国的经济社会发展已经受到严重的自然资本制约，必须高度重视土地、能源、水、重要原材料等稀缺自然资源的开发利用效率，用更多的劳动和可再生资源来替代更多的自然资本（不可再生资源），降低经济发展的资源环境成本，减轻经济增长对资源环境的压力。就社会效益而言，优良的生态环境是最公平的公共产品、最普惠的民生福祉。环境质量的改善将使人们身心更健康，社会更加和谐稳定，从而为社会进步提供源源不断且强大有力的支撑。

其二，保护生态环境意味着更高质量的发展。考虑到传统工业化模式污染环境和破坏生态高昂的外部成本和机会成本，做好生态环境保护可以直接促进经济发展。比如，开展散乱污企业治理，有效避免了市场上的"劣币驱逐良币"现象，推动解决了长期以来不健康的供求关系，腾出了环境容量，促进了产业结构升级。

其三，充分发挥生态保护的倒逼、引导、优化和促进作用，加快调整经济结构，形成绿色发展方式。生态环境部部长黄润秋在2020年两会"部长通道"接受媒体采访时，用"三个没有根本改变"来概括当下的形势：国家以重化工为主的产业结构和以煤为主的能源结构没有根本改变，环境污染和生态保护面临的严峻形势没有根本改变，环境事件多发频发的高风险态势没有根本改变。因此，不能放松对环境监管和环境准入的要求。在经济下行压力加大、利润普遍低迷的新常态背景下，环保压力加大既可能成为淘汰低效企业的"最后一根稻草"，又给传统行业通过绿色技术创新实现转型升级提供了动力和机遇。找准生态环境资源与经济产业的结合点、融汇点、交叉点，充分利用各个地区在生态、资源、水文、气象条件方面的比较生态优势发展生态产业，全面构筑现代绿色产业体系，以资源节约拓展生态空间，以生态保护创造绿色财富，是加快生态经济体系建设的内在要求。

2020年以来蔓延世界的新冠肺炎疫情以惨烈的方式发出警报：人类到了重新审视人与自然关系的危急关头，到了直面生态安全，乃至生存安全挑战的决定性时刻。2020年9月，习近平总书记在第75届联合国大会的讲话中，提出要推动疫情后世界经济的"绿色复苏"，这是在COVID-19全球大流行的冲击下，在中美大国博弈与世界经济新格局背景下做出的必然选择。回顾历史，在2008年全球金融危机爆发之后，欧美日等主要发达国家及不少发展中国家大力实施"绿色新政"，以促进绿色经济增长和就业。2020年面对疫情带来的经济衰退，欧美、日韩、中国等主要经济体再次以应对气候变化、向低碳经济转型为核心，提出了经济复苏计划。绿色低碳经济涉及电力、交通、建筑、冶金、化工、石化等部门。如果相关技术及产品在政府的引导下得到广泛应用，绿色产业有可能像20世纪的信息技术产业一样迅猛发展，带动世界经济走出困境，成为新一轮增长周期的"领头羊"。中国在短期内，应推动投资转向绿色经济领域，以拉动就业，促进经济复苏，使"绿色引擎"成为经济发展的新动能；中期内，要将产业转型升级与发展绿色产业结合起来，有效调整经济结构，利用全球多重危机中的机遇，占领全球新一轮绿色革命制高点和全球经济的主导权；长期内，谋求确立一种稳定增长与环境保护双赢关系的新经济发展模式，实现真正意义上的可持续发展。

简而言之，新时代为了更好地满足人民群众多样化、多层次、多方面的需求，要把环境保护同经济发展摆在同等重要的地位，同谋划、同研究、同部署、同推动。找准生态环境保护与经济发展的"黄金分割点"和着力点，坚持在发展中保护、在保护中发展，形成经济发展与生态环境保护水乳交融的局面。既要走出竭泽而渔的"唯GDP主义"，又要防止陷入消极、被动的"唯环保主义"，才能让生态文明之路行稳致远。

二、修复和保护绿水青山

绿水青山的形成，无外乎依靠人力和自然力两种力量。前者是直接的人力、物力投入，后者则会造成一定的机会成本，从而需要给那些因生态修复而受损的利益群体以生态补偿。也就是说，绿水青山的形成和守护，无论通过何种方式，都是存在经济成本的，需要用一定数量的金山银山来换取绿水青山。

就直接的人力、物力投入而言，分为两种情形。公益性的生态产品需要政府给予持续的足额投入，另一些生态环境问题属于历史欠账，也需要充分发挥公共财政的职能。而准公益性的生态产品具有一定的私人属性，可以吸引社会资本进入。在市场经济体制下，为弥补财政资金的不足，更好地发挥经营主体的能动性、创造性，应改革生态建设由政府包揽的模式，依靠制度创新，鼓励和支持社会资本作为第三方进行专业化的节能减排与生态修复，使生态产品的供给多元化、生态效益的价值实现市场化、生态消费有偿化。在河北省，"政府出资、招标造林""企业牵头、股份造林""政策支持、承包造林""搭建平台、捐资造林"……各种创造性的造林模式层出不穷，不仅有效解决了造林资金不足的问题，也让当地百姓得到了实惠，是制度创新的有益尝试。生态产业化面临的最大难题是如何协调区域生态安全与民间资本获利之间的矛盾。为此，政府要扮演好监管者角色，坚持生态优先、严格保护的原则，合理确定生态产业化的边界，严守生态红线，谨防过度商业开发。要将关键生态资本，比如国有一级公益林排除在生态产业化之外，通过强有力的经济、法律和行政手段来抵制资本的无限扩张，做到统筹规划，合理开发，采育结合，管护结合，力争让生态保护与生态产业协同发展。

就自然力的作用而言，退耕还林、退稻还旱、舍饲禁牧、封山育林、休耕等措施都是要限制，乃至禁止人类原先对自然资源的过度利用，让透支的资源环境逐步休养生息。这种生态修复的手段虽然有明显效果，但会给当地居民的生计造成困难。要使当地居民成为绿水青山的守护者而不是破坏者，就要引导其转变"靠山吃山"的生计方式，否则，单纯倚仗外来力量进行生态建设的成果将难以巩固。国外的生态补偿以市场化的生态服务付费方式为主，其中有些做法移植到我国可能会水土不服。从河北省的探索来看，组织生态移民、引导外出务工、增加生态养护公益岗位，等等，都是实现生态修复与扶贫耦合协调的有效方式，其中不少做法和经验对于我国的生态脆弱—贫困耦合区具有启示和借鉴意义。

并不是每块绿水青山都能变成金山银山，也不是此时此刻绿水青山就要变成金山银山。政府要按照生态系统的功能特征来谋划功能空间和策略，在全国范围内科学合理划定优化、重点、限制和禁止等不同的开发区类型。绿水青山所在地区为了维持生态服务的功能，往往牺牲发展机会，因此，上级政府牵头建立地区之间的生态补偿机制，发展多种公共服务职能必不可少。党中央、国务院对于生态红线保护出台了财政政策，对于生态功能重要和环境敏感脆弱的区域，按"底线不突破，面积不减少，功能不减弱"的要求进行考核，对保护有效者、有利者加大生态补偿力度，目的就是让保护者通过生态补偿获益，满足其基本的经济社会发展需要。①

实现人与自然和谐共生，人是能动性的一方。在人类的生态足迹已经超过生态承载力的背景下，要满足人民日益增长的优美生态环境需要，需要双管齐下。一方面要做减法，即减少自然资源的开发利用，减少污染物排放，减轻人类活动带给生态系统的负荷，从产业发展、结构调整、项目投资等源头上控制资源环境问题的产生和蔓延；另一方面要做加法，即持续开展大规模、高品质的绿化，增加绿量，增加环境承载力。就后者而言，一方面，要保护现存的生态环境不再继续遭破坏，另一方面，在生态已经发生退化的地区，要主动采取生态修复措施来恢复生态系统的功能及其可持续性，探索能够扩大生态环境资源存量和质量的路径。坚持"生态修复先行"原则，整体保护山水林田湖草生命共同体。十八大报告明确指出，要实施重大生态修复工程，增强生态产品生产能力。十九大报告进一步提出要着力解决突出环境问题、加大生态系统保护力度，实施重要生态系统保护和修复重大工程，优化生态安全屏障体系，构建生态廊道和生物多样性保护网络，提升生态系统质量和稳定性。生态修复的对象包括河湖湿地、海洋岸线、草原风沙区和森林荒山农田，还包括污染场地、受损城镇村、大型基建区和工矿区。要谋划实施大项目，实现单体项目修复治理向成区连片治理的转变，实现单纯绿化修复向山水林田湖草综合开发治理的转变。

生态修复过程不是简单的植树造林过程，它要求我们根据生态学原理，遵循正确的技术路线。主要是停止人对自然的人为干扰以减轻自然的负荷，依靠生态系统

---

① 生态保护红线划定对经济发展有负面影响？官方回应[EB/OL]. 中国新闻网，2018-09-29.

的自我调节能力与自组织能力使受损的生态系统恢复到接近受干扰前的状态，必要时可以辅以人工措施。河北省实施的矿山复绿工程、以塞罕坝为代表的人工林建设、退耕还林、退牧还草、荒漠化治理等工程，都是生态修复的成功实践。这些实践活动表明，在大尺度的生态修复工程中，人工与自然力的贡献各占一半。生态保护的根本措施在于源头治理，只有从本质上理解生态、敬畏自然，尽可能发挥生态系统的自修复功能，适当留白、最小干预、有效引导，才能经济、高效地解决生态系统修复问题，达到生态自己呼吸的最佳状态。在"城市双修"中，尤其要防止决策者因对景观的人为喜好而破坏生态的现象。

生态修复与治理是一个漫长、复杂的过程，既需要以只争朝夕的精神集中力量开展"战役式"行动，还清历史欠账，也需要保持历史耐心，制定科学合理的长远规划和持续的行动计划，做好规划、建设、管理的统一和衔接，持之以恒、久久为功，避免出现绿色"大跃进"现象。①

三、探寻将绿水青山转化为金山银山的道路

绿水青山并不天然等同于金山银山，也不会自然而然地变成金山银山。在现实中，由于优质生态环境和自然资源（即"绿水青山"）的价值很难通过市场直接兑现，更难以在市场条件下转化为居民收入和地方的经济增长。如何真正让绿水青山变成金山银山是全球必须破解的共性课题，也是我国从传统发展模式向绿色发展模式转变的难点，更是许多生态优良的欠发达地区面临的现实难题。2005年习近平同志在《浙江日报》发文《绿水青山也是金山银山》指出："如果能把生态环境优势转化为生态农业、生态工业、生态旅游等生态经济的优势，那么绿水青山也就变成了金山银山。"他给出了向绿色发展模式转变涉及的产业和技术路线，即以多功能、多效益为指导思想开发利用生态系统，依据地方的资源环境特色和产业基础等情况，设计充分发挥其资源环境优势的差异化技术路线。

---

① 王子睿，刘亚男. 生态修复是迈向绿水青山的重要一步[J]. 绿叶，2018（5）.

推动绿水青山向金山银山的转化，需要根据生态产品及其服务的不同类型，设计不同的价值实现机制。生态环境属于公共产品，生态服务属于公共服务，生态环境消费的排他性较弱而难以计价。比如，乡愁是游客的主观感受，游客享受了多少乡愁、乡愁值多少钱是难以计量的。经济学处理此类问题的办法是寻找委托品，将不易计量或计价的商品（服务）嫁接到委托品或载体上，借助委托品去交易。生态产品和服务需要先找到委托品，才能形成赢利模式。总结各地经验，有以下几种模式：

其一，生态产品通过直接参与交易实现其价值，典型的技术路线是林业碳汇、水权交易。当这种类型的市场由于交易成本过高等原因而难以形成时，政府有必要以政府购买、财政拨款等方式向生态产品的提供者给予补偿和资助，以弥补市场失灵，典型的方式有退耕还林、林业补助等。

其二，将资源环境的整体优势（"绿水青山"）转化为产品品质的优势，通过品牌平台固化推广，体现为单位产品的价格和销量提升，最终在环境友好和社区参与的情况下兑现其价值（"金山银山"）。典型的技术路线是生态产品认证、有机认证、生态旅游、矿泉水产业。当地优质生态环境为绿色产品提供了环境依托，从而降低产品的生产成本，或者使产品因环境友好而实现更高的垄断型定价。渔业、农业、林业等产业是绿水青山向金山银山转化的重要产业平台，休闲农业园、田园综合体、森林旅游等则是主要项目平台。

其三，从整体和长远意义上讲，山清水秀的环境优势终将转化为地方品质和地方形象的重要组成部分，进而吸引高品质投资、高端产业和高端人才，张北县对"绿色数坝"基地的建设就是一个例证。

上述技术路线既具有一定的普适性，又因地方的区位条件、资源环境特征、生态功能、经济发展水平和阶段、产业结构等因素而异。因此，"两山"之间的转化并不存在固定的统一模式，要因地制宜、与时俱进。

要实现高品质生态产品溢价，需要一定的条件。就消费侧而言，要有一大批收入较高、对自然环境和生态产品的品质有较高需求和购买力的消费者群体，从而为绿色产品提供客户群支撑。就供给侧而言，关键是加强产品认证体系、销售平台、品牌管理和推广体系建设，以实现和放大品牌增值效应，确保优质优价的实现。发展生态产业和生态项目，还需要配备一定的建筑、游览、服务等基础硬件设施，需要加强生态产品提供区与消费区之间的道路和网络建设，为人流、物流、资金流的双向流动提供便利的基础设施。交通基础设施是连接绿水青山与金山银山的主动脉，信息基础设施是连接绿水青山与金山银山的神经网。搞好基础设施建设，才可以降低物流、信息流的成本，助推优质生态产品走向市场，实现经济价值，实现所谓的"大路大富""快路快富""美路美富"。

第三节　以系统思维探索生态文明的创新路径

　　生态文明不仅是自然生态问题，更涉及政治、社会、经济、文化等多层面，需要全方位、全领域、全过程协调推进生态文明建设。习近平总书记在全国环境保护大会上，首次提出要加快构建生态文明体系，并明确了生态文明体系的内涵，即"加快建立健全以生态价值观念为准则的生态文化体系，以生态产业化和产业生态化为主体的生态经济体系，以改善生态环境质量为核心的目标责任体系，以治理体系和治理能力现代化为保障的生态文明制度体系，以生态系统良性循环和环境风险有效防控为重点的生态安全体系。""五个体系"既是指导原则，也是方法论，系统界定了生态文明体系的基本框架，清晰地勾勒和描绘出美丽中国总蓝图和总蓝图下的经济、政治、文化和社会各项建设基本路径。其中，生态经济体系是关键，提供物质基础；生态文明制度体系是保障，提供制度保障；生态文化体系是基础，提供思想保证、精神动力和智力支持；目标责任体系是抓手和动力；生态安全体系是底线和红线。五大体系相辅相成，共同构成新时代生态文明建设体系。

　　生态文明作为一种新型文明形态，至少需要从生态可持续的经济创新、社会创新和体制创新三个方面来探索其实践路径，为打造和守护绿水青山提供强大的经济基础、群众基础和制度保证。

一、促进生态导向的经济创新

　　人类从自然界获得物质财富，主要采取两种生产方式：一是所谓的"黑色"生产方式，即传统工业生产方式，一是"绿色"生产方式。前者以传统工业为主体，多采用化石、煤炭等"黑色"能源，排放的废物破坏了生态环境。后者使用可再生能源，以清洁生产、循环经济为追求，外部效应较少，是传统生产方式的转型升级。基于对既往发展模式的反思，将高能耗、高排放的"黑色"经济发展模式转变为低能耗、低排放、低污染的"绿色"可持续发展模式正在成为各国的共同选择和行动。习近平总书记指出："要结合推进供给侧结构性改革，加快推动绿色、循环、低碳发展，形成节约资源、保护环境的生产生活方式。"他还强调要建立以产业生态化和生态产业化为主体的生态经济体系，从根本上揭示了夯实生态文明物质基础的总路径。

推动绿水青山向金山银山转变是一个大工程、大使命、大任务，需要相应的模式支撑、产业支撑、市场支撑、项目支撑。传统上，绿水青山并不作为生产要素参与生产。因此，绿水青山向金山银山的转化有赖于政策和制度创新。

一是推进自然资源产权改革。通过自然资源资产的确权，使自然资源的所有权与经营权实现有效分离，使生态资源顺利转化为生态资产，进而通过股权交易、抵押融资上市等手段盘活自然资产资本，使大量优质自然资源资产能够通过市场交易为所有者和经营者带来经济收益。这是"两山"转化的基础性制度。

二是理顺价格和成本补偿机制。比如，建立碳交易市场、排污权交易市场，通过初始的排放额度设置和随后的交易机制形成排放价格，促使经济活动主体将外部成本内部化，促使有限的排放额度得到优化配置。

三是搭建良好的政府管理、服务支撑平台。生态产品和生态服务市场的形成，某种程度上依赖于政府的有效监管和严格执法。在某些生态环境领域，良好的政府公共服务催生了原先不存在的生态产品交易市场。政府严格监管，充分保障有关生态环境信息的公开透明，才能为守法企业创造公平竞争环境，有效解决"劣币驱逐良币"问题，促使生态产品和服务市场吸引到更多的市场投资。

四是充分发挥环保企业的主体作用，以点带面，夯实生态产业经济基础。河北省前期化解过剩产能的经验表明，各级政府应以积极态度帮助企业，多指导少指令，多服务少口号，更多采用环保信用评级、设置绿色门槛等手段提升环保守法企业的市场竞争力，迫使违法违规企业逐步退出市场。

五是加大绿色发展的要素保障，形成稳定而持续的投入机制。加大绿色投资，试行政府和社会资本合作模式（PPP）；加强绿色技术的研发投入，以实质创新、推广应用一批绿色核心技术为突破口，带动商业模式向"绿色"转型，发展新产业，培育新动能。新一轮科技革命和产业变革正在兴起，而生态环境领域作为技术创新的关键领域，是各国、各地区探寻新一轮经济增长点的重要领域。为进一步厘清产业边界，将有限的政策和资金引导到对推动绿色发展最重要、最关键、最紧迫的产业上，国家发改委会同有关部门研究制定了《绿色产业指导目录（2019年版）》。《目录》包括节能环保、清洁生产、清洁能源、生态环境产业、基础设施绿色升级和绿色服务六大类，既包括产业链前端的绿色装备制造、产品设计和制造，也包括产业链末端的绿色产品采购和使用，以助力全面绿色转型。要推动绿色产业与5G、人工智能、区块链等产业融合，加快形成新业态，拉动绿色新基建，为打赢污染防治攻坚战、建设美丽中国奠定坚实的产业基础。

二、促进生态导向的社会创新

新时代社会主义生态文明建设是一项前无古人、后无来者的伟大事业，需要全社会的共同支持，需要全体人民的共同行动。但这种行动不是行政命令式的被动行为，而是要使每个中国人走向"生态人"的自我觉醒，把建设美丽中国转化为全民自觉行动。因此，必须以生态文明筑就全民共识，促进生态导向的社会创新，实现全民共治、全民参与、全民监督。

首先，重视生态文明教育，培养生态公民。公民的环境意识是衡量民族素质的重要标志，"生态公民"是生态文明时代对社会成员提出的新要求。要通过日常教育和法律约束，"大力增强全社会节约意识、环保意识、生态意识"，确立人与自然和谐共生的责任意识和价值取向，逐步形成爱护生态环境、尊重自然的行动自觉。

其次，生态文明从某种意义上是消费文明，倡导绿色消费，共享低碳生活，打造环境友好型社会。取之有度，用之有节是中华民族的优秀文化传统，也是生态文明的真谛。现代化以来的西方生活方式是以追求舒适但牺牲生态为特点的，陷入"经济主义-物质主义-享乐主义"的庸俗误区，破坏着人民随着物质条件的提升本应形成的幸福感，妨碍了人追求内心的和谐、宁静和质朴的幸福。20世纪80年代以来西方国家出现"极简生活运动"等生态化生活方式，却有矫枉过正的倾向。当前要满足中国人民对美好生活的向往，应在不增加环境负荷的条件下提高生活的福利和舒适度，而不是简单地回到原始的生活状态中。绿色发展意味着调整消费结构，引导人们购买、使用绿色产品，推动可持续性消费，摒弃炫耀性消费、浪费性消费，抑制异化消费和过量消费，倡导勤俭节约、绿色低碳的良好生活方式。

"观政在朝，观俗在野"。从河北省的实践来看，臭水沟变民心河，生态旅游成为富民产业，全民义务植树如火如荼，人们实现了"要我栽"向"我要栽"的转变，一大批民间"河（湖）长"踊跃上岗，越来越多的人选择共享单车出行……深植于人民群众心中和行动中的细微变化显示出社会环保意识的普遍提升，表明一场绿色生活的深刻变革已经开始。今后，还需进一步发挥乡规民约、社会公约的教育引导作用，建立健全经济合理、运营高效的碳普惠制度，形成全社会共同参与、共同建设、共同享用生态文明成果的共识和良好格局。

三、促进生态导向的体制创新

人的本质是社会关系的总和。在社会生活中，为了规避人的活动因各种利益、观念而发生冲突，使生产、生活、交往正常进行，人们制定了约束行为的各种规则，以明确各自权利与义务、公共与私人等关系及其界限。这种规则的固定化、常态化就是制度，而制度以国家意志的形式固定为法律条文，就成了法。在生态文明新时代，制度的范围从规范人与人的关系延伸到规范人与自然的关系。通过制度的作用，对人利用和改造自然的边界加以规定，对人改造自然的行为予以规范，协调好人们之间在生态利益上的矛盾，才能实现人与自然、人与人关系的双重和谐。生态环境领域具有高度的公共属性，使得环境治理在机制上迥然异于依靠市场机制来保障的产品供给。必须加快制度创新，增加制度供给，完善制度配套，强化制度执行。因此，坚持和完善生态文明制度体系是推进生态环境领域治理体系和治理能力现代化的保障，是推进国家治理体系和治理能力现代化的内在组成部分。

长期以来，我国生态文明体制改革滞后于经济体制改革。党的十八大以来，特别是"十三五"时期，党中央着力深化生态文明制度改革，构建产权清晰、多元参与、激励约束并重、系统完整的生态文明制度体系，生态文明制度的"四梁八柱"基本形成。地方党委和政府落实新发展理念的主动性明显增强，忽视生态环境保护的情况明显减少，发展与保护"一手硬、一手软"的情况明显改变。然而，现行环境保护法律法规和制度体系仍存在与新时代社会主要矛盾转化不相适应，与中国特色社会主义生态环境保护不相符合的问题。新时代中国特色社会主义生态文明建设需要从全面加强制度建设和提高环境执法实效着手，强化绿色发展的制度规范和法治约束，建立健全源头预防、过程控制、损害赔偿、责任追究的生态环境保护制度体系，构建政府、企业和社会各界共同参与的社会治理结构，构建区域内各主体，乃至跨区域共建、共治、共享的协同机制。

构建生态文明体系，不可能靠环境执法部门单打独斗，需要各部门同向发力，各司其职，才能达到事半功倍的效果。比如，宣传部门要加大宣传力度，利用舆论引导公众参与环境保护；组织部门要将环保工作纳入干部考评体系并实行"一票否决制"，从而使相关政府部门及其人员有力地承担起环境监管责任，让制度成为刚性"高压线"。领导干部自然资源资产离任审计基于中国特色政府环境的制度创新，是新时代国家审计的一项标志性制度设计，需要进一步完善、推进。通过建机构、强规划、重惩治，强化生态保护红线、环境质量底线、资源利用上线和环境准入负面清单硬约束，提高环保政策法规的强制力和执行力，重要的生态功能区由更高级别的政府行使监督管理权。

生态环境的公共性、系统有机性特点要求发挥政府的公共职能，采取集体行动甚至全民行动，维护环境公共利益。其中夹杂着复杂的经济利益关系，必须突破既得利益结构，克服相关主体的行动力困境。核心是明确责权利关系，以"共同而有区别的责任"原则，确立各行为主体承担生态保护和生态环境治理的责任，辅之以激励和处罚机制，遏制有关生态环境领域的"搭便车"行为。要充分预估面临的诸多困难，做好应对措施。比如，严厉的环境管控，高耗能、高污染企业的关停，对散乱污企业的清理、整治等，在短期内将导致部分劳动者失业、地方财政收入下降的阵痛，影响到民生，甚至社会稳定；散煤"清零"、严格的机动车排放标准等措施，则有可能给城乡居民带来更高的生活成本。对此，河北省积极做好预案、妥善解决，为生态文明建设中利益相关方的利益协调机制构建提供了启示。

生态文明建设是一项复杂、庞大的系统工程，各种要素之间相互作用、相互影响、相互制约。因而，要进一步强化系统观念，搭建多方合作平台，构建全过程管理体系，统筹兼顾，整体施策，协同推进。主体的确定、责任的区分、技术的选择、成效的认定、风险的防范、不同措施之间的协同推进等，都要明晰而科学。比如，区域环境协同治理和生态修复之间如何协同？工业污染源治理、农业面源污染治理、湖泊清淤与内源污染治理等不同措施之间如何协同？需要进一步制定实施细则，明确各项措施的推进步骤和先后程序。更加注重精准治污、科学治污、依法治污，"三个治污"方针是打好污染防治攻坚战的"纲"和"本"。精准治污是目标和要求，科学治污是基础，依法治污是手段。在精准治污方面，要更加聚焦工作重心，做到问题、时间、区域、对象、措施"五个精准"；在科学治污方面，要强化对环境问题成因机理、时空和内在演变规律的研究，做到科学决策、科学监管、科学治理；在依法治污方面，要增强法治思维，从立法、执法、守法等各个环节推进依法治污，以法律的武器治理环境污染，用法治的力量保护生态环境。生态环境部出台了环评审批与监督执法两个"正面清单"，实施效果较好，这一思路值得推广。

第四节　增强新时代生态文明建设的四个自信

习近平总书记提出，要"坚定中国特色社会主义道路自信、理论自信、制度自信、文化自信"。习近平生态文明思想为构建新时代生态经济体系奠定了道路自信、理论自信、制度自信和文化自信。如前所述，河北省认真落实习近平生态文明思想，在许多领域实现了生态文明建设的突破性进展，成效逐步显现。从长期看，须坚持"四个自信"，进一步总结经验，提高认识和认知，通过改革创新，形成强有力的政策支持体系，以生态文明为引领转变发展方式，形成政府、企业、社会协同建设美丽中国的新格局。

一、坚持"道路自信"

道路自信是对发展方向和未来命运的自信。在生态文明建设中坚持道路自信，就是要坚定不移地走中国特色社会主义道路，立足国情，按照科学合理的战略步骤和路径，建设美丽中国。新时代社会主义生态文明的核心要义——促进"人与自然和谐共生的现代化"，是对西方现代化模式的反拨与超越，不但是中华民族走向繁荣富强美丽、人民幸福生活的根本保证，而且为广大发展中国家实现现代化开辟了非西方道路，其影响是世界性的。①

现代化是进步、繁荣、文明、富裕的别名。人与自然的关系是任何国家在现代化进程中都要慎重对待的关系。西方的现代化模式开启了人与自然对立、冲突

① 解保军. 人与自然和谐共生的现代化——对西方现代化模式的反拨与超越[J]. 马克思主义与现实，2019（2）：39-45.

的进程，催生了违背自然、戕害自然的"文明的疾病"，塑造了崇拜增长占有、囤积财富的生存方式，打造了"不消费就衰退"的神话，是逆自然、反生态的，其盘剥、榨取、蔑视自然的态度与全球生态文明建设的大格局相抵牾。当今西方发达国家被迫进行的生态环境治理是在没有改变原有经济模式前提下，通过税收、制度、技术及污染转移等途径进行的治理，是一种不可持续、损人利己、高成本的外部治理模式。

西方政客、主流经济学家虚构了西方现代化模式的"神话"，主张发展中国家要实现现代化就必须摒弃自己的文化传统，直接采取西方现代化模式。然而，拉美、非洲、东南亚等地区的发展中国家效仿西方现代化模式后，往往陷入资源枯竭、环境破坏、社会腐败、两极分化的发展困境。拉美是西方现代化模式的试验区，深受"华盛顿共识"的影响。拉美国家不想成为"坐在金袋子上的乞丐"(自然资源是它们的黄金)，为了刺激经济快速增长，它们大量开采并出口自然资源，以此换取现代化建设所必需的资金和技术，榨取自然资源的活动从矿产资源到农业、林业和渔业资源领域。拉美国家的榨取导致了人与自然关系的恶化，在经历了依靠出口自然资源拉动经济增长的"拉美十年"的短暂繁荣后，很快陷入发展困境。可见，西方现代化模式不是人类社会发展的模板，更不具有永恒的普世价值。探索新型现代化道路成为摆在广大发展中国家面前的时代课题。

中共十八大提出的生态文明建设是在反思西方现代化模式的弊端和我国处理人与自然关系的经验教训的过程中所做的理论创新，要探索一条不同于西方国家"先污染后治理"的内生治理、源头治理之路，探索一条以生态优先、绿色发展为导向的高质量发展新路。不同国家由于生态资源禀赋、经济发展水平、制度背景、传统文化等不尽相同，在解决生态环境问题时往往会选择不同的道路。发达国家的城市、公路、街道、工厂、住宅区和公共设施是在工业文明基础上建造起来的，要进行脱胎换骨的生态变革将面临巨大的沉没成本和利益对抗。与之相比，中国在物质基础建设层面的生态化有后发优势。我国经济发展进入新常态以来，经济增长动力、资源要素条件发生了较大变化，绿色发展成为必由之路。

中国的现代化具有"后发外生型"和"追赶型"特征，生态环境问题也带有"时空压缩"特征。发达国家一两百年出现的环境问题在我国集中显现，因此，我国的污染防治攻坚战是一场大仗、苦仗、硬仗。在上上下下共同努力下，中国生态文明建设取得了有史以来最好成就，环境质量改善显著，但在不同地区、不同领域、不同群体之间并不均衡，离人民对美好生活的期盼、离建设美丽中国的目标还有很大差距，生态环境质量从量变到质变的拐点还没有到来。河北省在贯彻习近平生态文明思想中取得的经验与成果是付出了壮士断腕、刮骨疗毒般的代价才取得的，来之不易，值得加倍珍惜。要坚持生态优先、绿色发展不动摇，坚持依法治理环境污染和依法保护生态环境不动摇，坚守生态环境保护的底线不动摇。如果以牺牲生态环境为代价，换取一时一地的经济增长，或者回到"先污染后治理"的老路上，多年的成果就可能付诸东流。

《中国现代化报告2007》指出，2004年中国生态现代化水平指数为42分，在118个国家中排第100位。中国正处于生态现代化的起步期，不能重复发达国家"先污染、后治理、再转型"的老路，但也不具备全面生态现代化要求的生态转型条件，只能走综合生态现代化道路，协调推进绿色工业化和生态现代化，核心是经济现代化和生态现代化的正向融合。①

二、坚持"理论自信"

理论自信是对马克思主义理论，特别是中国特色社会主义理论体系的科学性、真理性的自信。在生态文明建设领域坚持理论自信，就是要坚信习近平生态文明思想的科学性。

马克思指出："理论在一个国家实现的程度，总是决定于理论满足这个国家的需要的程度。"习近平总书记提出的"生命共同体论""两山论""环境生产力论""环境民生论"等一系列重要论述是立于时代前沿、与时俱进的科学理论，为我国探索

---

① 张虎彪. 风险社会与生态现代化理论对环境危机的回应[J]. 云南民族大学学报（哲学社会科学版），2008（1）.

生态文明建设道路提供了坚定的理论自信。从国内外生态思潮的演变和对比来看，习近平生态文明理论以中国古代天人合一的生态哲学为指导，以现代生态学、环境科学为工具，立足中国国情，因地制宜、与时俱进，不但切实指导着当前和未来中国的生态文明实践，而且是人类社会及其文明发展史上的一次重大理念变革、发展洞见和科学预见，为作为人类社会崭新文明形态的生态文明首次确立了科学的世界观、价值观、实践论和方法论。

20世纪60年代以来，国际上对生态危机进行反思和批判的理论层出不穷，各种流派从不同角度试图为资本主义社会的生态危机寻找出路。从意识形态或价值观的视角来讲，西方的生态文化思潮可以大致划分为"浅绿""深绿""红绿"三大阵营，分别强调当代社会绿色变迁过程中的经济技术与社会治理创新、个体价值观念、社会经济政治制度转型。

西方"浅绿"思潮提出了以人类的整体利益和长远利益为基础的现代人类中心主义价值观，主张通过技术手段的改进、环境经济、环境行政管理和法律、政策等手段，最大限度把对生态环境的破坏降低到最小。这些主张为生态现代化提供了现实途径，但其措施从根本上说是为了维系资本主义经济可持续发展的自然条件，难以避免资本在利润动机驱使下不断扩大生产规模而引发的生态危机。

"深绿"思潮包括各种生态中心主义、生命中心主义、生物中心主义学说，要求规范人类的行为与活动，减少对生态环境的掠夺和盘剥。"深绿"思潮把解决生态危机寄希望于绝大部分社会个体的伦理价值观变革和道德境界的提升，从狭隘自我上升到人类大我，乃至宇宙大我。他们拒斥经济增长和技术运用，把生态文明理解为保护人类实践尚未涉足的荒野，把生态文明的本质理解为人类屈从于自然的所谓和谐状态，这就从一个极端走到了另一个极端。

"红绿"思潮以生态马克思主义为代表，认为社会制度的重构是解决生态环境问题的根本道路或主要路径。比如，建立在新马克思主义基础上的"苦役踏车"理论用"大量生产-大量消费-大量破坏"的资本主义逻辑剖析了"二战"后美国生态退化的社会根源。生态马克思主义把破除资本主义生产方式看作解决生态危机的基础和前提，主张把生态运动同有组织的工人运动有机结合，建立超越现存社会的崭新的生态社会主义社会，并强调立足人类的集体利益和长远利益，实现经济增长、技术进步、人类与自然的和谐发展。这是一种非西方中心主义的生态文明理论，包含有一定的解放精神。建设生态文明必须充分发挥社会主义制度的优越性，这正是贯穿习近平生态文明思想的一条红线。生态马克思主义立足于怀特海的后现代价值立场，把生态危机的根源归结为资本主义制度和现代性价值体系，以抽象的有机教育培养共同体价值观作为破除资本主义制度的主要途径，具有积极、正面的意义。但在历史唯物主义的立场上，"红绿"思潮表现出了其非马克思主义的本质，是一种人道主义层面的批判和乌托邦式的设想，无法落实到现实生活中作为一种发展观而起作用。

同西方生态文明理论相比，新时代中国特色生态文明思想具有下列特点和优势[①]：

第一，中国特色生态文明思想提出的"人与自然和谐共生"论，摆脱了自然观的二元论范式，从根本上超越了西方生态思想。传统的人类中心主义自然观把人作为生态价值的终极尺度，没有认识到人以外的生命物质具有独立的生存权；与此相对立的生态中心主义[②]强调在普遍平等的基础上实现人与自然的共存共荣，却完全抛开人类生存利益，只注重生态而无视文明，主张以缩减经济、克制消费等方式保护生态环境。既有理论因受制于发展与保护的对立思维，又面临方法论的困境。实践中，发达资本主义国家在国内的环境治理和生态改善上卓有成效，却离不开以邻为壑的危机转嫁。殖民理论鼓吹这是历史的宿命，后现代主义除了愤怒之外别无它法。新时代中国特色生态文明思想秉持辩证唯物主义的思维方式，既防止人类中心主义的局限性，又避免了生态中心主义的极端和空想色彩，体现了生态文明建设实践在唯物史观和自然辩证法上的交叉互补和辩证统一。

第二，新时代中国特色生态文明思想既突破了生态现代化等理论囿于资本主义框架内的修修补补，又突破了生态社会主义流派因受制于发展与保护的对立思维及

---

① 王雨辰，陈富国. 习近平的生态文明思想及其重要意义[J]. 武汉大学学报（人文科学版），2017（4）.
② "生态中心论"、"大地伦理学"、"深层生态学"、生态整体主义等理念，从只关心人的"人类中心主义"扩展到关心动植物、大地，甚至一般意义上的大自然或环境的"生态中心主义"。

既得利益集团的掣肘而面临的现实困境，解决了"生态文明如何落到实处"这一难题，为当代社会主义国家富有成效地建设生态文明指明了道路。它立足于变革不可持续的粗放型发展方式，强调国家参与生态治理，建立严格的生态保护法律法规和制度体系，让生态文化扎根于社会生活，规范人们的实践行为，走出了一条以技术创新为基础的可持续、协调与和谐的绿色发展道路。原联合国副秘书长索尔海姆认为，无论是北美还是欧洲，都有一种环境与发展不可兼得的悲观论调，但这种想法是错误的。中国的库布其模式是最好的实践模式，其核心是生态财富，把沙漠当做自然资本，创造了很多就业岗位。

第三，绿色发展理念是人类探寻永续发展进程中的重大理论创新。1992年，联合国召开环境与发展大会，提出可持续发展战略。21世纪以来，绿色发展成为世界各国共同面对的重大课题，国际社会提出了发展低碳经济、循环经济、绿色经济等新理念。其中不乏"稳态经济""静态经济"等颠覆性概念。中国共产党把绿色发展作为基本理念写入发展战略，这是马克思主义政党历史上的第一次。新时代绿色发展观把人与自然看作不可分割的系统，主张人与自然建立良好的互动关系，实现自然系统、经济系统、社会系统的和谐统一，创造更多生态资产造福后代，为社会永续发展积累条件，是对国际上主流的可持续发展观的吸收、借鉴和超越。

第四，新时代中国特色生态文明思想是发展观与境界论相统一的理论。生态危机是一个危及人类生存的全球性问题，客观上要求生态文明理论超出民族国家的狭隘视野，具备关注人类整体利益的全球视野和境界。西方"深绿"和"浅绿"思潮推卸了资本在全球生态治理中应承担的责任和义务，本质上是维护资本既得利益的西方中心主义的生态文明理论。从发展观角度看，新时代中国特色生态文明思想的出发点是如何实现从通过要素投入的粗放型发展到通过技术创新的绿色发展的转换，更好地满足人民群众对美好生活的向往。从境界论角度看，新时代中国特色生态文明思想不仅强调人与自然是一个生命有机体，而且在论及全球环境治理问题时，强调树立人类命运共同体意识，形成全球责任伦理，把环境责任区分为历史责任和现实责任，强调发展程度不同的国家之间有区别的环境责任，在制度层面上采取保护生态的行动，真正做到了"功在当代，利在千秋"。

三、坚持"制度自信"

制度自信是对中国特色社会主义制度具有制度优势的自信。在生态文明建设领域坚持制度自信，就是要相信社会主义制度具有巨大优越性，相信只有中国特色社会主义制度才能从根本上推动、保障生态文明建设。当前，保护生态环境已成为全球共识，但西方的"环保主义"大多是自下而上的民间呼吁，生态主义在西方发达国家始终未能成为主导国家发展的战略方向和理念。中国是世界上唯一一个将生态文明建设作为执政党治国理念的国家。我国政府将建设良好生态环境涵盖在基本公共服务范畴中，由政府承担起责任，体现了先进的执政理念，凸显了社会主义制度无可比拟的优越性。

基于这一事实，越来越多的西方学者公开承认社会主义制度比资本主义制度在解决生态危机上具有更大的优势。美国国家人文科学院院士小约翰·柯布博士指出，过去几十年里，世界范围内关于生态文明建设的讨论从未间断。西方国家研究起步较早，提出了不少理念，遗憾的是未能向社会广泛传播，更未付诸实践。中国则迈出了历史性的一步，将生态文明建设上升至国家战略和基本国策的高度。小约翰·柯布非常赞同习近平生态文明思想，认为"中国给全球生态文明建设带来希望之光"，中国应引领世界生态文明。[1]他亲自创办了美国中美后现代发展研究院，推动中国生态文明思想向国际传播。美国生态学马克思主义者福斯特在2016年第十届克莱蒙生态文明国际论坛上指出，西方的科学家们，诸如美国著名气候学家詹姆士·汉森，都因为西方的资本主义解决气候问题的无能而深感不安。他们越来越认为，中国可能是希望之源。

首先，生态文明建设体现了社会主义本质的内在要求。资本主义秉持了人类文明史上个体化、私有化的传统，难以破解生产力和生产关系相背而行的悖论和"主观为自己、客观为他人"的思维惯性。西方国家主导的传统现代化是建立在生产资

---

[1] 铁铮. 中国引领着世界的生态文明——记美国国家人文科学院院士小约翰·柯布[J]. 绿色中国，2018（15）.

料私有制基础上的资本主义现代化。资本见"物"不见"人"，一切活动只服从于追求最大剩余价值的目的。生产资料私有制和以剩余价值为中心的资本主义生产方式具有破坏生态、挤压人性的严重副作用，不可能消除人与自然的基本矛盾，而是把矛盾转嫁给发展中国家，导致全球更大规模的生态危机。而社会主义制度坚持从最广大人民群众的根本利益出发，实行公有制基础上的互助合作，国有经济控制国民经济命脉，有能力更全面地驾驭"资本逻辑"，更自觉地遵循"生态逻辑"，克服私有制生产的无序发展和对自然资源的肆意掠夺，这是打破资本逐利性，避免对生态环境的破坏的关键。[①]社会主义现代化才能统筹协调个体化与集体化、公有化与私有化等多种分配关系，实现生产目的和手段的有机统一，从而在更高的水平、更广的范围、更大的力度、更长的时间满足人民不断升级和个性化的物质文化和生态环境需要，实现人与人关系、人与自然关系双重和谐的价值追求。

其次，我国社会主义的本质与生态文明建设具有高度的一致性和内在协调性。党的十八大通过的《中国共产党章程（修正案）》，把"中国共产党领导人民建设社会主义生态文明"写入党章。2018年，生态文明又历史性地写入《中华人民共和国宪法修正案》，上升到至高无上的法律地位，表明党的意志与国家的意志、人民的意志是一致的。中国是世界上第一个同时以宪法、执政党党章、国家发展战略为生态文明建设和环境保护提供法律制度保障的国家。中国共产党以全心全意为人民服务为宗旨，把最广大人民的根本利益放在首位，把绿色发展理念写入党和国家的发展战略和发展规划，把生态文明建设融入到经济、政治、文化、社会建设的各方面和全过程，系统把握，统筹推进。通过顶层设计的方式自上而下对环境保护进行全方位部署，凸显了党和政府的魄力和决心，是生态文明建设的强力保障。

习近平总书记指出，"建设生态文明是一场涉及生产方式、生活方式、思维方式和价值观念的革命性变革"，需要发挥社会主义集中力量办大事的优势，共同应对。治理环境需要人力、物力多方投入，而治理成果由全民共享。在市场失灵的常

---

① 周光迅，郑玥. 从建设生态浙江到建设美丽中国——习近平生态文明思想的发展历程及启示[J]. 自然辩证法研究，2017（7）.

见情形下，必须通过国家力量的动员，在政治层面形成强大的国家意志，制定长远的、符合国情的"绿色发展规划"，引导各方形成统一预期，避免盲目发展导致社会系统的崩溃。印度学者指出，从中国对抗空气污染的斗争中汲取的最大经验是，它是由中国领导层指示的，国家领导人把治理空气污染作为国家的首要任务。中国在治理污染方面具有强烈的政治意愿，同时执行严格的法律，实行空气质量实时监控、实施红色预警系统等措施，都被印度学者认为是值得学习的成功经验。[①]

从协同论视角，生态文明观倡导社会治理的主体多元化、治理理念的和谐性、治理方式的合作性和多样化。我国以中国共产党统领市场、社会和政府的力量为制度保障，发挥政府的保驾护航、搭建平台、规划引领作用，着力解决政府、企业、社会之间的责任划分，以全民共建、共享为动力机制，构建全方位、全天候、全方面参与式的生态环境治理体系，建立起政府为主导、企业为主体、社会组织和公众共同参与的"四位一体"环境治理体系，形成生态文明建设的最强合力。我国坚持问题导向和目标导向，不断深化改革，生态文明制度不断完善，经历了从倚靠红头文件、借助行政手段，到法制化管理的转变过程，既有全局的顶层设计，又有兼顾地方特色的因地制宜的措施，发挥好政府和市场两种手段的作用，体现出社会主义制度的鲜明优势和强大的自我完善能力。

四、坚持"文化自信"

坚持文化自信，就是坚信中国特色社会主义文化的先进性。在生态文明领域坚持文化自信，就是要激发党和人民对中华优秀传统生态文化的历史自豪感，强化对中国特色社会主义生态文明的文化建构及文化认同。习近平总书记强调："文化自信是更基础、更广泛、更深厚的自信。"习近平生态文明思想既从中华优秀传统文化中汲取精华，又吸收了马克思主义生态理论，体现了中华民族的文化自信。

生态文明不仅有其物质基础和物质条件，而且有其文化基础和文化条件。我国

[①] 印媒：中国治理空气污染成效显著3个经验值得借鉴[N]. 参考消息，2018-11-20.

在数千年对人与自然关系的认识和调整中，形成了丰富的环境保护思想。"天人合一"观点、"致中和""仁爱万物"精神贯通了儒家思想体系；"无为而治""道法自然"思想是道家对待人与自然关系的准则；"众生平等""依正不二"观念支撑着佛家的信仰。在中华文化的变迁和发展过程中，资源节约、生态保护意识、生态伦理和可持续哲学理念成为规范人们行为和思维模式的价值系统和道德秩序，成为古人留给我们宝贵的精神财富。在物欲横流的现代社会中，以天人合一为核心的中国传统生态思想为人们的精神进步指明了方向。打造人与自然和谐共生的美景是中华民族追求更高级的精神生活的真实写照，提供了建设美丽中国的强大精神动力。弘扬传统生态文化，引导群众不断对"人之能""人之需""人之责"进行审视和反思，对自然永存敬畏之心、对自己永存克制之心、对万物永存博爱之心①，把自然和生态环境保护融入到生命的延续中，才能夯实我国绿色发展的文化根基。

习近平生态文明思想以中华文明丰富的生态智慧为其民族土壤和文化基因。早在2005年，时任浙江省委书记的习近平同志就在《之江新语》专栏刊文中指出，我们的祖先曾创造了无与伦比的文化，而和合文化正是其中的精髓。党的十八大以来，习近平总书记在国内外多个重要场合重提和合理念、和合文化。人与自然和谐相处是和合文化的本质属性之一。在2019年中国北京世界园艺博览会开幕式上的讲话中，习近平总书记指出，"'取之有度，用之有节'是生态文明的真谛"，明确表明新时代生态文明思想根源于中国古代生态思想。从保护生态的角度讲"取之有度，用之有节"，意味着要依照自然万物各自的存在方式和规律利用和开发自然资源，使之作为人与自然可持续发展的行动指南。习近平总书记还指出，"生态治理，道阻且长，行则将至"，借用荀子的话语指出了生态治理需要持之以恒的坚守。"万物各得其和以生，各得其养以成"的古语也曾被习近平总书记在2015年11月召开的气候变化巴黎大会开幕式上的发言中引用。

中国特色社会主义生态文明是奠基于道路、理论和制度之上的文化创造与意义

---

① 张森年. 确立生态思维方式建设生态文明——习近平总书记关于大力推进生态文明建设讲话精神研究[J]. 探索，2015（1）.

建构，是中华文化的历史连续性、空间广延性和价值普遍性在当代中国充满生机的现实展现与意义拓展。具有历史和文化积淀的塞罕坝精神是中国特色社会主义文化的代表，更是我国综合国力和国家软实力的重要体现。将科学理性与生态理性相结合，为解决当代全球生态问题贡献中国智慧，用"中国方案"唤起人们生态意识的觉醒。

建设生态文明是一项长期、复杂、艰巨的历史任务，首要的是端正发展理念，使社会主义生态文明观入脑、入心。为了确保文明建设的稳定性和持续性，需要有前瞻性和战略性的思想理论作为前进道路上的"灯塔"。这种理论要和大众的文化心理契合，和民族文化心理相一致。源于西方社会的各种绿色思潮，无论是"深绿""浅绿"，还是"红绿"思潮，都和我国的国情存在一定的隔膜，因而难以在我国形成社会共识。习近平生态文明思想是从我国的发展实践中提炼出来的规律性认识，是基于中华民族文化传承和新时代国情的系统、完整的理论。其中一些理念因简明易懂而被反复提倡，比如"绿水青山就是金山银山""尊重自然、顺应自然、保护自然"和"人与自然和谐共生"等基本理念，通过舆论的大力宣传，已经成为家喻户晓的话语，成为社会主流的价值观，乃至全体人民的价值追求，从而引导人们对新时代社会主义生态文明建设的认识从自发到自觉，从理念转换为行动，自觉践行生态友好的生活方式和消费模式。思想意识上的强大力量将构筑起生态文明建设最坚实的支持体系，代代相传，从而节约发展成本，凝聚中华民族文明的合力，进一步引领我国生态文明建设。

后　记

　　本书是2019年河北省社科基金项目"习近平生态文明思想在河北的践行路径与推广价值研究"（HB19MK018）最终成果。

　　本书的写作缘起来自中国人民大学法学院冯玉军教授组织的"习近平新时代中国特色社会主义思想在河北的孕育与实践"课题研究。中国人民大学和河北经贸大学相关研究人员参与的学术研讨会为本书的写作提供了启发和重要支持。中国人民大学张云飞教授对本书的初稿进行了认真审阅，特别是他对塞罕坝精神提出的研究建议，对深化相关研究内容具有极大帮助。河北经贸大学武义青副校长为本书的出版给予了资助。感谢以上几位专家学者和领导为本书出版做出的贡献。经济日报出版社的黄芳芳编辑对书稿内容进行了认真的审读和指正，为本书出版提供了细致、周到的全程服务，在此一并致谢。

　　本书第三章、第四章一至五节由张云完成，第一章、第二章、第四章第六节、第五章由赵一强完成。柴艳萍教授将本书选题推荐列入河北省社科基金项目指南，为全书的框架拟定、写作计划提出了宝贵的意见和建议。

　　习近平生态文明思想是一个内涵丰富、架构完善的思想体系，其中蕴含的深邃内容和时代意义是与时俱进、不断发展的。本书作者将继续研究、追踪和考察习近平生态文明思想的理论和实践进展，以期为建设中国特色社会主义生态文明这一伟大事业尽绵薄之力。